"十三五"普通高等教育本科规划教材

环境影响评价

主　编　柳知非
副主编　周贵忠　张焕云
编　写　孙英杰　张　韬　谢经良

内 容 提 要

本书为“十三五”普通高等教育本科规划教材。

全书以环境要素为主线，系统地介绍了环境影响评价的基本概念、基本理论，有关的法规、标准及环境影响评价的程序和技术方法。内容包括环境影响评价的法律法规及标准体系；环境影响评价制度与管理；污染源评价与工程分析；环境质量现状评价及影响预测，其中对地面水、大气、土壤、声、固体废物、生态等环境要素的环境影响评价进行了详细的论述；对环境风险评价、公众参与及社会稳定风险评估、区域环境影响评价、规划环境影响评价、建设项目环境影响评价文件的编制和报批也做了必要的介绍。

本书不仅注重环境影响评价的基本理论、方法和技术，还注重理论与实践的结合，在有关环境要素的环境影响预测与评价的章节中均有案例分析，以帮助读者了解中国在环境影响评价工作方面的实践。

本书适用于高等院校环境类专业的本科生、研究生及从事环境影响评价的专业技术人员。

图书在版编目（CIP）数据

环境影响评价/柳知非主编. —北京：中国电力出版社，2017.3（2020.12重印）
“十三五”普通高等教育本科规划教材
ISBN 978-7-5198-0336-0

Ⅰ. ①环… Ⅱ. ①柳… Ⅲ. ①环境影响-环境质量评价-高等学校-教材 Ⅳ. ①X820.3

中国版本图书馆CIP数据核字（2017）第055521号

出版发行：中国电力出版社
地　　址：北京市东城区北京站西街19号（邮政编码100005）
网　　址：http://www.cepp.sgcc.com.cn
责任编辑：熊荣华（010-63412543）
责任校对：李　楠
装帧设计：张俊霞　赵姗姗
责任印制：钱兴根

印　　刷：北京雁林吉兆印刷有限公司
版　　次：2017年3月第一版
印　　次：2020年12月北京第四次印刷
开　　本：787毫米×1092毫米　16开本
印　　张：17
字　　数：409千字
定　　价：40.00元

前　言

环境影响评价是中国环境保护领域的一项重要法律制度，并在环境保护法律中明确下来。自中国环境影响评价制度建立至今，环境影响评价作为环境科学的一个重要分支，是高等院校环境类专业的一门核心课程，无论在理论上、法规与体制上，还是在内容、方法、技术上都有长足进展。环境影响评价在中国经济建设、社会发展和环境保护中的地位和作用日益彰显，越来越受到科学家、政府管理人员和公众的支持和重视。本书正是为适应日益发展的环境影响评价的研究及实践，并为满足环境类人才培养的需要而编写的。

本书在编写过程中遵循以下原则：一是以环境要素为主线，系统阐述环境质量现状评价、环境质量影响评价的理论、方法和应用，力求适应新的人才培养模式的需求，体现教材的科学性和先进性；二是紧扣中国环境影响评价最新的政策、法律法规、标准、方法和环境影响评价技术导则，同时吸纳国际上先进的方法和环评发展趋势方面的内容，体现教材的新颖性；三是理论与实际相结合，在环境要素的环境影响预测与评价的有关章节中增加案例分析，使人才培养与专业执业工程师培养相结合，体现教材的实用性。

本书由青岛理工大学、青岛科技大学的多名教师及青岛市环境监测中心站工程技术人员共同编写，合作完成。全书由青岛理工大学柳知非统一修改定稿。

由于时间和水平有限，书中缺点和错误在所难免，恳请读者批评指正。本书在编写过程中引用了国家标准和法律法规，环境影响评价技术导则，参考了环境保护部环境工程评估中心编写的环境影响评价岗位培训教材、环境保护部环境工程评估中心编写的环境影响评价工程师执业资格考试系列教材，以及许多专家学者的著作和研究成果，在此深表谢意。

编　者

扫码加入本书读者圈，
阅读、下载相关资源

目 录

扫码加入本书读者圈，
阅读、下载相关资源

第一章 环境影响评价概述

第一节 环 境

一、环境的概念

1. 环境

环境是相对于中心事物而言的。某一中心事物周围的事物，就是这一中心事物的环境。通常将人类作为观察整个外部世界的中心，这时候的环境是指围绕着人类的外部世界，是以人类社会为主体的整个外界世界，即人类赖以生存发展的物质条件综合体，包括自然环境和社会环境。

《中华人民共和国环境保护法》从法学的角度对环境概念进行了阐述："环境是指影响人类生存与发展的各种天然的和人工改造的自然因素的总体，包括大气、水、海洋、土地、矿藏、森林、草原、野生物、自然遗迹、人文遗迹、自然保护区、风景名胜区、城市和乡村等。"

2. 环境的基本特征

(1) 整体性与区域性。环境的整体性很明显地体现在它的结构与功能上，构成环境的各单元之间通过物质、能量的交流，互动变化。整体性是环境的最基本特性。环境所具有的特性正是其整体性，透过各环境要素所显现出来的不同表象；同时，外界对环境的两种或两种以上组成单元发生作用，其效果不是简单的加和。这是由环境系统内各组成单元之间存在的协同或对抗造成的。

环境的区域性是指环境在区域上的差异。处于不同地理位置、空间的环境之间的差异可能十分明显，这也正是环境存在多样性的一个重要原因。

(2) 变动性与稳定性。从哲学中的观点来看，事物总是处于不断地运动过程中。对于环境而言，其变动性不仅仅体现在环境表观上的变化，还体现在其内部结构的不断变动上。

环境的稳定性是指环境具有一定的自我调控能力，即在一定限度范围内，环境具有削弱外界影响、自主恢复的能力。

(3) 资源性与价值性。环境提供了人类生存与发展所必需的物质、能量，从这个意义上来说，环境即资源。环境资源包括物质资源与非物质资源两大类型。环境的物质资源包括物质与能量，如森林、矿产、淡水、空气、阳光等。环境的非物质资源主要是指环境状态的可利用性，环境处于不同的状态，其可利用的方向与程度是存在差异的。

二、环境质量

环境质量是环境系统客观存在的一种本质属性，并能用定性和定量的方法加以描述的环境系统所处的状态。环境始终处于不停的运动和变化之中，表示环境状态的环境质量，同样处于不停的运动和变化之中。引起环境质量变化的原因主要包括两个方面，一方面是由于人类的生活和生产行为引起环境质量的变化；另一方面是由于自然的原因引起环境质量的变化。

环境分为很多类，例如，评价一个地方的环境时，不仅要考虑这个地方的气候、绿化程度、工厂布置等，还要考虑这个地方的经济文化发展程度及美学状况。这也就是通常所说的自然环境和社会环境，与之相应，环境质量也分为自然环境质量和社会环境质量。

（1）自然环境质量再细分可分为物理环境质量、化学环境质量及生物环境质量。

1）物理环境质量涵盖了地质、气候因子及物理环境因子，用来衡量周围的物理环境条件。例如，自然界气候、水文、地质地貌等自然条件的变化，放射性污染、热污染、噪声污染、微波辐射、地面下沉、地震等自然灾害。

2）化学环境质量是指是否会对化学环境因子产生影响，如果周围的重污染工业比较多，那么产生的化学环境因子的数量、种类就多一些，产生的污染就比较严重，化学环境质量就比较差。

3）生物环境质量是针对周围生物群落的构成特点而言，是自然环境质量中最受人类关注的组成部分。不同地区的生物群落结构及组成的特点不同，其生物环境质量就显出差别。生物群落比较合理的地区，生物环境质量就比较好；反之，生物环境质量就比较差。

（2）社会环境质量包括社会中的经济、文化、美学等状况。由于各地的发展程度不同，社会环境质量存在明显的差异。同时随着科技的发展，人类将不断地改变周围的环境质量，环境质量的变化也将不断地反馈于人类。

三、环境影响

环境影响是指人类活动导致的环境变化及由此引起的对人类社会的效应。

按影响的来源分，环境影响分为直接影响、间接影响和累积影响；按影响的效果分，环境影响可分为有利影响和不利影响；按影响的性质分，环境影响可分为可恢复影响和不可恢复影响。

另外，环境影响还可分为短期影响和长期影响，地方、区域影响或国家和全球影响，建设阶段影响和运行阶段影响。

四、环境影响评价

环境影响评价简称环评，是指对规划和建设项目实施后可能造成的环境影响进行分析、预测和评估，提出预防或者减轻不良环境影响的对策和措施，以及进行跟踪监测的方法与制度。通俗地说就是分析项目建成投产后可能对环境产生的影响，并提出污染防治对策和措施。

1. 环境影响评价的作用和意义

环境影响评价是一项技术，也是正确认识经济发展、社会发展和环境发展之间相互关系的科学方法，是正确处理经济发展使之符合国家总体利益和长远利益、强化环境管理的有效手段，对确定经济发展方向和保护环境等一系列重大决策都有重要的指导作用。环境影响评价能为地区社会经济发展指明方向，合理确定地区发展的产业结构、产业规模和产业布局。环境影响评价是对一个地区的自然条件、资源条件、环境质量条件和社会经济发展现状进行综合分析研究的过程。它根据一个地区的环境、社会、资源的综合能力，把人类活动对环境的不利影响限制到最小，其作用和意义表现在以下几个方面。

（1）保证建设项目选址和布局的合理性。合理的经济布局是保证环境与经济持续发展的前提条件，而不合理的布局则是环境污染的重要原因。环境影响评价从建设项目所在地区的整体出发，考察建设项目的不同选址和布局对区域整体的不同影响，并进行比较和取舍，从而选出最有利的方案，以保证建设选址和布局的合理性。

（2）指导环境保护设计。强化环境管理。一般来说，开发建设活动和生产活动都要消耗一定的资源，给环境带来一定的污染与破坏，因此必须采取相应的环境保护措施。环境影响评价针对具体的开发建设活动或生产活动，综合考虑开发活动特征和环境特征，通过对污染治理设施的技术、经济和环境论证，可以得到相对来说最为合理的环境保护对策和措施，把因人类活动而造成的环境污染或生态破坏限制在最小范围内。

（3）为区域的社会经济发展提供导向。环境影响评价可以通过对区域的自然条件、资源条件、社会条件和经济发展等方面进行综合分析，掌握该地区的资源、环境和社会等状况，从而对该地区的发展方向、发展规模、产业结构和产业布局等做出科学的决策和规划，以指导区域活动，实现可持续发展。

（4）促进相关环境科学技术的发展。环境影响评价涉及自然科学和社会科学的广泛领域，包括基础理论研究和应用技术开发。环境影响评价工作中遇到的问题，必然会对相关环境科学技术提出挑战，进而推动相关环境科学技术的发展。

国际和国内的经验都表明，为避免在社会经济的发展中造成重大环境损失和生态破坏，对有关政策和规划进行环境影响评价是十分必要的。

2. 环境影响评价的类别

按照评价对象，环境影响评价可以分为规划环境影响评价和建设项目环境影响评价。

按照环境要素，环境影响评价可以分为大气环境影响评价、地表水环境影响评价、声环境影响评价、固体废物环境影响评价、生态环境影响评价。

按照时间顺序，环境影响评价一般分为环境质量现状评价、环境影响预测评价、环境影响后评价。

环境影响后评价是在规划或开发建设活动实施后，对环境的实际影响程度进行系统调查和评估。检查对减少环境影响措施的落实程度和效果，验证环境影响评价结论的正确可靠性，判断评价提出的环保措施的有效性，对一些评价时尚未认识到的影响进行分析研究，并采取补救措施，消除不利影响。

3. 环境影响评价应遵循的技术原则

环境影响评价是一种过程，这种过程的重点在决策和开发建设活动开始之前，体现出环境影响评价的预防功能。决策或开发建设活动开始之后，通过实施环境监测计划和持续性研究，环境影响评价还在延续，不断验证其评价结论，并反馈给决策者和开发者，进一步修改和完善其决策和开发建设活动。为体现实施环评的这种作用，在环境影响评价的组织实施中必须坚持可持续发展战略和循环经济理念，严格遵守国家的有关法律、法规和政策，做到科学、公正和实用，并应遵循以下基本技术原则。

（1）与拟议规划或拟建项目的特点相结合。

（2）符合国家产业政策，环保政策和法规。

（3）符合流域、区域功能区划、生态保护规划和城市发展总体规划，布局合理。

（4）符合清洁生产的原则。

（5）符合国家有关生物化学、生物多样性等生态保护的法规和政策。

（6）符合国家资源综合利用的政策。

（7）符合国家土地利用的政策。

（8）符合国家和地方规定的总量控制要求。

(9) 符合污染物达标排放和区域环境质量的要求。

(10) 正确识别可能的环境影响。

(11) 选择适当的预测评价技术方法。

(12) 环境敏感目标得到有效保护，不利环境影响最小化。

(13) 替代方案和环境保护措施、技术经济可行。

第二节 环境影响评价的有关法律法规规定及标准体系

一、环境影响评价的有关法律法规

环境影响评价制度是中国的一项基本环境保护法律制度。自 2015 年 1 月 1 日起施行的修订后的《中华人民共和国环境保护法》第十九条规定：编制有关开发利用规划，建设对环境有影响的项目，应当依法进行环境影响评价。未依法进行环境影响评价的开发利用规划，不得组织实施；未依法进行环境影响评价的建设项目，不得开工建设。《中华人民共和国环境保护法》明确规定开发利用规划和对环境有影响的建设项目必须进行环境影响评价，以降低开发利用规划及建设项目可能对环境产生的影响。

对于规划环境影响评价，《中华人民共和国环境影响评价法》规定：国务院有关部门、设区的市级以上地方人民政府及有关部门，对其组织编制的土地利用的有关规划，区域、流域、海域的建设、开发利用规划，应当在规划编制过程中组织进行环境影响评价，编写该规划有关环境影响的篇章或者说明，对其组织编制的工业、农业、畜牧业、林业、能源、水利、交通、城市建设、旅游、自然资源开发的有关专项规划，应当在该专项规划草案上报审批前，组织进行环境影响评价，并向审批该专项规划的机关提出环境影响报告书。

对于编制环境影响报告书的规划和编制环境影响篇章或说明的规划的具体范围，原国家环境保护总局于 2004 年 7 月 3 日以关于印发《编制环境影响报告书的规划的具体范围（试行）》和《编制环境影响评价篇章或说明的规划的具体范围（试行）》（环发［2004］98 号）文件予以发布。《规划环境影响评价条例》中对规划评价的内容、具体形式及公众参与进行了规范。

对于建设项目环境影响评价，《中华人民共和国环境影响评价法》规定：国家根据建设项目对环境的影响程度，对建设项目的环境影响评价分类管理。建设项目可能造成重大环境影响的，应当编制环境影响报告书，对产生的环境影响进行全面评价；建设项目可能造成轻度环境影响的，应当编制环境影响报告表，对产生的环境影响进行分析或者专项评价；对于环境影响很小、不需要进行环境影响评价的，应当填报环境影响登记表。

《中华人民共和国环境保护法》第四十一条要求环境保护措施应“三同时”，建设项目中防治污染的设施，应当与主体工程同时设计、同时施工、同时投产使用。防治污染的设施应当符合经批准的环境影响评价文件的要求，不得擅自拆除或者闲置。

《建设项目环境保护管理条例》和其他环境保护法律法规还规定：建设项目需要配套建设的环境保护设施，必须与主体工程同时设计、同时施工、同时投产使用。

建设项目竣工后，建设单位应当向审批该建设项目环境影响报告书、环境影响报告表或者环境影响登记表的环境保护主管部门，申请该建设项目需要配套建设的环境保护设施竣工验收。环境保护设施经验收合格，该建设项目方可投入生产或者使用。

“三同时”制度和环境保护设施竣工验收是对环境影响评价中提出的预防和减轻不良环境影响对策和措施的具体落实和检查，是环境影响评价的延续。从广义上讲，也属环境影响评价的范畴。

二、环境标准体系

1. 环境标准体系的定义

体系：指在一定系统范围内具有内在联系的有机整体。

环境标准体系：各种不同环境标准依据其性质功能及其客观的内在联系，相互依存、相互衔接、相互补充、相互制约所构成的一个有机整体，即构成了环境标准。

2. 环境标准体系结构

环境标准分为国家环境标准、地方环境标准和环境保护部标准，如图 1-1 所示。国家环境标准包括国家环境质量标准、国家污染物排放标准（或控制标准）、国家环境监测方法标准、国家环境标准样品标准、国家环境基础标准。地方环境标准包括地方环境质量标准和地方污染物排放标准。

(1) 国家环境标准。

1) 国家环境质量标准是为了保障人群健康、维护生态环境和保障社会物质财富，在考虑技术、经济条件的基础上，对环境中有害物质和因素所做的限制性规定。国家环境质量标准是一定时期内衡量环境优劣程度的标准，从某种意义上讲是环境质量的目标标准。

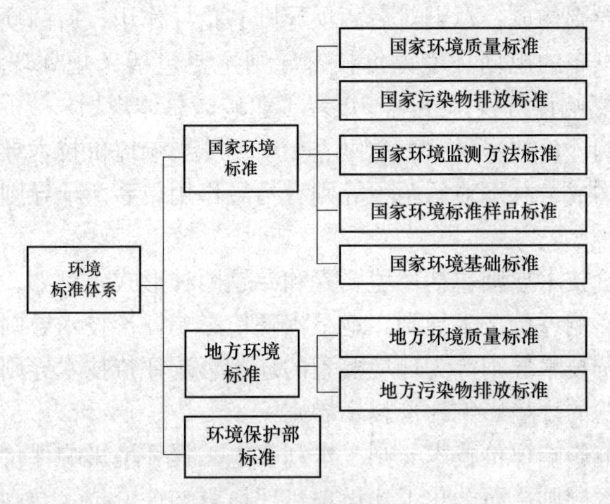

图 1-1　环境标准体系

2) 国家污染物排放标准（或控制标准）是根据国家环境质量标准，以及适用的污染控制技术，在考虑经济承受能力的基础上，对排入环境的有害物质和产生污染的各种因素所做的限制性规定，是对污染源控制的标准。

3) 国家环境监测方法标准是为监测环境质量和污染物排放，规范采样、分析、测试、数据处理等所做的统一规定（指对分析方法、测定方法、采样方法、试验方法、检验方法、生产方法、操作方法等所做的统一规定）。环境监测中最常见的是分析方法、测定方法、采样方法。

4) 国家环境标准样品标准是为保证环境监测数据的准确、可靠，对用于量值传递或质量控制的材料、实物样品制定的标准物质。标准样品在环境管理中起着特别的作用，可用来评价分析仪器、鉴别其灵敏度；评价分析者的技术，使操作技术规范化。

5）国家环境基础标准是对环境标准工作中需要统一的技术术语、符号、代号（代码）、图形、指南、导则、量纲单位及信息编码等做的统一规定。

（2）地方标准。地方环境标准是对国家环境标准的补充和完善，由省、自治区、直辖市人民政府制定。近年来为控制环境质量的恶化趋势，一些地方已将总量控制指标纳入地方环境标准。

1）地方环境质量标准。对于国家环境质量标准中未做出规定的项目，可以制定地方环境质量标准，并报国务院行政主管部门备案。

2）地方污染物排放（控制）标准。对于国家污染物排放标准中未做规定的项目可以制定地方污染物排放标准；对于国家污染物排放标准已规定的项目，可以制定严于国家污染物排放标准的地方污染物排放标准；对于省、自治区、直辖市人民政府制定机动车船大气污染物地方排放标准严于国家排放标准的，须报经国务院批准。

（3）环境保护部标准。环境保护部标准是指在环境保护工作中对需要统一的技术要求所制定的标准（包括执行各项环境管理制度、监测技术、环境区划、规划的技术要求、规范、导则等）。

环境影响评价技术导则由规划环境影响评价技术导则和建设项目环境影响评价技术导则组成。其中，规划环境影响评价技术导则由总纲、专项规划环境影响评价技术导则和行业规划环境影响评价技术导则构成，总纲对后两项导则有指导作用，后两项导则的制定要遵循总纲的总体要求。目前发布的规划环境评价技术导则主要包括《规划环境影响评价技术导则 总纲》和《规划环境影响评价技术导则 煤炭工业矿区总体规划》。

建设项目环境影响评价技术导则由总纲、专项环境影响评价技术导则和行业建设项目环境影响评价技术导则构成，总纲对后两项导则有指导作用，后两项导则的制定要遵循总纲的总体要求。

专项环境影响评价技术导则包括环境要素和专题两种形式，例如，大气环境影响评价技术导则、地表水环境影响评价技术导则、地下水环境影响评价技术导则、声环境影响评价技术导则、生态影响评价技术导则等为环境要素的环境影响评价技术导则，建设项目环境风险评价技术导则等为专题的环境影响评价技术导则。

火电建设项目环境影响评价技术导则、水利水电工程环境影响评价技术导则、机场建设工程环境影响评价技术导则、石油化工建设项目环境影响评价技术导则等为行业建设项目环境影响评价技术导则。

国家环境标准分为强制性和推荐性标准。环境质量标准和污染物排放标准，以及法律、法规规定必须执行的其他标准属于强制性标准，强制性标准必须执行。强制性标准以外的环境标准属于推荐性标准。国家鼓励采用推荐性环境标准，若推荐性环境标准被强制标准引用，则也必须强制执行。

三、环境标准之间的关系

1. 国家环境标准与地方环境标准的关系

在执行上地方环境标准优先于国家环境标准。

2. 国家污染物排放标准之间的关系

国家污染物排放标准分为跨行业综合性排放标准（如污水综合排放标准、大气污染物综合排放标准）和行业性排放标准（如火电厂大气污染物排放标准、合成氨工业水污染物排放标准、造纸工业水污染物排放标准等）。综合性排放标准与行业性排放标准不交叉执行，即有行业性排放标准的执行行业排放标准，没有行业排放标准的执行综合排放标准。

3. 环境标准体系的体系要素

一方面，由于环境的复杂多样性，使得在环境保护领域中需要建立针对不同对象的环境标准，因而它们各具有不同的内容用途、性质特点等；另一方面，为使不同种类的环境标准有效地完成环境管理的总体目标，又需要科学地从环境管理的目的对象、作用方式出发，合理地组织协调各种标准，使其互相支持、相互匹配以发挥标准系统的综合作用。

环境质量标准和污染物排放标准是环境标准体系的主体，它们是环境标准体系的核心内容，从环境监督管理的要求上集中体现了环境标准体系的基本功能，是实现环境标准体系目标的基本途径和表现。

环境基础标准是环境标准体系的基础，是环境标准的“标准”，它对统一、规范环境标准的制定、执行具有指导作用，是环境标准体系的基石。

环境方法标准、环境标准样品标准构成环境标准体系的支持系统。它们直接服务于环境质量标准和污染物排放标准，是环境质量标准与污染物排放标准内容上的配套补充，以及环境质量标准与污染物排放标准有效执行的技术保证。

四、环境质量标准与环境功能区之间的关系

环境质量一般分等级，与环境功能区的类别相对应。高功能区环境质量要求严格，低功能区环境质量要求宽松一些。试举以下三例说明。

1. 环境空气功能区的分类和标准分级

(1) 功能区分类：二类。

一类区：为自然保护区、风景名胜区和其他需要特殊保护的区域。

二类区：为居住区、商业交通居民混合区、文化区、工业区和农村地区。

(2) 标准分级：二级。

一类区：适用环境空气污染物一级浓度限值。

二类区：适用环境空气污染物二级浓度限值。

2. 地表水环境质量功能区的分类和标准值

(1) 功能区分类：五类。

Ⅰ类：主要适用于源头水、国家自然保护区。

Ⅱ类：主要适用于集中式生活饮用水水源地一级保护区、珍贵鱼类保护区、鱼虾产卵场等。

Ⅲ类：主要适用于集中式生活饮用水水源地二级保护区、一般鱼类保护区及游泳区。

Ⅳ类：主要适用于一般工业用水区及人体非直接接触的娱乐用水区。

Ⅴ类：主要适用于农业用水区及一般景观要求水域。

同一水域兼有多功能的，依最高功能划分类别。

（2）标准值：五类。对应地表水上述五类功能区，将地表水环境质量基本项目标准值分为五类，不同功能类别分别执行相应类别的标准值。水域功能类别高的区域执行的标准值严于水域功能类别低的区域。

3. 声环境功能区的分类和标准值

（1）功能区分类：五类。

0类：指康复疗养区等特别需要安静的区域。

1类：指以居民住宅、医疗卫生、文化教育、科研设计、行政办公为主要功能，需要保持安静的区域。

2类：指以商业金融、集市贸易为主要功能，或者居住、商业、工业混杂，需要维护住宅安静的区域。

3类：指以工业生产、仓储物流为主要功能，需要防止工业噪声对周围环境产生严重影响的区域。

4类：指交通干线两侧一定距离之内，需要防止交通噪声对周围环境产生严重影响的区域，包括4a类和4b类两种类型。4a类为高速公路、一级公路、二级公路、城市快速路、城市主干路、城市次干路、城市轨道交通（地面段）、内河航道两侧区域；4b类为铁路干线两侧区域。

（2）标准值：五类。对应声环境五类功能区，将环境噪声标准值分为五类，不同功能类别分别执行相应类别的标准值。噪声功能类别高的区域（如居住区）执行的标准值严于噪声功能类别低的区域（如工业区）。

五、污染物排放标准与环境功能区之间的关系

过去，大部分水、气污染物排放标准是分级别的，分别对应于相应的环境功能区，处在高功能区的污染源执行严格的排放限值，处在低功能区的污染源执行相对宽松的排放限值。

目前，污染物排放标准的制定思路有所调整。首先，排放标准限值建立在经济可行的控制技术基础上，不分级别。制定国家排放标准时，明确以技术为依据，采用“污染物达标技术”，即现有源以现阶段所能达到的经济可行的最佳实用控制技术为标准的制定依据。国家排放标准不分级别，不再根据污染源所在地区环境功能不同而执行不同标准，而是根据不同工业行业的工艺技术、污染物产生量水平、清洁生产水平、处理技术等因素确定各种污染物排放限值。排放标准以减少单位产品或单位原料消耗量的污染物排放量为目标，根据行业工艺的进步和污染治理技术的发展，适时对排放标准进行修订，逐步达到减少污染物排放总量，实现改善环境质量的目标。其次，国家排放标准与环境质量功能区逐步脱离对应关系，由地方根据具体需要进行补充制定排入特殊保护区的排放标准。逐步改变目前国家排放标准与环境质量功能区对应的关系，超前时间段不分级别，当现时间段可以维持，以便管理部门逐步过渡。排放标准的作用对象是污染源，污染源排污量水平与生产工艺和处理技术密切相关。而目前这种根据环境质量功能区类别来制定相应级别的污染物排放标准的方法过于勉强，因为单个排放源与环境质量不具有一一对应的因果关系，一个地方的环境质量受到诸如污染源数量、种类、分布、人口密度、经济水平、环境背景及环境容量等众多因素的制约，必须采取综合整治措施才能达到环境质量标准。但地方可以根据具体情况和管理需要，对位于特殊功能区的污染源制定更为严格的控制标准。

第三节　环境影响评价的产生与发展

一、国外环境影响评价发展概况

20世纪中叶，科学、工业、交通迅猛发展，工业和城市人口过分集中，环境污染由局部扩大到区域，大气、水体、土壤、食品都出现了污染，公害事件不断发生。森林过度采伐、草原垦荒、湿地破坏，又带来了一系列生态恶化问题。人类逐渐认识到，不能再不加节制地利用环境，在利用自然资源改善人类物质和精神生活的同时，必须尊重自然规律，在环境容量允许的范围内进行开发建设活动，否则，将会给自然环境带来不可逆转的破坏，最终毁坏了人类赖以生存的家园。

随着社会的发展和科技水平的提高，人类认识世界、改造世界的能力越来越强，对自身活动造成的环境影响也越来越重视，开始在活动之前进行环境影响评价。20世纪50年代初期，由于核设施环境影响的特殊性，开始系统地进行了辐射环境影响评价。20世纪60年代，英国提出了环境影响评价“三关键”，即关键因素、关键途径、关键居民区来明确提出污染源—污染途径（扩散迁移方式）—受影响人群的环境影响评价模式。但此时的环境影响评价只是作为一种科学方法和技术手段，为人类的开发活动提供指导依据，是自觉地和没有规范的，不具有法律约束力和行政制约作用。

1969年，美国国会通过了《国家环境政策法》，自1970年1月1日起正式实施。《国家环境政策法》中第二节第二条的第三款规定：在对人类环境质量有重大影响的每一生态建议或立法建议报告和其他重大联邦活动中，均应由负责官员提供一份包括下列各项内容的详细说明：拟议中的行动将会对环境产生的影响；如果建议付诸实施，不可避免地将会出现的任何不利于环境的影响；拟议中行动的各种选择方案；地方对人类环境的短期使用与维持和驾驭长期生产能力之间的关系；拟议中行动如付诸实施，将要造成的无法改变和无法恢复的资源损失。在指定详细说明之前，联邦负责官员应有管辖权或者与具有特殊的专门知识的任何联邦官员进行磋商，并取得他们对可能引起的任何环境影响所做的评价。应该将说明和负责制定、执行环境标准的相应联邦、州、和地方官员所做的评价和意见书一并提交总统和环境质量委员会，并依照美国法律的有关规定向公众宣布。这些文件应随同建议一道按现行的官署审查办法审查通过。《国家环境政策法》使美国成为世界上第一个把环境影响评价用法律固定下来并建立环境影响评价制度的国家。

随后，瑞典（1970年）、新西兰（1973年）、加拿大（1973年）、澳大利亚（1974年）、马来西亚（1974年）、德国（1976年）等国家也相继建立了环境影响评价制度。与此同时，国际上也设立了许多有关环境影响评价的机构，召开了一系列有关环境影响评价的会议，开展了环境影响评价的研究与交流，进一步促进了各国环境影响评价的应用与发展。1970年，世界银行设立环境与健康事务办公室，对其每一个投资项目的环境影响做出审查和评价。1974年，联合国环境规划署与加拿大联合召开了第一次环境影响评价会议。1984年5月，联合国环境规划理事会第12届会议建议组织各国环境影响评价专家进行环境影响评价研究，为各国开展环境影响评价提供了方法和理论基础。1992年，联合国环境与发展大会在里约热内卢召开，会议通过的《里约环境与发展宣言》和《21世纪议程》中都写入了有关环境影响评价内容。《里约环境与发展宣言》中原则十七宣告：对于拟议中可能对环境产生重大不利影响的活动，应进行环境影响评价，作为一项国家手段，并应由国家主管当局做出决定。1994年，由加拿大环境评价办公室（FERO）和国际影响评价学会（IAIA）在魁北克市联合召开了第一届国际环境影响评价部长级会议，有52个国家和组织机构参加了会议，会议做出了进行环境影响评价有效性研究的决议。

经过30多年的发展，现已有100多个国家建立了环境影响评价制度。环境影响评价的内涵不断扩大和增加，从自然环境影响评价发展到社会环境影响评价；对于自然环境的影响不仅考虑环境污染，还注重生态影响；开展了风险评价；关注累积性影响并开始对环境影响进行后评估；环境影响评价从最初单纯的工程项目环境影响评价，发展到区域开发环境影响评价和战略影响评价，环境影响评价的技术方法和程序也在发展中不断地得以提高和完善。

二、国内环境影响评价的发展概况

1. 引入阶段

1973年，第一次全国环境保护会议后，中国环境保护工作全面起步。1974~1976年开展了“北京西郊环境质量评价研究”和“官厅水系水源保护研究”工作，开始了环境影响评价及其方法的研究和探究。在此基础上，1977年，中国科学院召开“区域环境保护学术交流研讨会议”，进一步推动了大中城市的环境质量现状评价和重要水域的环境质量现状评价。

1978年12月31日，中发［1978］79号文件批转的原国务院环境保护领导小组《环境保护工作汇报要点》中，首次提出了环境影响评价的意向。1979年4月，原国务院环境保护领导小组在《关于全国环境保护工作会议情况的报告》中，把环境影响评价作为一项方针政策再次提出。1979年5月，原国家计委、国家建委（79）建发设字280号文《关于做好基本建设前期工作的通知》中，明确要求建设项目要进行环境影响评价。

1979年9月，《中华人民共和国环境保护法（试行）》颁布，规定：一切企业、事业单位的选址、设计、建设和生产，都必须注意防止对环境的污染和破坏。在进行新建、改建和扩建过程中，必须提出环境影响报告书，经环境保护主管部门和其他有关部门审查批准后才能进行设计。

从此，标志着中国环境影响评价制度的确立。

2. 规范和建设阶段

环境影响评价制度确立后，相继颁布的各项环境保护法律、法规和部门行政规章，不断对环境影响评价进行规范。

1981年，原国家计委、国家经委、国家建委、国务院环境保护领导小组联合颁发的《基本建设项目环境保护管理办法》，明确把环境影响评价制度纳入基本建设项目审批程序中。1986年，原国家计委、国家经委、国务院环境保护委员会联合颁发的《建设项目环境保护管理办法》中，对建设项目环境影响评价的范围、内容、审批和环境影响报告书（表）的编制格式都做了明确规定，促进了环境影响评价制度的有效执行。1986年，原国家环境保护局颁布了《建设项目环境影响评价证书管理办法（试行）》，在中国开始实行环境影响评价单位的资质管理。同期，环境影响评价的技术方法也得到不断探索和完善。

1982年颁布的《中华人民共和国海洋环境保护法》、1984年颁布的《中华人民共和国水污染防治法》、1987年颁布的《中华人民共和国大气污染防治法》中，都包含建设项目环境影响评价的法律法规。

1989 年 12 月 26 日颁布的《中华人民共和国环境保护法》第十三条规定：建设污染环境的项目，必须遵守国家有关建设项目环境保护管理的规定。建设项目的环境影响报告书，必须对建设项目策划书的污染和对环境的影响做出评价，规定防治措施，经项目主管部门预审并依据规定的程序报环境保护行政主管部门批准。环境影响报告书经批准后，计划部门方可批准建设项目设计任务书。

此条中，对环境影响评价制度的执行对象和任务、工作原则和审批程序、执行时段和基本建设程序之间的关系做了原则规定，再一次用法律确认了建设项目环境影响评价制度，并为在行政法规中具体规范环境影响评价提供了法律依据和基础。

3. 强化和完善阶段

进入 20 世纪 90 年代后，随着中国改革开放的深入发展和社会主义计划经济向市场经济转轨，建设项目的环境保护管理特别是环境影响评价制度得到强化，开展了区域环境影响评价，并针对企业长远发展计划进行了规划环境影响评价。针对投资多元化造成的建设项目多渠道立项和开发区的兴起，1993 年，原国家环境保护局下发了《关于进一步做好建设项目环境保护管理工作的几点意见》，提出先评价、后建设，并对环境影响评价分类指导和开发区的区域环境影响评价做了规定。

在注重环境污染的同时，加强了对生态影响项目的环境影响评价，防治污染和保护生态并重。通过国际金融组织贷款项目，在中国开始实行建设项目环境影响评价的公众参与，并逐步扩大和完善公众参与的范围。

从 1994 年起，开始了建设项目环境影响评价招标试点工作，并陆续颁布实施了《环境影响评价技术导则（总纲、地面水环境、大气环境）》《电磁辐射环境影响评价方法与标准》《火电厂建设项目环境影响报告书编制规范》和《环境影响评价技术导则　生态影响》等。1996 年，召开了第四次全国环境保护工作会议，发布了《国务院关于环境保护若干问题的决定》。各地加强了对建设项目的审批和检查，并实施对污染物排放总量控制，增加了“清洁生产”和“公众参与”的内容，强化了生态环境影响评价，使环境影响评价的深度和广度得到进一步扩展。

1998 年 11 月 29 日，国务院令第 253 号颁布实施《建设项目环境保护管理条例》，这是建设项目环境管理的第一个行政法规，对环境影响评价做了全面、详细、明确的规定。1999 年 3 月，依据《建设项目环境保护管理条例》，原国家环境保护总局颁布第 2 号令，公布了《建设项目环境影响评价资质证书管理办法》，对评价单位的资质进行了规定；1999 年 4 月，原国家环境保护总局在《关于公布〈建设项目环境保护分类管理名录〉（试行）的通知》中，公布了分类管理名录。

国家环境保护总局加强了建设项目环境影响评价单位人员的资质管理，与国际金融组织合作，从 1990 年开始对环境影响评价人员进行培训，实行环境影响评价人员持证上岗制度。这一阶段，中国的建设项目环境影响评价在法规建设、评价方法建设、评价队伍建设，以及评价对象和评价内容的拓展等方面，取得了全面进展。

4. 提高和拓展阶段

2002 年 10 月 28 日，第九届全国人大常委会通过《中华人民共和国环境影响评价法》，环境影响评价从建设项目环境影响评价扩展到规划环境影响评价，使环境影响评价制度得到最新的发展。国家环境保护总局按照法律的规定，建立了环境影响评价的基础数据库，颁布了规划环境影响评价的技术导则，会同有关部门并经国务院批准制定了环境影响评价规划目录，制定了专项规划环境影响报告书审查办法，设立了国家环境影响评价审查专家库。

为了加强对环境影响评价的管理，提高环境影响评价专业技术人员素质，确保环境影响评价质量，2004年2月，原人事部、国家环境保护总局在全国环境影响评价系统中建立环境影响评价工程师职业资格制度，对从事环境影响评价的有关人员提出了更高的要求。

2009年8月17日，国务院颁布了《规划环境影响评价条例》，自2009年10月1日起实施。这是中国环境立法的重大进展，标志着环境保护参与和综合决策进入了新阶段。

第四节 主要环境标准名录

一、环境质量标准

1. 大气环境质量标准

(1)《环境空气质量标准》(GB 3095—2012)

(2)《室内空气质量标准》(GB/T 18883—2002)

2. 水环境质量标准

(1)《地表水环境质量标准》(GB 3838—2002)

(2)《海水水质标准》(GB 3097—1997)

(3)《农田灌溉水质标准》(GB 5084—2005)

3. 声环境质量标准

(1)《声环境质量标准》(GB 3096—2008)

(2)《城市区域环境振动标准》(GB 10070—1988)

4. 土壤环境质量标准

《土壤环境质量标准》(GB 15618—1995)

主要环境标准名录全表 20kB
（篇幅所限，书中仅列出部分标准名录，全部名录请微信扫描上面二维码阅览）

二、污染物排放标准

1. 大气污染物排放标准

(1)《水泥工业大气污染物排放标准》(GB 4915—2013)

(2)《电池工业污染物排放标准》(GB 30484—2013)

(3)《砖瓦工业大气污染物排放标准》(GB 29620—2013)

(4)《电子玻璃工业大气污染物排放标准》(GB 29495—2013)

(5)《炼焦化学工业污染物排放标准》(GB 16171—2012)

(6)《铁合金工业污染物排放标准》(GB 28666—2012)

(7)《轧钢工业大气污染物排放标准》(GB 28665—2012)

(8)《炼钢工业大气污染物排放标准》(GB 28664—2012)

(9)《炼铁工业大气污染物排放标准》(GB 28663—2012)

(10)《钢铁烧结、球团工业大气污染物排放标准》(GB 28662—2012)

(11)《铁矿采选工业污染物排放标准》(GB 28661—2012)

(12)《锅炉大气污染物排放标准》(GB 13271—2014)

2. 水污染物排放标准

(1)《电池工业污染物排放标准》(GB 30484—2013)

(2)《制革及毛皮加工工业水污染物排放标准》(GB 30486—2013)

(3)《柠檬酸工业水污染物排放标准》(GB 19430—2013)

(4)《合成氨工业水污染物排放标准》(GB 13458—2013)

(5)《纺织染整工业水污染物排放标准》(GB 4287—2012)

(6)《缫丝工业水污染物排放标准》(GB 28936—2012)

(7)《毛纺工业水污染物排放标准》(GB 28937—2012)

(8)《麻纺工业水污染物排放标准》(GB 28938—2012)

(9)《铁矿采选工业污染物排放标准》(GB 28661—2012)

(10)《铁合金工业污染物排放标准》(GB 28666—2012)

(11)《钢铁工业水污染物排放标准》(GB 13456—2012)

(12)《炼焦化学工业污染物排放标准》(GB 16171—2012)

3. 环境噪声排放标准

(1)《建筑施工场界环境噪声排放标准》(GB 12523—2011)

(2)《工业企业厂界环境噪声排放标准》(GB 12348—2008)

(3)《社会生活环境噪声排放标准》(GB 22337—2008)

(4)《城市轨道交通车站站台声学要求和测量方法》(GB 14227—2006)

(5)《铁路边界噪声限值及其测量方法》(GB 12525—1990)及修改方案(环境保护部公告 2008 年第 38 号)

(6)《机场周围飞机噪声环境标准》(GB 9660—1988)

4. 固体废物污染控制标准

(1)《水泥窑协同处置固体废物污染控制标准》(GB 30485—2013)

(2)《生活垃圾填埋场污染控制标准》(GB 16889—2008)

(3)《危险废物焚烧污染控制标准》(GB 18484—2001)

(4)《生活垃圾焚烧污染控制标准》(GB 18485—2014)

(5)《危险废物贮存污染控制标准》(GB 18597—2001)

(6)《危险废物填埋污染控制标准》(GB 18598—2001)

(7)《一般工业固体废物贮存、处置场污染控制标准》(GB 18599—2001)

三、环境影响评价技术导则

(1)《规划环境影响评价技术导则总纲》(HJ 130—2014)

(2)《规划环境影响评价技术导则煤炭工业矿区总体规划》(HJ 463—2009)

(3)《建设项目环境影响评价技术导则 总纲》(HJ 2. 1—2016)

(4)《环境影响评价技术导则大气环境》(HJ 2. 2—2008)

(5)《环境影响评价技术导则 地面水环境》(HJ/T 2. 3—1993)

(6)《环境影响评价技术导则地下水环境》(HJ 610—2011)

(7)《环境影响评价技术导则 声环境》(HJ 2. 4—2009)

(8)《环境影响评价技术导则生态影响》(HJ 19—2011)

(9)《开发区区域环境影响评价技术导则》(HJ/T 131—2003)

(10)《建设项目环境风险评价技术导则》(HJ/T 169—2004)

(11)《建设项目环境影响技术评估导则》(HJ 616—2011)

(12)《环境影响评价技术导则 煤炭采选工程》(HJ 619—2011)
(13)《环境影响评价技术导则 制药建设项目》(HJ 611—2011)
(14)《环境影响评价技术导则 农药建设项目》(HJ 582—2010)
(15)《环境影响评价技术导则 城市轨道交通》(HJ 453—2008)
(16)《环境影响评价技术导则 陆地石油天然气开发建设项目》(HJ/T 349—2007)
(17)《环境影响评价技术导则 水利水电工程》(HJ/T 88—2003)
(18)《环境影响评价技术导则 石油化工建设项目》(HJ/T 89—2003)
(19)《环境影响技术评价导则 民用机场建设工程》(HJ/T 87—2002)

四、建设项目竣工环境保护验收技术规范

(1)《建设项目竣工环境保护验收技术规范 生态影响类》(HJ/T 394—2007)
(2)《建设项目竣工环境保护验收技术规范 煤炭采选》(HJ 672—2013)
(3)《建设项目竣工环境保护验收技术规范 石油天然气开采》(HJ 612—2011)
(4)《建设项目竣工环境保护验收技术规范 公路》(HJ 552—2010)
(5)《建设项目竣工环境保护验收技术规范 水利水电》(HJ 464—2009)
(6)《建设项目竣工环境保护验收技术规范 港口》(HJ 436—2008)
(7)《储油库、加油站大气污染治理项目验收检测技术规范》(HJ/T 431—2008)
(8)《建设项目竣工环境保护验收技术规范 造纸工业》(HJ/T 408—2007)
(9)《建设项目竣工环境保护验收技术规范 汽车制造》(HJ/T 407—2007)

思考题

1. 环境、环境质量、环境影响评价的概念。
2. 简述环境影响评价的类型。
3. 中国的环境标准体系是怎样划分的？试论述各级、各类环境标准的关系。

第二章　环境影响评价制度与管理

第一节　环境影响评价制度

一、环境影响评价制度的概念

环境影响评价制度是指把环境影响评价工作以法律、法规或行政规章的形式确定下来从而必须遵守的制度。环境影响评价不能代替环境影响评价制度。前者是评价技术，后者是评价的法律依据。

环境影响评价制度要求在工程、项目、计划和政策等活动的拟定和实施中，除了考虑传统的经济和技术等因素外，还要考虑环境影响，并把这种考虑体现到决策中去。对于可能显著影响人类环境的重要开发建设行为，必须编写环境影响报告书（EIS）。环境影响评价制度的建立，从一个方面体现了人类环境意识的提高，是正确处理人类与环境关系，保证社会经济与环境协调发展的一个进步。

环境影响评价制度的确立，从立法上看，其形式是不同的。有的国家在国家环境保护法律中肯定了环境影响评价制度，或者制定了专门的环境影响评价法律、法规或规范性文件，如美国、瑞典、澳大利亚、加拿大、法国、中国、阿根廷、尼日利亚等国家。有的国家并没有以国家法律的形式予以肯定，而是在其他有关制度或法规中包括了环境影响评价方面的内容，这些国家包括日本、英国、新西兰等国家。有些没有环境影响评价立法的国家正在制定有关环境影响评价的法律，或者正在计划这样做，如发展中国家中的黎巴嫩和阿曼。

一般来说，环境影响评价制度不管是以明确的法律形式确定下来，还是以其他形式存在，都存在一个共同的特点，就是强制性。即建设项目必须进行环境影响评价，对环境可能产生重大影响的必须编制环境影响报告书，报告书的内容包括开发项目对自然环境、社会环境及经济发展将会产生的影响，拟采取的环境保护措施及其经济、技术论证等。例如，1998年11月，中国发布实施的《建设项目环境保护管理条例》明确规定国家实行建设项目环境影响评价制度，并对建设项目的分类管理、环境影响报告书的内容、有关程序、适用范围等都做了明确规定，违反该条例规定，要负相应的法律责任。但是也存在例外，如新西兰，并不强制所有项目都做环境影响评价，而只要求对环境有重大影响的项目做环境影响评价，其性质是带有教育性的，是一种劝告，目的是让计划者自己来评价该计划对环境所产生的影响，从而提高对环境的认识，该制度无约束力。

在中国，《中华人民共和国环境保护法》规定环境影响评价制度是一切建设项目必须遵守的法律制度，其目的是为了防止造成环境污染与破坏。

二、中国环境影响评价制度的特点

随着中国环境影响评价研究的不断深入，同时借鉴国外经验并结合中国的实际情况，逐渐形成了中国的环境影响评价制度。中国的环境影响评价制度的主要特点表现在以下几方面。

1. 具有法律强制性

中国的环境影响评价制度是《中华人民共和国环境保护法》中明令规定的一项法律制

度，以法律形式约束人们必须遵照执行，具有不可违抗的强制性，所有对环境有影响的建设项目都必须无条件地执行这一制度。

2. 纳入基本建设程序

《建设项目环境保护管理办法》规定，对环境影响报告书或环境影响报告表未经批准的建设项目，计划部门不办理设计任务书的审批手续，土地管理部门才办理征地手续，银行不予贷款。《中华人民共和国环境保护法》中也规定，环境影响报告书经批准后，计划部门方可批准建设项目设计任务书。这样就更加具体地把环境影响评价制度结合到基本建设的程序中去，使其成为建设程序中不可缺少的环节。

3. 对建设项目和规划进行环境影响评价

《中华人民共和国环境影响评价法》第二条规定："本法所称环境影响评价，是指对规划和建设项目实施后可能造成的环境影响进行分析、预测和评估，提出减轻不良环境影响的对策和措施，进行跟踪监测的方法和制度。"由此可见，环境影响评价的范围不仅包括对建设项目的环境影响评价，还涵盖对宏观的规划环境影响评价。

4. 分类管理

《建设项目环境保护管理条例》规定，对建设项目的环境保护实行分类管理，按照建设项目对环境可能造成的影响程度——造成重大影响、轻度影响或影响很小的，分别编制环境影响报告书、环境影响报告表或填报环境影响登记表。评价工作的重点也因类而异，对新建项目，评价重点主要是解决合理布局、优化选址和总量控制；对扩建和技术改造项目，评价重点在于搞清楚工程实施前后可能对环境造成的影响及"以新带老"，加强原有污染治理、改善环境质量。

5. 评价资格实行审核认定制

为确保环境影响评价工作的质量，自1986年起，中国建立了评价单位的资格审查制度，强调评价机构必须具有法人资格，具有与评价内容相适应的固定在编的各专业人员和配套测试手段，能够对评价结果负起法律责任。评价资格审核认定后，将发给环境影响评价证书。评价证书分为甲、乙两个等级。承担环境影响评价的单位，按照证书中规定的资质和范围开展环境影响评价工作，并对结论负责。从2004年起，国家开始实行环境影响评价工程师职业资格制度，要求凡从事环境影响评价、技术评估、环境保护验收的单位，应配备环境影响评价工程师。

6. 公众参与制度

《中华人民共和国环境影响评价法》第五条规定："国家鼓励有关单位、专家和公众以适当方式参与环境影响评价。"《建设项目环境保护管理条例》中也要求："建设单位编制的环境影响报告书，应当依照有关法律规定，征求建设项目所在地有关单位和居民的意见。"《环境影响评价公众参与暂行办法》（以下简称《暂行办法》）第八条、第九条和第十二条规定，建设单位应当在确定了承担环境影响评价工作的环境影响评价机构后7日内及在报送环境保护行政主管部门审批或者重新审核前分别向公众发布信息公告，并公开环境影响报告书简本，公开征求公众意见。

7. 跟踪评价和后评价

环境影响跟踪评价和后评价是指拟定的开发建设规划或者具体的建设项目实施后，对规划或建设项目给环境实际造成和将可能进一步造成的影响进行跟踪评价或后评价，通过检查、分析、评估等对原环境影响评价结论的客观性及规定的环境保护对策和措施的有效性进行验证性评价，并提出补救、完善或者调整的方案、对策、措施的方法和制度。

第二节　建设项目环境影响评价管理

一、建设项目环境影响评价分类管理的有关规定

《中华人民共和国环境影响评价法》《建设项目环境保护管理条例》和《建设项目环境保护分类管理名录》中均对建设项目的环境保护分类管理做了具体规定。

《中华人民共和国环境影响评价法》第十六条规定："国家根据建设项目对环境的影响程度，对建设项目的环境影响评价实行分类管理。建设单位应当按照规定组织编制环境影响报告书、环境影响报告表或者填报环境影响登记表。"

2015 年 3 月 19 日，国家环境保护部颁布实施《建设项目环境影响评价分类管理名录》，对水利、农林牧渔、地质勘查、煤炭、电力、石油和天然气、黑色金属、有色金属、金属制品、非金属矿采选及制品制造、机械和电子、石化和化工、医药、轻工、纺织化纤、公路、铁路、民航机场、水运、城市交通设施、城市基础设施及房地产、社会事业与服务业、核与辐射等方面环境影响评价的分类管理做出了规定。《建设项目环境评价分类管理名录》自 2015 年 6 月 1 日起施行。原《建设项目环境影响评价分类管理名录》（环境保护部令第 2 号）同时废止。

二、环境敏感区的界定

根据《建设项目环境影响评价分类管理名录》，环境敏感区是指依法设立的各级各类自然、文化保护地，以及对建设项目的某类污染因子或者生态影响因子特别敏感的区域，主要包括以下几类。

（1）自然保护区、风景名胜区、世界文化和自然遗产地、饮用水水源保护区。

（2）基本农田保护区、基本草原、森林公园、地质公园、重要湿地、天然林、珍稀濒危野生动植物天然集中分布区、重要水生生物的自然产卵场、索饵场、越冬场和洄游通道、天然渔场、资源性缺水地区、水土流失重点防治区、沙化土地封禁保护区、封闭及半封闭海域、富营养化水域。

（3）以居住、医疗卫生、文化教育、科研、行政办公等为主要功能的区域，文物保护单位，具有特殊历史、文化、科学、民族意义的保护地。

建设项目所处环境的敏感性质和敏感程度，是确定建设项目环境影响评价类别的重要依据。建设涉及环境敏感区的项目，应当严格按照《建设项目环境影响评价分类管理名录》确定其环境影响评价类别，不得擅自提高或者降低环境影响评价类别。环境影响评价文件应当就该项目对环境敏感区的影响做重点分析。

三、建设项目环境影响后评价

《中华人民共和国环境影响评价法》第二十七条规定："在项目建设、运行过程中产生不符合经审批的环境影响评价文件的情形的，建设单位应当组织环境影响的后评价，采取改进措施，并报原环境影响评价文件审批部门和建设项目审批部门备案；原环境影响评价文件审批部门也可以责成建设单位进行环境影响的后评价，采取改进措施。"

《中华人民共和国环境影响评价法》中所指建设项目环境影响后评价，是指对正在进行

建设或已经投入生产或使用的建设项目，在建设过程中或投产运行后，由于建设方案的变化或运行、生产方案的变化，导致《中华人民共和国环境影响评价法》第二十七条规定中所说的“产生不符合经审批的环境影响评价文件的情形”。一般包括以下几种情况。

（1）在建设、运行过程中，产品方案、主要工艺、主要原料或污染处理设施和生态保护措施发生重大变化，致使污染物种类、污染物的排放强度或生态影响与环境影响评价预测情况相比有较大变化的。

（2）在建设、运行过程中，建设项目的选址、选线发生较大变化，或运行方式发生较大变化可能对新的环境敏感目标产生影响，或可能产生新的重要生态影响的。

（3）在建设、运行过程中，当地人民政府对项目所涉及区域的环境功能做出重大调整，要求建设单位进行后评价的。

（4）跨行政区域、存在争议或存在重大环境风险的。

开展环境影响后评价有两方面的目的：一方面是对环境影响评价的结论、环境保护对策措施的有效性进行验证；另一方面是对项目建设中或运行后发现或产生的新问题进行分析，提出补救或改进方案。组织环境影响后评价的是建设单位，可以是在原环境影响评价文件审批部门要求下组织的，也可以是自主组织的。环境影响后评价要对存在的有关问题采取改进措施，报原环境影响文件审批部门和项目审批部门备案。

第三节 环境影响评价资质管理

一、建设项目环境影响评价资质管理的法律法规

（一）环境影响评价资质管理的有关法律法规

《中华人民共和国环境影响评价法》规定，接受委托为建设项目环境影响评价提供技术服务的机构，应当经国务院环境保护行政主管部门考核审查合格后，颁发资质证书，按照资质证书规定的等级和评价范围，从事环境影响评价服务，并对评价结论负责。

为建设项目环境影响评价提供技术服务的机构，不得与负责审批建设项目环境影响评价文件的环境保护行政主管部门或者其他有关审批部门存在任何利益关系。

环境影响评价文件中的环境影响报告书或者环境影响报告表，应当由具有相关环境影响评价资质的机构编制。

任何单位和个人不得为建设单位指定对其建设项目进行环境影响评价的机构。

《建设项目环境保护管理条例》的相关规定如下。

（1）建设项目的环境影响评价工作由单位承担，个人不得承接环境影响评价任务。

（2）资质证书分等级和限定评价范围，评价单位必须按证书规定的等级和评价范围开展评价工作，并对环境影响评价结论负责。

（3）从事环境影响评价的单位在开展环境影响评价工作时，必须严格执行国家规定的收费标准。环境影响评价是咨询服务性质，因此，其收费应接受国家价格管理部门的监督。

（4）要公布建设项目环境影响评价单位的名单，这是对国务院环境保护行政主管部门提出的要求，是为了有利于建设单位全面了解环境影响评价单位的资质等级和评价范围等有关信息，以便自主选择适当的评价单位。同时，向社会公布评价单位名单。

（5）提供技术服务的机构不得与负责审批建设项目环境影响评价文件的环境保护行政主

管部门和其他有关审批部门有任何利益关系，保证环境影响评价工作的独立性、公正性，既不依附行政机关的权力，也不影响行政机关的公正审批。

(6) 建设单位自主选择或通过招标方式选择具有相应资质的评价机构，任何单位和个人不得为其指定环境影响评价机构。

(二) 环境影响评价机构的法律责任

《中华人民共和国环境影响评价法》第三十三条规定“接受委托为建设项目环境影响评价提供技术服务的机构在环境影响评价工作中不负责任或者弄虚作假，致使环境影响评价文件失实的，由授予环境影响评价资质的环境保护行政主管部门降低其资质等级或者吊销其资质证书，并处所收费用一倍以上三倍以下的罚款；构成犯罪的，依法追究刑事责任。”同时依据有关规定对主持该建设项目环境影响评价的环境影响评价工程师注销登记。

《建设项目环境保护管理条例》中也有与上述相同的规定。

评价单位在环境影响评价中不负责任或者弄虚作假，致使环境影响评价文件失实，就必须承担法律责任。对情节较轻的甲级证书单位，可将其评价资质登记降为乙级证书；情节严重的，无论是甲级证书单位还是乙级证书单位，均吊销其资质证书，取消其从事环境影响评价的资格。

在降低评价资质等级或者吊销评价资质证书的同时，对违法单位应处以罚款，罚款金额是所收取评价费用的一倍以上三倍以下，具体数额可在罚款限额幅度内，由原国家环境保护总局根据违法行为轻重，酌情决定。但是必须明确一点，评价费用的一倍以上三倍以下的罚款是降低评价资质等级和吊销评价资质证书的并行处罚，在不进行降低资质等级或吊销资质证书处罚的前提下，不可以单独实施罚款处罚。

构成犯罪的，依法追究刑事责任。评价单位在环境影响评价中弄虚作假，出具的环境影响评价文件有重大失实，造成严重后果，触犯《中华人民共和国刑法》构成犯罪的，就要依法追究刑事责任。根据《中华人民共和国刑法》第二百二十九条第三款的规定，对构成犯罪的当事人可处三年以下有期徒刑或者拘役，并处或者单处罚金。根据《中华人民共和国刑法》第二百三十一条的规定，对构成犯罪的评价单位，实行双罚原则，对评价单位处以罚金，对直接负责的主管人员和其他负责人员，按照第二百二十九条的规定处罚。

二、环境影响评价机构的资质管理

根据《中华人民共和国环境影响评价法》和《建设项目环境保护管理条例》的规定，原国家环境保护总局发布的《建设项目环境影响评价资质管理办法》是现阶段对环境影响各项评价资质实施具体管理的主要依据，其中明确了评价资质等级划分和评价范围确定，评价机构的资质条件、申请与审查，评价机构的管理、考核与监督，以及罚则等内容。

(一) 环境影响评价资质登记和评价范围

环境影响评价资质分为甲、乙两个等级。但是在乙级评价资质中，有一类评价范围限定为编制环境影响报告表的较为特殊的评价资质，相对于其他既可以编制环境影响报告表又可以编制环境影响报告书的乙级评价资质而言，只是评价范围不同，仍属乙级评价资质。

环境保护部在确定评价资质等级的同时，根据评价机构的专业特长和工作能力，确定相应的评价范围。评价范围分为环境影响报告书的 11 个小类和环境影响报告表的两个小类。评价范围的具体划分见表 2-1。

表 2-1 **建设项目环境影响评价资质的评价范围划分**

	环境影响报告书	环境影响报告表
评价范围	1. 轻工、纺织、化纤 2. 化工、石化、医药 3. 冶金机电 4. 建材、火电 5. 农林、水利 6. 采掘 7. 交通运输 8. 社会服务 9. 海洋工程 10. 输变电及广电通信 11. 核工业	1. 一般项目环境影响报告表 2. 核与辐射环境影响报告表

被划分为环境影响报告书评价范围的11个小类中除输变电及广电通信、核工业类别以外的任何一类的评价机构，可编制此类别的建设项目环境影响报告书及一般项目环境影响报告表。被划分为环境影响报告书评价范围中的输变电及广电通信、核工业类别的评价机构，可同时编制核与核辐射项目环境影响报告表。

取得甲级评价资质的环境影响评价机构，可承担各级环境保护行政主管部门负责审批的建设项目环境影响报告书和环境影响报告表的编制工作。取得乙级评价资质的评价机构，可承担省级以下的环境保护行政主管部门负责审批的环境影响报告书（应当由具备环境影响报告书甲级类别评价范围的机构编制环境影响报告书的建设项目除外）或环境影响报告表的编制工作。但是都必须在资质证书规定的评价范围之内开展工作，不允许超出评价范围承担环境影响评价工作。

（二）环境影响评价机构的资质条件、申请与审查

1. 环境影响评价机构的资质条件

（1）甲级评价机构应当具备下列条件。

1）在中华人民共和国境内登记的各类所有制企业或事业法人，具有固定的工作场所和工作条件，固定资产不少于1000万元，其中企业法人工商注册资金不少于300万元。

2）能够开展规划、重大流域、跨省级行政区域建设项目的环境影响评价；能够独立编制污染因子复杂或生态环境影响重大的建设项目环境影响评价；能够独立完成建设项目的工程分析、各环境要素和生态环境的现状调查与预测评价及环境保护措施的经济技术论证；有能力分析、审核协作单位提供的技术报告和监测数据。

3）申请第一个甲级报告书评价范围的，应配备15名及以上环评工程师，申请第二个及以上甲级报告书评价范围的，应配备20名及以上环评工程师，每个甲级报告书评价范围应配备8名及以上相应类别的环评工程师。

4）配备工程分析、水环境、大气环境、声环境、生态、固体废物、环境工程、规划、环境经济、工程概算等方面的专业技术人员。

5）环境影响报告书评价范围内的每个类别应当配备至少3名登记于该机构的相应类别的环境影响评价工程师，且至少有两人主持编制过相应类别省级以上环境保护行政主管部门审批的环境影响报告书。环境影响报告表评价范围内的特殊项目环境影响报告表类别，应当配备至少一名登记于该机构的相应类别的环境影响评价工程师。

6）近3年内主持编制过至少5项省级以上环境保护行政主管部门负责审批的环境影响报告书。

7）具备健全的环境影响评价工作质量保证体系。

8）配备与评价范围一致的专项仪器设备，具备文件和图档的数字化处理能力，有较完

善的计算机网络系统和档案管理系统。

（2）乙级评价机构应当具备下列条件。

1）在中华人民共和国境内登记的各类所有制企业或事业法人，具有固定的工作场所和工作条件，固定资产不少于200万元，企业法人工商注册资金不少于50万元。其中，评价范围为环境影响报告书的评价机构，固定资产不少于100万元，企业法人工商注册资金不少于30万元。

2）能够独立编制建设项目的环境影响报告书或环境影响报告表；能够独立完成建设项目的工程分析、各环境要素和生态环境的现状调查与预测评价及环境保护措施的经济技术论证；有能力分析、审核协作单位提供的技术报告和监测数据。

3）申请乙级报告书评价范围的，应配备9名及以上环评工程师，每个报告书评价范围应配备4名及以上相应类别的环评工程师；仅申请乙级报告表评价范围的，应配备5名及以上环评工程师。

4）配备工程分析、水环境、大气环境、声环境、生态、固体废物、环境工程等方面的专业技术人员。评价范围为环境影响报告表的评价机构，应配备工程分析、环境工程、生态等方面的专业技术人员。

5）具备健全的环境影响评价工作质量保证体系。

6）配备与评价范围一致的专项仪器设备，具备文件和图档的数字化处理能力，有较完善的档案管理系统。

2. 环境影响评价资质的限制要求

各行业的各级环境监测机构和为建设项目环境影响评价提供技术评估的机构，不得申请评价资质。

环境监测机构承担着为政府主管部门提供环境监测数据和报告的职责，环境保护部门所属的监测机构还承担着环境保护竣工验收监测工作，由政府提供经费支持，属于非中介机构性质。

环境影响评价的技术评估机构承担着环境影响报告书、表的技术审核工作，直接为环境影响审批提供技术支持。为了保证这两类机构各自的工作质量及环境影响评价的独立性和公正性，必须对这两类机构提出申请评价资质限制的要求。

3. 环境影响评价资质的申请与审查

环境影响评价资质申请包括五类：申请新资质、申请调整评价范围、申请更名、申请晋级和申请资质延续。根据《中华人民共和国行政许可法》，在《建设项目环境影响评价资质管理办法》中对各类申请应提交的材料进行了详细说明，对申请更名和资质延续的时限也进行了规定。

环境保护部负责随时受理评价资质的申请，出具受理回执，并自受理申请之日起20日内，做出是否准予评价资质的决定。其中，对资质延续的申请，在资质证书有效期届满之前，可视具体情况征求申请机构所属行业行政主管部门、所在地主管部门和所在省级环境保护行政主管部门的意见。

为了保证资质申请审查的客观性和公正性，专家评审是必要的环节，所需时间不计算在20日之内。为了保证评价机构资质公开，为建设单位选择评价机构提供便利，同时接受社会监督，环境保护部应对评价机构名单定期予以公布。

（三）环境影响评价机构的管理、考核与监督

1. 环境影响评价机构的管理

评价机构应当坚持公正、科学、诚信的原则，遵守职业道德，讲求专业信誉，对相关社会责任负责，不得违反国家法律、法规、政策及有关管理要求承担环境影响评价工作，不得无任何正当理由拒绝承担环境影响评价工作。评价机构所主持编制的环境影响报告书和特殊项目环境影响报告表须由登记于该机构的相应类别的环境影响评价工程师主持；一般项目环境影响报告表须由登记于该机构的相应类别的环境影响评价工程师主持；环境影响报告书的各章节和环境影响报告表的各专题应当由本机构的环境影响评工程师主持。

环境影响报告书和环境影响报告表中应当附编制人名单表，列出主持该项目及各章节、各专题的环境影响评价工程师的姓名、环境影响评价工程师登记证或环境影响评价岗位证书编号。环境影响评价工程师登记证中的评价机构名称与其环境影响岗位证书中的评价机构名称应当一致。环境影响报告书或环境影响报告表中，还必须附有资质证书正本缩印件。

甲级评价机构在资质证书有效期内应当主持编制完成至少5项省级以上由环境保护行政主管部门负责审批的环境影响报告书。乙级评价机构在资质证书有效期内应当主持编制完成至少5项环境影响报告书或环境影响报告表，其中，评价范围为环境影响报告表的评价机构，在资质证书有效期内应当主持完成至少5项环境影响报告表。

2. 评价资质的考核与监督

环境保护部负责对评价机构实施统一监督管理，组织或委托省级环境保护行政主管部门组织对评价机构进行抽查，并向社会公布有关情况。抽查主要对评价机构的资质条件、环境影响评价工作质量和是否有违法违规行为等进行检查。在抽查中发现评价机构不符合相应资质条件规定的，环境保护部将重新核定其评价资质；发现评价机构有违规行为的，由环境保护部予以处罚。

各级环境保护行政主管部门对在本辖区内承担环境影响评价工作的评价机构负有日常监督检查的职责。省级环境保护行政主管部门可组织对本辖区内评价机构的资质条件、环境影响评价工作质量和是否有违法违规行为等进行定期考核。各级环境保护行政主管部门在日常监督检查或考核中发现评价机构不符合相应资质条件或者有违规行为的，应当及时向上级环境保护行政主管部门报告有关情况，并提出处罚建议。

评价机构有下列情形之一的，环境保护部将注销其评价资质。

（1）资质证书有效期满未申请延续的。

（2）法人资格终止的。

注销不属于对评价机构的处罚内容，是环境保护部对评价资质进行有效管理的一个方面。

（四）环境影响评价机构的处罚规定

（1）评价机构有下列行为之一的，环境保护部将取消其评价资质。

1）以欺骗、贿赂等不正当手段取得评价资质的。

2）涂改、倒卖、出租、出借资质证书的。

3）超越评价资质等级、评价范围提供环境影响评价技术服务的。

4）达不到评价资质条件或规定的业绩要求的。

申请评价资质的机构隐瞒有关情况或者提供虚假资料申请评价资质的，环境保护部不予

受理或者不授予评价资质，并给予警告，该申请机构一年内不得再次申请评价资质。评价机构以诈骗、贿赂等不正当手段取得评价资质的，除由环境保护部取消其评价资质外，该评价机构在3年内不得再次申请评价资质。

（2）评价机构有下列行为之一的，环境保护部将视情节轻重，分别给予警告、通报批评、责令限期整改3~12个月、缩减评价范围、降低资质等级或者取消评价资质等处罚。其中，责令限期整改的，评价机构在限期整改期间，不得承担环境影响评价工作。

1）不按规定接受抽查、考核或在抽查、考核中隐瞒有关情况、提供虚假材料的。

2）不按规定填报或虚报"建设项目环境影响评价机构年度业绩报告表"的。

3）未按《建设项目环境影响评价资质管理办法》的要求承担环境影响评价工作的。

4）评价机构的经济类型、法定代表人、工作场所和环境影响评价专职技术人员等基本情况发生变化，未及时报环境保护部备案的。

（3）在审批、抽查或考核中发现评价机构主持完成的环境影响报告书或环境影响报告表质量较差，有下列情形之一的，环境保护部将视情节轻重，分别给予警告、通报批评、责令限期整改3~12个月、缩减评价范围或者降低资质等级等处罚。其中，责令限期整改的评价机构在限期整改期间，不得承担环境影响评价工作。

1）建设项目工程分析出现较大失误的。

2）环境现状描述不清或环境现状监测数据选用有明显错误的。

3）环境影响识别和评价因子筛选存在较大疏漏的。

4）环境标准适用错误的。

5）环境影响预测与评价方法不正确的。

6）环境影响评价内容不全面、达不到相关技术要求或支持环境影响结论的。

7）所提出的环境保护措施建议不充分、不合理或者不可行的。

8）环境影响评价结论不明确的。

第四节　环境影响评价人员的管理

一、岗前培训、持证上岗

从1990年开始，国家对环境影响评价人员开始进行环境影响评价政策法规和技术的业务培训，颁发岗位培训证书。随着人事制度的改革，根据中国对专业技术人员"淡化职称，强化岗位管理，在关系公众利益和国家安全的关键技术岗位大力推行职业资格"的总体要求，国家对从事环境影响评价工作的专业技术人员实行职业资格制度。

二、环境影响评价工程师职业资格制度

为了加强对环境影响评价专业技术人员的管理，规范环境影响评价行为，强化环境影响评价责任，提高环境影响评价专业技术人员的素质和业务水平，维护国家环境安全和公众利益，人事部、原国家环境保护总局于2004年2月16日联合发布了《关于印发〈环境影响评价工程师职业资格制度暂行规定〉〈环境影响评价工程师职业资格考试实施办法〉和〈环境影响评价工程师职业资格考核认定办法〉的通知》（国人部发〔2004〕13号），规定从2004年4月1日起在全国实施环境影响评价工程师职业资格制度。

环境影响评价工程师职业资格制度适用于从事规划和建设项目环境影响评价、技术评估

和环境保护验收等工作的专业技术人员，凡从事环境影响评价、技术评估和环境保护验收的单位，应配备环境影响评价工程师。环境影响评价工程师职业资格制度被纳入全国专业技术人员职业资格证书制度统一管理。

一般要取得环境影响评价工程师职业资格证，需要在两年内通过“环境影响评价相关法律法规”“环境影响评价技术导则与标准”“环境影响评价技术方法”和“环境影响评价案例分析”4个科目的考试。对长期在环境影响评价岗位上工作，并符合相应条件的从业人员可免试“环境影响评价技术导则与标准”和“环境影响评价技术方法”两个科目，但需要在一年内通过“环境影响评价相关法律法规”和“环境影响评价案例分析”两个科目的考试。

三、环境影响评价工程师职业资格管理登记

1. 环境影响评价工程师职业资格登记制度

环境影响评价工程师职业资格实行定期登记制度，环境影响评价工程师应当在取得职业资格证书后3年内向登记管理办公室申请登记，未在规定时间内申请登记的，其职业资格证书将自动失效。符合登记条件并获准登记者，将发放《环境影响评价工程师登记证》，内容发生变化的，应重新换发。环境影响评价工程师职业资格登记的有效期为3年，登记管理办公室应定期向社会公布经登记人员的情况。

环境影响评价工程师必须受聘而且登记于一个有环境影响评价及相关业务资质的单位，并以该单位的名义接受委托业务。未经登记的人员，不得以环境影响评价工程师的名义从事环境影响评价及相关业务。获准在中华人民共和国境内就业的外籍人员，符合国家有关规定和本规定要求的，也可按照规定的程序申请参加考试、登记。

2. 环境影响评价工程师职业资格的登记类别和登记条件

环境影响评价工程师职业资格应按设定的类别进行登记，申请登记的类别不得超过两个。

登记类别的设定见表2-2。

表2-2 环境影响评价工程师职业资格登记类别表

编号	登记类别	编号	登记类别
1	一般项目环境影响报告表	9	交通运输类环境影响评价
2	核与核辐射项目环境影响报告表	10	社会服务类环境影响评价
3	轻工、纺织、化纤类环境影响评价	11	海洋工程类环境影响评价
4	化工、石化、医药类环境影响评价	12	输变电及广电通信
5	冶金、机电类环境影响评价	13	核工业类环境影响评价
6	建材、火电类环境影响评价	14	环境影响技术评估
7	农林、水利类环境影响评价	15	竣工环境保护验收监测
8	采掘类环境影响评价	16	竣工环境保护验收调查

所在单位为环境影响评价机构的人员可申请类别1~13；所在单位为环境影响技术评估机构的人员可申请类别14；所在单位为环境保护系统环境监测机构的人员可申请类别15；所在单位为从事建设项目竣工环境保护验收调查的环境影响评价或技术评估机构的人员可申请类别16。

申请登记者应具备下列条件。

(1) 取得《中华人民共和国环境影响评价工程师职业资格证书》，具备与登记类别相应的环境影响评价及相关业务能力。

(2) 职业行为良好，无犯罪记录。

(3) 能够坚持在本专业岗位工作，身体健康，年龄在70周岁以下。

(4) 在所在单位考核合格。

思考题

1. 简述中国环境影响评价的特点。
2. 建设项目环境影响评价资质的范围有哪些？
3. 简述中国环境影响评价工程师管理制度。

第三章 污染源评价与工程分析

第一节 污染源概述

一、污染源的含义和分类

污染源是指造成环境污染的污染物发生源，通常指向环境中排放（释放）物理（声、光、热、辐射、振动）、化学（有机的、无机的）、生物（霉素、病菌）有害物质（能量）的设备、装置、场所。

按照污染物的来源可将污染源分为自然污染源和人为污染源两大类。

自然污染源又分为生物污染源和非生物污染源两类。其中，生物污染源包括鼠、蚊、蝇等（霉素、病原体）；非生物污染源包括火山、地震、泥石流等。

人为污染源主要分为生产性污染源和生活性污染源两类。其中，生产性污染源主要指工农业生产、交通运输以及科研工作中产生污染物的设备、装置、场所等；生活污染源主要指各类住宅、学校、医院及商业单位排放污染物的用具、设备、装置、场所等。

按排放污染物的种类，污染源又可分为有机污染源、无机污染源、热污染源、噪声污染源、放射性污染源、病原体污染源和同时排放多种污染物的综合污染源。例如，燃煤的火力发电厂，就是一个既排放废气、废水和废渣，又排放废热的综合污染源。

按对环境要素的影响，环境污染源可分为大气污染源、水体污染源、土壤污染源等。

按污染源的几何形状污染源可分为点污染源、面污染源和线污染源。

二、污染物的含义和分类

任何物质（或能量）以不适当的浓度、数量、速率、形态或途径进入环境系统，并对环境系统产生污染或破坏的物质（或能量），统称为环境污染物，简称污染物，也称污染因子。

按产生过程，污染物可分为一次污染物和二次污染物。一次污染物是由污染源排放的直接危害人体健康或导致环境质量下降的污染物；二次污染物是一次污染物在物理、化学因素或生物作用下发生变化，或与环境中的其他物质发生反应，所形成的物化特征与一次污染物不同的新污染物，通常比一次污染物对环境和人体的危害更为严重。

按物理、化学和生物特性，污染物可以分为物理污染物，化学污染物、生物污染物及综合性污染物。

按环境要素分类，污染物可分为水环境污染物、大气污染物、土壤污染物等。大气污染物可通过降水转变为水污染物和土壤污染物；水污染物可通过灌溉转变为土壤污染物，进而可通过蒸发或挥发转变为大气污染物；土壤污染物可通过扬尘转变为大气污染物，也可以通过径流转变为水污染物。因此，这三者是可以相互转化的。

三、污染源调查

1. 污染源调查的目的

污染源调查的目的是弄清污染物的种类、数量，污染的排放方式和途径，以及污染源的类型和位置，在此基础上可判断出主要的污染物和主要的污染源，为环境影响评价与环境治理提供依据。

2. 污染源调查的原则

（1）根据建设项目的特点和当地环境状况，确定污染源调查的主要对象，如大气污染源、水污染源或固体污染源。

（2）根据各专项环境影响评价技术导则确定的环境影响评价工作等级，确定污染源的范围，如大气环境影响一级评价要求调查评价区内所有的污染源，还应调查评价区之外的有关污染源，二级和三级评价要求调查评价区内与拟建项目相关的污染源。

（3）选择建设项目等标排放量较大的污染因子、评价区已造成严重污染的污染因子及拟建项目的特殊污染因子作为主要污染因子，并注意点源与非点源的分类调查。

3. 污染源调查的内容

（1）工业污染源。

1）企业概况：企业名称、位置、规模、所有制性质、占地面积、职工总数及构成、投产时间、产品种类、产量、产值、生产水平、环境保护机构等。

2）生产工艺：工艺原则、工艺流程、工艺水平和设备水平，生产中的污染产生环节。

3）原材料和能源消耗：原材料和能源的种类、产地、成分、消耗量、单耗、资源利用率、电耗、供水量、供水类型、水的循环和重复利用率等。

4）生产布局：原料和燃料的堆放场、车间、办公室、厂区、居住区、堆渣区、排污口、绿化带等的位置，并绘制布局图。

5）管理状况：管理体制、编制、管理制度、管理水平。

6）污染物排放情况：排放污染物的种类、数量、浓度、性质，排放方式，控制方法，事故排放情况。

7）污染防治调查：废水、废气和固体废物的来源及处理、处置方法，投资、运行费用及效果。

8）污染危害调查：调查污染对人体、生物和生态系统的影响。

（2）生活污染源。

1）城市居民人口调查：总人口、总户数、流动人口、年龄结构、人口密度。

2）居民用水排水状况：居民用水类型（集中供水或分散自备水源），居民生活人均用水量，办公、餐饮、医院、学校等的用水量，排水量，排水方式及污水出路。

3）生活垃圾：数量、种类、收集和清运方式。

4）民用燃料：燃料构成（煤、煤气、液化气等）、消耗量、使用方式、分布情况。

5）城市污水和垃圾的处理和处置：城市污水总量，污水处理率，污水处理厂的个数、分布、处理方法、投资、运行和维护费，处理后的水质；城市垃圾总量、处置方式、处置点分布、处置场位置、采用的技术、投资和运行费。

（3）农业污染源。

1）农药使用：施用农药的品种、数量、时间、年限，农药的使用方法、有效成分含量，农作物品种。

2）化肥施用：施用化肥的品种、数量、方式、时间。

3）农业废弃物：作物茎、秆，牲畜粪便的产量及处理和处置方式，以及综合利用情况。

4）水土流失情况。

5）农业机械使用情况调查（数量、耗油量、行驶范围和路线等）。

4. 污染源调查的方法

污染源调查采用普查与详查相结合的方法。对于排放量大、影响范围广、危害严重的重点污染源，应进行详查。详查时，污染源调查人员要深入现场，核实被调查对象填报的数据是否准确，同时进行必要的监测。

对于非重点污染源，一般采用普查的方法。进行污染源普查时，对调查时间、项目、方法、标准都要做出设计规定并采取统一表格，表格一般由被调查对象填写。

四、污染物排放量的计算方法

确定污染物排放量的方法有三种：物料平衡法、排污系数法和实测法。

1. 物料平衡法

根据物质守恒定律，在生产过程中投入的物料量（T）等于产品所含这种物料的量（P）与物料流失量（Q）的总和，即

$$T=P+Q \tag{3-1}$$

2. 排污系数法

（1）废水部分。

污染物的排放量可根据生产过程中单位产品的经验排污系数（见表3-1）进行计算。计算公式为

$$W_i=10^{-6}C_iQ \tag{3-2}$$

式中：Q 为废水流量，t/h；W_i 为第 i 种污染物的排放量，t/h；C_i 为第 i 种污染物的平均浓度，mg/L。

表3-1 不同行业废水污染物平均浓度

序号	项目	平均浓度（mg/L）	
		COD_{cr}	油类
1	宾馆及带客房的饭店	600	150
2	不带客房的饭店	1000	200
3	美容、理发店	800	
4	浴室	200	
5	商场	240	

注　表中餐饮业及商场的年废水排放量可按年用新鲜水量的80%计；其他按85%计。

（2）废气部分。

1）年废气排放量，计算公式为

$$Q=PB \tag{3-3}$$

式中：Q 为某锅炉、茶炉、大灶或工业窑炉的年废气排放量，万标准 m^3/a；B 为该锅炉、茶炉、大灶或工业窑炉的年燃料消耗量，t/a；P 为该锅炉、茶炉、大灶或工业窑炉废气排放量的排污系数（见表3-2）。

2）年烟尘排放量，计算公式为

$$G=BK（1-\eta） \tag{3-4}$$

式中：G 为某锅炉、茶炉、大灶或工业窑炉的年烟尘排放量，t/a。B 为该锅炉、茶炉、大灶或工业窑炉的年燃料消耗量。煤，t/a；燃料油，m^3/a；燃料气，100 万 m^3/a。K 为该锅炉、茶炉、大灶或工业窑炉年烟尘排放量的排污系数（见表 3-3 和表 3-4）。η 为该锅炉、茶炉、大灶或工业窑炉除尘系统的除尘效率。

表 3-2　各种燃料废气的排污系数

炉型 / 燃料	茶灶、大灶	小于 4t 锅炉				备注
		手烧炉	链条炉	煤粉炉	沸腾炉	
无烟煤	1.073	0.840	0.781	0.737	0.65	
烟煤	1.096	0.803	0.805	0.761	0.673	链条、振动、往复炉排具有相同的排污系数
褐煤	1.205	0.959	0.898	0.851	0.750	
燃料油	1.028					
燃料气	1.393					指液化气

表 3-3　燃煤烟尘的排污系数

炉型 / 燃料	茶灶、大灶	手烧炉、链条炉、往复炉	振动炉、化铁炉	抛煤机炉	沸腾炉	煤粉炉
型煤	0.003					
煤球	0.004	0.071	0.107	0.116	0.156	0.199
散煤	0.005					

表 3-4　燃料油、燃料气烟尘的排污系数

燃料种类 / 炉型	燃料油	燃料气
电厂锅炉	0.0012	0.2385
工业锅炉	0.00273	0.2862
采暖炉	0.000952	0.302

注　1. 燃料油比重为 0.92~0.98t/m^3。
2. 燃料气（指液化气）100 万立方米（常压）≈2381t。

3）各种污染物排放量。

SO_2 排放量，计算公式为

$$W=bB(1-\eta) \tag{3-5}$$

CO 和 NO_x 排放量，计算公式为

$$W=bB \tag{3-6}$$

式中：W 为某锅炉、茶炉、大灶或工业窑炉某种污染物的年排放量，t。b 为该锅炉、茶炉、大灶或工业窑炉该种污染物的排污系数（见表 3-5）。B 为该锅炉、茶炉、大灶或工业窑炉的年燃料消耗量。煤，t/a；燃料油，m^3/a；燃料气（100 万 m^3/a）。η 为该锅炉、茶炉、大灶或工业窑炉脱硫系统的除尘效率。

表 3-5　各种燃料所对应的各种污染物的排污系数

燃料＼污染物		SO_2	CO	NO_x	备注
煤	电站锅炉		0.00023	0.00908	
	工业锅炉	0.024	0.00138	0.00908	
	家用炉		0.0227	0.00362	
燃料油	电站锅炉		0.000005	0.01247	
	工业锅炉	0.04	0.000238	0.00857	采暖炉、家用炉有相同的排污系数
	家用炉		0.000238	0.00857	
燃料气	电站锅炉		忽略不计	8.2	
	工业锅炉	0.83	0.083	3.4	
	家用炉		0.083	1.843	

3. 实测法

实测法是对污染源进行现场实测，得到污染物的排放浓度和流量，然后计算出污染物排放量。计算公式为

$$Q=KCL \tag{3-7}$$

式中：Q 为废气或废水中某污染物的单位时间排放量，t/h。C 为实测的污染物算术平均浓度。废气，mg/m^3；废水，mg/L。L 为烟气或废水的流量，m^3/h。K 为单位换算系数。废气，10^{-9}；废水，10^{-6}。

这种方法只适用于已投产的污染源，并且容易受到采样频次的限制。由于实测法是从实地测定中得到的数据，因而比其他方法更接近实际，比较准确。如果实测的数据没有代表性，那么也不易得到真实的排放量。因此，实测法必须解决好实测的代表性问题。

五、污染源评价

1. 污染源评价的概念与目的

污染源评价是在污染源和污染物调查的基础上进行的。污染源评价的目的是把标准各异、量纲不同的污染源和污染物的排放量，通过一定的数学方法转变成一个统一的可比较值，从而确定主要污染物和主要污染源，为污染治理和区域治理规划提供依据。

2. 污染源评价的方法

污染源评价的方法很多，目前多采用等标污染负荷法，分别对水、大气污染物进行评价。

（1）污染物的等标污染负荷。废气或废水中某污染物 i 的等标污染负荷的计算公式为

$$P_i=\frac{C_i}{C_{0i}}Q_i \tag{3-8}$$

式中：P_i 为某污染物的等标污染负荷，mg/d。C_i 为某污染物的实测浓度。废气，mg/Nm^3；废水，mg/L。C_{0i} 为某污染物的排放标准与 C_i 同单位的数值，为无因次量。Q_i 为含某污染物的废气流量，Nm^3/d；含某污染物的废水流量，L/d。

（2）区域内某污染源（工厂）的等标污染负荷。污染源 j 中各污染物 $i=1, 2, 3, \cdots, n$ 的等标污染负荷之和为污染源 j 的等标污染负荷（P_j），即

$$P_j = \sum_{i=1}^{n} P_i \tag{3-9}$$

（3）评价区的等标污染负荷。评价区中各污染源j=1，2，3，…，m的等标污染负荷之和为该评价区的等标污染负荷，即

$$P_T = \sum_{j=1}^{m} P_j \tag{3-10}$$

（4）评价区内某污染物的等标污染负荷。若评价区内共有m个污染源含有第i种污染物，则该种污染物在评价区内的总等标污染负荷的计算公式为

$$P_i = \sum_{i=1}^{m} P_{ij} \tag{3-11}$$

（5）等标污染负荷比（K）。污染源j的等标污染负荷P_j占评价区等标污染负荷P_T的百分数，称为污染源j的污染负荷比，即

$$K_j = \frac{P_j}{P_T} \times 100\% \tag{3-12}$$

污染物i的等标污染负荷占评价区等标污染负荷的百分数，称为污染物i的等标污染负荷比，即

$$K_i = \frac{P_i}{P_T} \times 100\% \tag{3-13}$$

（6）主要污染源和主要污染物的确定。

将评价区内污染物负荷比从大到小排列，然后由大到小计算累计污染负荷比，将使累计等标污染负荷比达到80%左右的污染物，确定为评价区内的主要污染物。

将评价区内污染源负荷比从大到小排列，然后由大到小计算累计污染负荷比，将使累计等标污染负荷比达到80%左右所包含的污染源，确定为评价区内的主要污染源。

第二节　工　程　分　析

污染型建设项目工程分析的主要任务是对工程的一般特征、污染特征，以及可能导致生态破坏的因素做全面分析，从宏观上掌握开发行动或建设项目与区域乃至国家环境保护全局的关系，为环境影响预测、评价和污染控制措施提供基础数据。

一、工程分析的作用

1. 工程分析是项目决策的重要依据之一

在一般情况下，对以环境污染为主的项目，工程分析从环境保护角度对项目建设性质、产品结构、生产规模、原料组成、工艺技术、设备选型、能源结构和排放状况、技术经济指标、总图布置方案等方面给出定量分析意见。

2. 为各专题预测评价提供基础数据

在工程分析中，需要对各个生产工艺的产污环节进行详细分析，对各个产污环节的排污源强仔细核算，从而为水、气、固体废物和噪声的环境影响预测、污染防治对策及污染物排放总量控制提供可靠的基础数据。

3. 为环境保护设计提供优化建议

建设项目的环境保护设计需要以环境影响评价为指导，尤其是改、扩建项目，工艺设备

一般都比较落后，污染水平较高，要想使项目在改、扩建中通过“以新带老”的方式把历史上积累下来的环境保护“欠账”加以解决，工程分析就要从环境保护全局要求和环境保护技术方面提出具体意见；力求对生产工艺进行优化论证，提出符合清洁生产要求的清洁生产工艺建议；提出工艺设计上应该重点考虑的防污、减污问题，实现“增产不增污”或“增产减污”的目标。此外，工程分析对环境保护措施方案中拟选工艺、设备及其先进性、可靠性、实用性所提出的剖析意见也是优化环境保护设计不可缺少的资料。

4. 为项目的环境管理提供建议指标和科学数据

工程分析筛选的主要污染因子是项目日常管理的对象，所以提出的环境保护措施是工程验收的重要依据，为保护环境所核定的污染物排放总量是开发建设活动进行污染控制的建议指标。

二、工程分析的主要工作内容

污染型建设项目的工程分析的主要工作内容包括工程概况、工艺流程及产污环节分析、污染源分析、清洁生产水平分析、环境保护措施方案分析、总图布置方案分析。在这些内容中，5 张表格［项目组成表、原（辅）材料消耗表、污染源强表、新（改、扩）建项目污染物排放量统计表、环境保护投资表］要交代清楚；两个图（工艺流程图和物料平衡图）要交代清楚。

1. 工程概况

（1）介绍项目的基本情况，包括工程名称、建设性质、建设地点、项目组成、建设规模、车间组成、产品方案、辅助设施、配套工程、储运方式、占地面积、工程投资及发展规划等。

（2）根据工程的组成和工艺，给出主要原（辅）料的名称及其物料消耗、水资源利用量（总用水量、新鲜用水量、重复用水量、排水量等）。对于含有毒、有害物质的原（辅）料还应给出组分。

（3）列出项目组成表和原（辅）料消耗表，并附工程总平面布置图。

2. 工艺流程及产污环节分析

绘制生产工艺污染流程图，在工艺流程中标明污染物的产生位置和污染物类型，必要时列出主要化学反应的副反应式，不产生污染物的过程和装置可以简化。

3. 污染源强的分析与核算

污染源和污染物类型的统计排放量是各专题评价的基础资料，必须按建设过程、生产过程和服务期满后（退役期）三个时期，详细核算和统计。

要对生产工艺污染流程图中的排放点分类编号，标明污染物的排放部位，然后列表逐点统计各种污染因子的排放强度、浓度及数量。对于最终排入环境的污染物，确定其是否为达标排放。

污染物排放量的统计，对于新建项目要求清算两本账：一本是工程工艺过程中的污染物产生量，另一本则是按治理规划和评价规定措施实施后能够实现的污染物削减量。两本账之差才是评价需要的污染物最终排放量。对于改、扩建项目和技术改造项目的污染物排放量统计则要求清算三本账：技改扩建前的污染物排放量、技改扩建项目的污染物排放量、技改扩建完成后的污染物排放量（包括“以新带老”污染物削减量），其相互关系为技改扩建前的污染物排放量减去“以新带老”污染物削减量加上技改扩建项目的污染物排放量等于技巧扩建项目完成后的污染物排放量。

对于废气可按点源、面源、线源进行分析，说明源强、排放方式、排放高度及存在的有关问题。对废液和废水应说明种类、成分、浓度、排放方式、排放去向、是否属于危险废物、处置方式等有关问题。对废渣应说明有害成分、溶出物浓度、数量、转运方式、是否属于危险废物、处理和处置方式及储存方法。对噪声和放射性应列表说明源强、剂量及分布。

4. 清洁生产水平分析

国家已经对部分行业（如炼油、电镀、造纸、焦化等）公布了清洁生产指标基础数据，在清洁生产水平分析中，应将这些数据与建设项目相应的指标进行比较，以此衡量建设项目清洁生产的水平。对于没有基础数据可借鉴的建设项目，应重点比较建设项目与国内外同类型项目单位产品或万元产值的物耗、能耗、水耗和排放水平，并论述其差距。

5. 资源、能源的储运及场地的开发利用分析

建设项目资源、能源、产品、废物等的装卸、搬运、储存、预处理等环节都会产生各种环境影响，应核定这些环节的污染来源、种类、性质、排放方式、强度、去向及达标情况等。通过了解拟建项目所在地区的土地开发利用规划，分析项目建设与土地利用规划的协调性，以及项目建设开发利用土地所带来的环境影响因素。

6. 环境保护措施方案分析

环境保护措施方案分析包括两个方面：首先对项目可行性研究报告提供的污染防治措施进行技术先进性、经济合理性及运行可靠性评价；若所提措施不能完全满足环境保护要求，则应提出改进完善的建议，包括替代方案。分析要点如下。

（1）分析建设项目可行性研究阶段的环境保护措施方案并提出改进意见。根据建设项目产生的污染物特点，充分调查同类企业现有的环境保护处理方案，分析建设项目可行性研究阶段所采用的环境保护设施的先进水平和运行可靠程度，并提出进一步改进的意见，包括替代方案。

（2）分析污染物处理工艺，排放污染物达标的可靠性。根据现有同类环境保护设施运行的技术经济指标，结合建设项目环境保护设施的基本特点，分析论证建设项目环境保护设施的技术经济参数的合理性，并提出进一步改进的意见。

（3）分析环境保护设施投资构成及其在总投资中所占的比例。汇总建设项目环境保护设施的各项投资，分析其投资结构，并计算环境保护投资在总投资中所占的比例。对于技改扩建项目，其中还应包括“以新带老”的环境保护投资内容。

（4）依托设施的可行性分析。对于改、扩建项目，原有工程的环境保护设施中有相当一部分是可以利用的。对于原有环境保护设施能否满足改、扩建后的要求，需要分析其依托的可行性。

7. 总图布置方案分析

（1）分析卫生防护距离和安全防护距离的保证性。参考国家的有关卫生和安全防护距离规范，调查、分析厂区与周围的保护目标之间所定防护距离的可靠性，合理布置建设项目的各构筑物及生产设施，给出总图布置方案与外环境关系图。图中应标明环境敏感点与建设项目的方位、距离和环境敏感的性质。

（2）分析工厂和车间布置的合理性。在充分掌握项目建设地点的气象、水文和地质资料的条件下，认真考虑这些因素对污染物的污染特性的影响，减少不利影响，合理布置生产装

置和车间。

(3) 分析村镇居民拆迁及防护的必要性。分析项目所产生的污染物的特点及其污染特征，结合现有的有关资料，确定建设项目对附近村镇的影响，并分析村镇居民拆迁及防护的必要性。

8. 补充措施与建议

补充措施与建议包括关于合理的产品结构与生产规模的建议，优化总图布置的建议，节约用地的建议，可燃气体平衡和回收利用措施建议，用水平衡及节水措施建议，废渣综合利用建议，污染物排放方式改进建议，环境保护设备选型和实用参数建议，能够达到与原拟建项目或方案同样目的和效益的建设项目规模、选址（选线）的可替代方案建议等。

三、工程分析方法

当建设项目的规划、可行性研究和设计等的技术文件不能满足评价要求时，应根据具体情况选用适当的方法进行工程分析。目前采用较多的工程分析方法有类比分析法、物料平衡计算法、资料复用法等。

1. 类比分析法

类比分析法是利用与拟建项目类型相同的现有项目设计资料或实测数据进行工程分析的常用方法。采用此法虽然时间长、工作量大，但所得结果准确。当评价时间允许，评价工作等级较高，又有可参考的相同或相似的现有工程时，应采用此法。采用此法时，应充分注意分析对象与类比对象之间的相似性。

(1) 工程一般特征的相似性：建设项目的性质，建设规模，车间组成，产品结构，工艺路线，生产方法，原料、燃料成分与消耗量，用水量和设备类型等有相似性。

(2) 污染物排放特征的相似性：污染物排放类型、浓度、强度与数量，排放方式与去向，以及污染方式与途径等有相似性。

(3) 环境特征的相似性：气象条件、地貌状况、生态特点、环境功能及区域污染情况等方面有相似性。

类比法也常用单位产品的经验排污系数计算污染物排放量。但是采用此法时必须注意，一定要根据生产规模等工程特征和生产管理等实际情况进行必要的修正。

2. 物料平衡法

物料平衡法以理论计算为基础，比较简单。此法在基本原则上遵守质量守恒定律。采用物料平衡法计算污染物排放量时，必须对生产工艺、化学反应、副反应和管理等情况进行全面了解，掌握原料、辅助材料、燃料的成分和消耗定额。

3. 资料复用法

资料复用法是利用同类工程已有的环境影响报告书或可行性研究报告等资料进行工程分析的方法。此法较为简便，但所得数据的准确性很难保证。当评价时间短，且评价工作等级较低时，或在无法采用以上两种方法的情况下，可采用此法，此法还可作为以上两种方法的补充。

四、工程分析案例

1. 工程概况

年产 20 万吨再生铝项目，项目的主要技术经济指标见表 3-6。

表 3-6　项目的主要技术经济指标一览表

序号	项目	单位	数量	备注
1	产品方案			
	铝棒	t/a	20×10^4	
	灰砂	t/a	8×10^4	副产品
2	原辅材料消耗			
	铝灰渣	t/a	10×10^4	含铝约 20%
	废旧铝材	t/a	10×10^4	含铝约 80%
	铝锭	t/a	10×10^4	
3	经济指标			
	项目总投资	万元	825	
	年利润	万元/年	420	
	投资回收期	年	3. 32	
4	工作制度			
	项目定员	人	25	
	全年生产天数	天	300	
	年工作时间	h	7200	
5	全厂能源消耗			
	新鲜水	m^3/a	15830	
	天然气	m^3/a	762×10^4	
	电	万 kW·h/a	200	

其项目组成见表 3-7。

表 3-7　项目组成一览表

项目	序号	建设内容	规模	备注
主体工程	1	球磨车间	10×10^4t/a	
	2	熔铸车间	20×10^4t/a	
储运工程	1	仓库	$900m^2$	
公用工程	1	循环水池	$600m^3$	
	2	新鲜水供应设施	—	
辅助工程	1	变电所及其配电室	35kV	
	2	办公、生活区	—	
环保工程	1	事故水池	$450m^3$	
	2	布袋收尘器	4 个	
	3	布袋除尘器	1 个	

项目的主要产品为铝棒，主要质量指标见表 3-8。

表 3-8 项目主要产品质量指标一览表

序号	项目	技术要求
1	标号	ADC12 等
2	规格	500mm×50mm×50mm
3	含铝（%）	90.0
4	含硅（%）	9.0
5	含镁等（%）	1.0

项目主要原辅材料的消耗情况见表 3-9。

表 3-9 项目主要原辅材料的消耗情况一览表

序号	物料名称	用量（t）	来源
1	铝灰渣	10×10^4	外购于某省创丰金属科技股份有限公司
2	废旧铝材	10×10^4	收购
3	铝锭	10×10^4	外购

项目的主要原料之一铝灰渣，来自某省金属科技股份有限公司，某标准技术服务有限公司对其成分进行了分析，具体见表 3-10。

表 3-10 项目原料铝灰渣的成分

名称	成　分
铝灰渣	氯化钠、氧化铝、氮化铝、磷化铝、氧化镁、氟化镁、镁铝氧化物、镁铝硅酸盐

2. 项目工艺流程及主要产污环节

项目工艺流程及主要产污环节如图 3-1 所示。

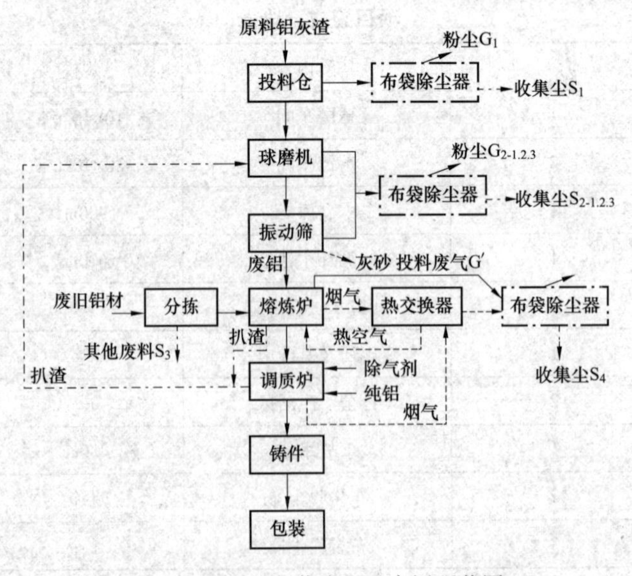

图 3-1 项目工艺流程及产污环节图

3. 水平衡及物料平衡

项目水平衡及物料平衡如图 3-2 和图 3-3 所示。

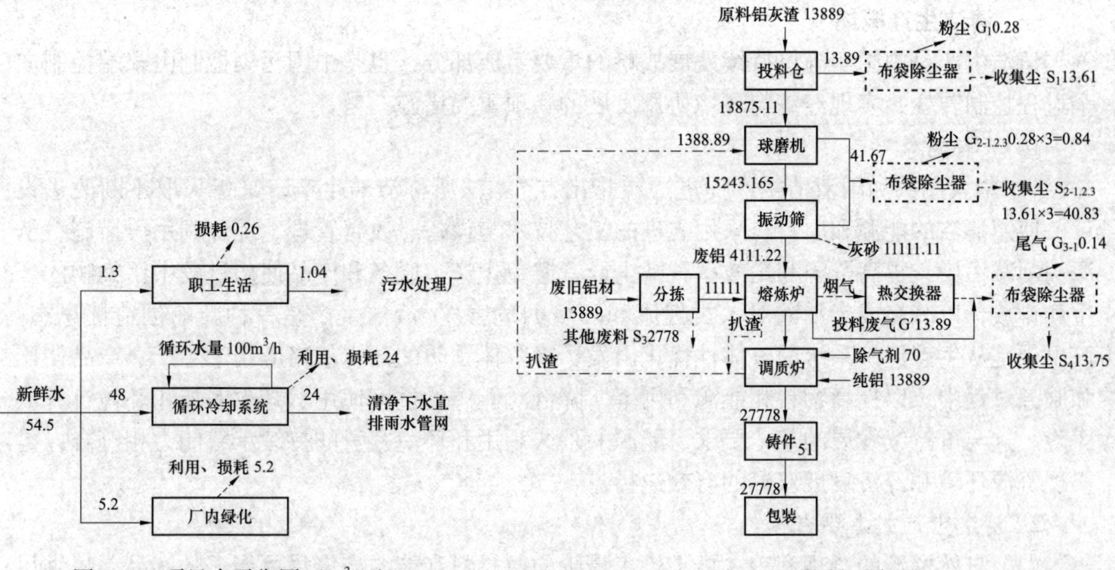

图 3-2　项目水平衡图（m^3/d）

图 3-3　物料平衡图

4. 全厂“三废”的产生、处理、排放情况

全厂“三废”的产生、处理、排放情况一览表，见表 3-11。

表 3-11　全厂“三废”的产生、处理、排放情况一览表

项目				排放量	处理措施	排放方式
废气	有组织	熔铸车间	SO_2（t/a）	1.37	经一根 15m 高的排气筒排放	连续
			NO_x（t/a）	13.41		
			PM_{10}（t/a）	1.07		
			粉尘（t/a）	100		
		磨筛车间	粉尘（t/a）	400	经 4 根 15m 高的排气筒排放	连续
	无组织	装置区	粉尘（t/a）	200	集气罩收集 90%	连续
		储存区	粉尘（t/a）	9.0	位于室内，规范生产作业，定期洒水抑尘	连续
固废	一般固废	生活垃圾（t/a）		4.05	环卫部门统一清运	间断
		尘灰（t/a）		491	外卖	
		废塑料等杂质（t/a）		2 万	外卖	
废水	生活污水	生活场所	COD_{cr}（t/a）	0.0106	排入市政污水管网	间断
			NH_3-N（t/a）	0.001		

第三节 清 洁 生 产

一、清洁生产概述

清洁生产是中国实施可持续发展战略的重要组成部分，也是中国污染控制由末端控制向全过程控制转变，实现经济与环境协调发展的一项重要措施。

1. 基本概念

《中华人民共和国清洁生产促进法》指出："本法所称清洁生产，是指采取不断改进设计、使用清洁的能源和原料、采用先进的工艺技术与设备、改善管理、综合利用等措施，从源头削减污染，提高资源利用效率，减少或者避免生产、服务和产品使用过程中污染物的产生和排放，以减轻或者消除对人类健康和环境的危害。"清洁生产是一种新的创造性思想，该思想是从生态经济系统的整体性优化出发，将整体预防的环境战略应用于生产、产品使用和服务过程中，以提高物料和能源利用率、降低对能源的过度使用、减少人类和环境自身的风险。这与可持续发展的基本要求、能源的永久利用和环境容量的持续承载能力相符合，是实现资源环境和经济发展双赢的有效途径。

2. 清洁生产的主要内容

（1）自然资源的合理利用。要求投入最少的原材料和能源产出尽可能多的产品，提供尽可能多的服务，包括最大限度节约能源和原材料、利用可再生能源或者清洁能源、利用无毒无害原材料、减少使用稀有原材料、循环利用物料等措施。

（2）经济效益最大化。通过节约资源、降低损耗、提高生产效益和产品质量，达到降低生产成本，提升企业竞争力的目的。

（3）对人类健康和环境危害最小化。通过最大限度减少有毒有害物料的使用，采用无废，少废技术和工艺，减少生产过程中的各种危险因素，回收和循环利用废物，采用可降解材料生产产品和包装、合理包装及改善产品功能等措施，实现对人类健康和环境危害的最小化。

3. 清洁生产的目标

根据经济可持续发展对资源和环境的要求，清洁生产谋求达到以下两个日标。

（1）通过资源的综合利用、短缺资源的代用、二次能源的利用，以及节能、降耗、节水，合理利用自然资源，减缓资源的耗竭。

（2）减少废物和污染物的产生，促进工业产品的生产、消耗过程与环境相融，降低工业活动对人类和环境的风险。

4. 清洁生产的重点

清洁的能源、清洁的生产过程和清洁的产品是清洁生产的重点。对生产过程而言，清洁生产包括节约原材料和能源，淘汰有毒有害的原材料，并在全部排放物和废物离开生产过程以前，尽最大可能减少它们的排放量和毒性。对产品而言，清洁生产旨在减少产品的整个生命周期，从原料的提取到产品的最终处置对人类和环境的不利影响。

二、清洁生产的发展

清洁生产是20世纪80年代以来发展起来的一种新的、创造性的保护环境的战略措施。美国首先提出其初期思想，这一思想一经出现，便被越来越多的国家接受和实施。20世纪

70 年代末期以来，不少发达国家的政府和各大企业集团（公司）都纷纷研究开发和采用清洁工艺（少废无废技术），开辟污染预防的新途径，把推行清洁生产作为经济和环境协调发展的一项战略措施。1992 年，联合国在巴西召开的“环境与发展大会”提出了全球环境与经济协调发展的新战略，中国政府积极响应，于 1994 年提出了《中国 21 世纪议程》，将清洁生产列为“重点项目”之一。

近年来，中国在制定和修订颁布的环境保护法律中都加入了清洁生产的要求，明确国家鼓励和支持开展清洁生产。国务院商务行政主管部门会同国务院其他有关主管部门定期发布清洁生产技术、工艺、设备和产品导向目录。国家对浪费资源和严重污染环境的落后生产技术、工艺、设备和产品实行限期淘汰制度，国务院经贸主管部门与其他有关行政主管部门制定并发布限期淘汰的生产技术、工艺、设备和产品名录。企业在进行技术改造时，应采取无毒、无害或低毒、低害的原料，采用资源利用率高及污染物产生量少的工艺和设备，代替资源利用率低及污染物产生量多的工艺和设备，对生产中产生的废物、余热进行综合利用或循环使用，提高清洁生产水平。1997 年，原国家环境保护总局发布了《关于推行清洁生产的若干意见》，规定建设项目的环境影响评价应包含清洁生产的有关内容。2002 年 6 月 29 日，《中华人民共和国清洁生产促进法》正式颁布，从 2003 年 1 月 1 日起实行，标志着中国首次将清洁生产以法律的形式予以确认。2004 年，国家发改委、国家环保总局联合颁布的《清洁生产审核暂行办法》对于提高资源利用效率，减少和避免污染物的产生，保护和改善环境，保障人体健康，促进经济与社会可持续发展，起到极其重要的作用。

三、清洁生产水平等级

目前，环境保护部推出一些行业的清洁生产标准，将清洁生产水平分为三级。

一级代表国际清洁生产先进水平。当一个建设项目的全部指标达到一级标准时，说明该项目在工艺、装备选择、资源能源利用、产品设计和使用、生产过程的废物产生和回收利用及环境管理等方面做得非常好，达到国际先进水平。从清洁生产角度讲，该项目是一个很好的项目，可以接受。

二级代表国内清洁生产先进水平。当一个建设项目的全部指标达到二级标准时，说明该项目在工艺、装备选择、资源能源利用、产品设计和使用、生产过程的废物产生和回收利用及环境管理等方面做得比较好，达到国内先进水平。从清洁生产角度讲，该项目是一个好项目，可从接受。

三级代表国内清洁生产基本水平。当一个建设项目的全部指标仅达到三级标准时，说明该项目在工艺、装备选择、资源能源利用、产品设计和使用、生产过程的废物产生和回收利用及环境管理等方面做得一般，作为新建项目，需要在设计等方面做较大的调整和改进，以达到国内先进水平。一个建设项目的全部指标仅达到三级标准，从清洁生产角度讲，该项目是不可以接受的。

四、清洁生产分析指标

1. 清洁生产指标的选取原则

(1) 从产品生命周期全过程考虑。生命周期分析方法是清洁生产指标选取的一个最重要原则，它是从一个产品的整个寿命周期全过程（从原材料的采掘，到产品的生产过程，再到产品销售，直至产品报废后的处置）来考察其对环境的影响的。“生命周期评价是对一个产品系统的生命周期中输入、输出及其潜在环境影响的汇总和评价。”生命周期评价的关键是它从产品的整个生命周期来评估它对环境的总影响，这也是生命周期评价与其他环境评价内容的主要区别。

(2) 体现以污染预防为主的原则。清洁生产指标必须体现以预防为主的原则，要求完全不考虑末端治理。因此，污染物产生指标是指污染物离开生产线时的数量和浓度，而不是经过处理后的数量和浓度。清洁生产指标应主要反映在项目实施过程中所使用的资源量及产生的废物量，包括使用能源、水或其他资源的情况，通过对这些指标的评价，反映项目的资源利用情况和节约的可能性，达到保护自然资源的目的。

(3) 容易量化。清洁生产指标要力求量化，对于难以量化的也应给出文字说明。清洁生产指标涉及面比较广，有些指标难以量化。为了使所确定的清洁生产指标既能够反映项目的主要情况，又简便易行，在设计时要充分考虑到指标体系的可操作性，因此，应尽量选择容易量化的指标项，这样，可以给清洁生产指标的评价提供有力的依据。

(4) 满足政策法规要求和符合行业发展趋势。清洁生产指标应符合产业政策和行业发展趋势的要求，并考虑行业特点。

2. 清洁生产评价指标

根据生命周期分析的原则，清洁生产评价指标应能覆盖原材料、生产过程和产品的各个主要环节，尤其对生产过程，既要考虑对资源的使用，又要考虑污染物的产生，因而环境影响评价中的清洁生产评价指标可分为六大类：生产工艺与装备要求、资源能源利用指标、产品指标、污染物产生指标、废物回收利用指标、环境管理指标。其中，资源能源利用指标和污染物产生指标是定量指标，其他指标是定性指标或半定量指标。

(1) 生产工艺与装备要求。在清洁生产分析专题中，要从项目的工艺技术来源和技术特点进行分析，说明其在同类技术中所占的地位和所选设备的先进性。选用先进的清洁的生产工艺和设备，淘汰落后的工艺和设备，是推行清洁生产的前提。这类指标主要从规模、工艺、技术、装备几个方面体现出来，从控制系统、循环利用、回收率、减污降耗、回收、工艺过程处理等方面，评估装置规模、生产工艺和技术装备等的清洁生产水平。

(2) 资源能源利用指标。在正常的情况下，生产单位产品对资源的消耗程度可以部分地反映一个企业的技术工艺和管理水平，即反映生产过程的状况。从清洁生产的角度来看，资源、能源指标的高低同时也反映企业的生产过程在宏观上对生态系统的影响程度，因为在同等条件下，资源能源消耗越高，对环境的影响越大。资源能源利用指标通常可以由单位产品的取水量、单位产品的能耗、单位产品的物耗和原（辅）材料的选取等指标构成。具体包括以下指标。

1) 新用水量指标。即企业生产单位产品需要从各种水源取用的新用水量，不包括重复用水量。为较全面地反映用水情况，也可增加单位产品循环用水量、工业用水重复利用率、间接冷却水循环率、工艺水回用率、万元产值取水量等指标。

2) 单位产品的能耗。即生产单位产品消耗的电、煤、石油、天然气和蒸汽等能源，通常采用单位产品综合能耗指标。

3) 单位产品的物耗。即生产单位产品消耗的主要原（辅）材料，也可用产品回收率、转化率等工艺指标反映。

4) 原（辅）材料的选取（原材料指标）。它是资源能源利用指标的重要内容之一，反映了在资源选取的过程中和构成其产品的材料报废后对环境和人类的影响，因而可从毒性、生态影响、可再生性、能源强度及可回收利用性等5个方面建立定性分析指标。

(3) 产品指标。对产品的要求是清洁生产的一项重要内容，因为产品的质量、包装、销售、使用过程及报废后的处理处置均会对环境产生影响，有些影响是长期的，甚至是难以恢复的。首先，产品应是中国产业政策鼓励发展的产品；其次，从清洁生产要求的角度还要考虑产品的包装和使用，例如，避免过分包装，选择无害的包装材料，运输和销售过程不对环境产生影响；最后，还要考虑产品的使用安全，报废后不对环境产生影响等。此外，对产品的寿命优化也应加以考虑，因为这也影响到产品的利用效率。

(4) 污染物产生指标。除资源（消耗）指标外，另一类能反映生产过程状况的指标便是污染物产生指标，污染物产生指标较高，说明工艺相应地比较落后或管理水平较低。通常情况下，污染物产生指标分为三类：废水产生指标、废气产生指标和固体废物产生指标。

1) 废水产生指标：废水产生指标又可细分为两类，即单位产品废水产生量指标和单位产品主要水污染物产生量指标。此外，通常还要考虑污水的回用率。

2) 废气产生指标：废气产生指标和废水产生指标类似，也可细分为单位产品废气产生量指标和单位产品主要大气污染物产生量指标。

3) 固体废物产生指标：对于固体废物产生指标，情况则简单一些，因为目前国内还没有像废水、废气那样具体的排放标准，因而指标可简单地定为单位产品主要固体废物产生量和单位产品固体废物综合利用率。

(5) 废物回收利用指标。废物回收利用是清洁生产的重要组成部分，在现阶段，生产过程不可能完全避免产生废水、废料、废渣、废气（废汽）、废热。这些“废物”只是相对的概念，在某些条件下是造成环境污染的废物，而在另一些条件下就可能转化为宝贵的资源。生产企业应尽可能地回收和利用这些废物，先高等级地利用，再逐步降级使用，最后再考虑末端治理。废物回收利用的主要指标可分为废物综合利用量和废物综合利用率。

(6) 环境管理指标。环境管理指标从5个方面提出要求，即环境法律法规标准、环境审核、废物处理处置、生产过程环境管理和相关方环境管理。

1) 环境法律法规标准：要求生产企业符合国家和地方有关环境的法律和法规，污染物排放达到国家和地方排放标准、总量控制和排污许可证管理要求，这一要求与环境影响评价的内容相一致。

2) 环境审核：按照行业清洁生产审核指南的要求进行审核、按ISO 14001建立并运行环境管理体系，这一要求与环境影响评价的内容相一致。

3) 废物处理处置：要求对建设项目的一般废物进行妥善处置，对危险废物进行无害化处理，这一要求与环境影响评价的内容相一致。

4) 生产过程环境管理：对建设项目投产后可能在生产过程中产生废物的环节提出要求。例如，要求企业配有原材料质检和消耗定额，对能耗、水耗、产品合格率进行考核等，各种人流、物流（包括人的活动区域）、物品堆存区域、危险品等有明显标志，对跑、冒、漏、滴现象有明显控制等。

5) 相关方环境管理：对原料、服务提供方等的行为提出环境要求。

五、清洁生产分析方法和程序

1. 清洁生产分析方法

（1）指标对比法：根据中国已颁布的清洁生产标准，或参照国内外同类装置的清洁生产指标，对比分析建设项目的清洁生产水平。

（2）分值评定法：将各项清洁生产指标逐项制定分值标准，再由专家按百分制打分，乘以各自权重值得总分，最后再按清洁生产等级分值对比分析项目清洁生产水平。

2. 清洁生产分析程序

用指标对比法进行清洁生产分析的程序如下。

（1）收集相关行业清洁生产标准，如果没有标准，则可与国内外同类装置清洁生产指标做比较。

（2）预测环境影响评价项目的清洁生产指标值。

（3）将环境影响评价项目的预测值与清洁生产标准值对比。

（4）得出清洁生产评价结论。

（5）提出改进清洁生产方案的建议。

六、清洁生产分析案例

1. 工程概况

某公司的100万张牛皮加工项目以原牛皮为主要原料，经预处理、鞣制、整饰等工序加工为成品皮。主要工序包括浸水、去肉、片皮、初鞣、挤水、削匀、复鞣、伸展、真空干燥、震软、上光、上色、表面处理、摔软、绷板、喷浆、压花、烫革、量尺。

本项目的主要污染物为燃气锅炉废气、磨革废气、摔软废气和恶臭气体等废气；废水主要包括生产废水和生活废水；噪声主要为各类设备运行过程中产生的噪声；固体废物主要是废肉渣、废皮边、盐、毛、污水处理一般污泥、生活垃圾、铬粉包装袋、废皮边、磨革粉尘、摔软粉尘、皮边（含铬）、废机油、废染料、软化系统废树脂、含铬废水处理污泥等固体废物。

2. 项目原（辅）材料的清洁生产分析

（1）该项目在生产过程中使用了大量的化学原料、染料及加脂剂等。该项目选择原料的原则是无毒或低毒，与革结合紧密，吸收率高，进入废水、废渣中的化学原料易于进行后处理，对人体健康和环境的影响轻微。

（2）化学添加剂的使用。该项目使用了较多的添加剂，它们的作用相当于催化剂，能够促进皮革对化学原料的吸收，减少化学原料的用量及排放量。

3. 设备及工艺的清洁生产分析

（1）采用小液比的脱毛工艺，提高 Na_2S 的吸收利用率，减少 Na_2S 的用量及其在废液中的含量，减少新鲜水的使用量和废水的排放量，还可抑制皮的过度膨胀。一般将 Na_2S 的用量控制在略大于1.0%。

（2）用常规的脱灰工艺，废水中氨氮的含量较高，该项目采用铵盐加无铵脱灰剂、无氨转化酶的生产工艺，可适当减少铵盐的用量，进而减少废水中的氨氮含量。

4. 清洁生产水平的确定

按照《清洁生产标准 制革工业（牛轻革）》（HJ 448—2008）中的有关规定，本项目的清洁生产指标分析详见表3-12。

表 3-12　　本项目的清洁生产指标分析

清洁生产指标的指标等级	一级	二级	三级	该项目分析	备注
生产工艺与装备要求					
原皮处理	鲜皮保藏（冷冻保存）占75%，其他为低盐保藏（添加无毒杀菌剂）并循环使用盐	低温低盐保藏并循环使用盐	盐水浸渍	二级	低温低盐保藏、循环使用盐
脱毛、浸灰	无硫保毛、脱毛，浸灰液循环利用	低硫保毛、脱毛，浸灰液循环利用	低硫脱毛	二级	低硫保毛、脱毛，灰水循环利用
脱灰、软化	CO_2法脱灰	无铵脱灰	低铵盐脱灰	二级	无铵脱灰剂
浸酸、鞣制	无盐浸酸；高吸收、高结合铬鞣及含铬液循环利用，或其他环保型的非铬鞣	低盐浸酸；少铬鞣制，含铬液循环利用		二级	低盐浸酸，铬水回用
复鞣	无铬、无甲醛复鞣剂	无铬、无甲醛复鞣剂占80%以上	无铬、无甲醛复鞣剂占70%以上	二级	无铬、无甲醛复鞣剂占90%
染色	高吸收染料，不使用国际上禁用的偶氮染料	高吸收染料使用50%，不使用国际上禁用的偶氮染料		二级	不使用国际上禁用的偶氮染料
加脂	高吸收、无卤代有机物、可降解加脂剂	高吸收、无卤代有机物、可降解加脂剂占90%	高吸收、无卤代有机物、可降解加脂剂占70%	二级	高吸收、无卤代有机物、可降解加脂剂占90%
涂饰	水溶性涂饰材料，不使用甲醛，不含有害重金属	水溶性涂饰材料占80%以上，不使用甲醛、不含有害重金属		一级	全部为水溶性涂料
资源能源利用指标					
企业规模	年加工牛皮10万张以上（含）			符合	
得革率 粒面革（m^2/m^2原料皮）	≥0.92	≥0.90	≥0.85	二级	0.91
得革率 二层革（m^2/m^2原料皮）	≥0.63	≥0.60	≥0.56	—	—
取水量（m^3/m^2成品革）	≤0.32	≤0.36	≤0.40	一级	0.093
水重复利用率（%）	≥65	≥50	≥35	二级	50.28
综合能耗（kg标煤/m^2成品革）	≤2.0	≤2.2	≤2.4	一级	1.0

续表

清洁生产指标的指标等级		一级	二级	三级	该项目分析	备注
产品指标						
包装		可降解、可回收			一级	—
产品合格率（%）		≥99	≥98	≥97	一级	99.5
污染物产生指标（末端处理前）						
废水	废水产生量（m^3/m^2成品革）	≤0.28	≤0.32	≤0.36	一级	0.09
	COD_{Cr}产生量（g/m^2成品革）	≤630	≤740	≤850	一级	453.86
	氨氮产生量（g/m^2成品革）	≤45	≤58	≤72	一级	32.78
	总铬产生量（g/m^2成品革）	≤3.5	≤4.8	≤7.2	一级	3.27
固体废物	皮类固体废物产生量（kg/m^2成品革）	≤0.5	≤0.6	≤0.7	一级	0.39
废物回收利用指标						
无铬废物利用率（%）		≥100	≥90	≥80	二级	95
含铬废物利用率（%）		≥75	≥70	≥65	一级	90
环境管理要求						
环境法律法规标准		符合国家有关环境法律、法规、总量控制和排污许可证管理要求；废水排放、大气排放执行国家相关或行业标准，符合制革工业污染防治政策			符合	
环境审核		按照GB/T 24001建立并运行环境管理体系，环境管理手册、程序文件及作业文件齐备	对生产过程中的环境因素进行控制，有严格的操作规程，建立相关方管理程序、清洁生产审核制度和各种环境管理制度，特别是固体废物（包括危险废物）的转移制度	对生产过程中的主要环境因素进行控制，有操作规程，建立相关方管理程序、清洁生产审核制度和必要的环境管理制度	二级	

续表

清洁生产指标的指标等级		一级	二级	三级	该项目分析	备注
组织机构	环境管理机构	设专门的环境管理机构和专职管理人员			符合	
	环境管理制度	健全、完善并纳入日常管理		较完善的环境管理制度	二级	
生产过程环境管理	原料用量及质量	规定严格的检验、计量措施			符合	
	生产设备的使用、维护、检修管理制度	有完善的管理制度，并严格执行	生产设备的使用、维护、检修管理制度		符合	
	生产工艺用水、电、气管理	所有环节安装计量仪表进行计量，并制定严格的定量考核制度	对主要环节安装计量仪表进行计量，并制定定量考核制度		符合	
	环保设施管理	记录运行数据并建立环保档案			符合	
	污染源监测系统	按照《污染源自动监控管理办法》的规定，安装污染物排放自动监控设备			符合	
	废物的处理处置	采用符合国家规定的废物处理处置方法处置废物；一般固体废物按照GB 18599的相关规定执行；对含铬污泥等危险废物，要严格按照GB 18597的相关规定进行危险废物管理，应交由持有危险废物经营许可证的单位进行处理；应制定并向所在地县级以上地方人民政府的环境行政主管部门备案危险废物管理计划（包括减少危险废物产生量和危害性的措施，以及危险废物的储存、利用、处置措施），向所在地县级以上地方人民政府的环境保护行政主管部门申报危险废物的产生种类、产生量、流向、储存、处置等有关资料。针对危险废物的产生、收集、储存、运输、利用、处置，应当分别制定意外事故防范措施和应急预案，并向所在地县级以上地方人民政府的环境保护行政主管部门备案			符合	
	厂区综合环境	管道、设备无跑、冒、滴、漏，有可靠的防范措施；厂区给排水实行清污分流，雨污分流；厂区内道路经硬化处理；厂区内设置垃圾箱，做到日产日清			符合	
相关方环境管理		对原材料供应方、生产协作方、相关服务方提出环境管理要求			符合	

根据以上评价，该项目可以达到清洁生产二级水平。

5. 加强清洁生产的保障措施

（1）设立清洁生产管理机构，建立奖惩考核目标责任制度。清洁生产管理机构应负责整个公司各个生产环节的清洁生产管理工作，制定清洁生产管理规程和奖惩考核目标，把节能、降耗纳入到生产管理目标中。

（2）推行清洁生产审核工作，由企业高层管理人员任审核小组的组长，为开展清洁生产审核工作奠定良好的基础。审核小组应制定并实施减少能源、水和原材料的使用，消除或减少产品和生产过程中有害物质的使用，以及减少各种废物排放量的有关措施。

（3）加强业务培训和宣传教育工作，使每个员工树立节能意识、环保意识，保障清洁生产的措施顺利实施。

6. 实施清洁生产的途径

（1）建立完善的清洁生产制度。根据国内清洁生产试点工作经验，加强管理是所有方案中最重要的无费、低费和少资方案，约占清洁生产方案总数的40%。因此，企业推进清洁生产，必须首先从加强管理入手。

为了明确各部门的工作职责，公司制定《环境保护管理制度》《废水记录考核制度》《一体化环保考核制度》等制度，使车间的经济效益直接与其环保工作、清洁生产工作联系起来，真正调动车间实行清洁生产的积极性。

（2）加强资源利用及其他有关途径。提高水利用率，做到节约用水、减少污染物的产生量；确实做好清污分流工作，企业废水严禁直接外排；开展清洁生产审核工作，提高企业的环境管理水平。

思考题

1. 污染物排放量的计算方法有哪些？
2. 简述污染源评价的方法、目的。
3. 工程分析方法有哪些？
4. 简述清洁生产的主要内容和主要目标是什么？

第四章　地面水环境影响评价

地面水环境影响评价是建设项目环境影响评价的主要内容之一，在准确全面的工程分析和充分的水环境状况调查的基础上，利用合理的数学模型对建设项目给水环境带来的影响进行计算、预测、分析和论证。划分出环境影响的程度和范围，比较项目建设前后水体主要指标的变化情况，并结合当地的水环境功能区划，得出是否满足使用功能的结论，并进一步提出建设项目影响区域主要污染物的控制和防治对策。

在本书中地面水也称为地表水，是陆地表面上动态水和静态水的总称，也称“陆地水”，包括各种液态的和固态的水体，主要包括河流、湖泊、沼泽、冰川、冰盖等。它是人类生活用水的重要来源之一，也是各国水资源的主要组成部分。

第一节　地面水环境影响评价基础

一、水体污染与水体自净

1. 水体污染

水体受到人类或自然因素或因子（物质或能量）的影响，使水的感观性状（色、嗅、味、浊）、物理化学性质、（温度、酸碱度、电导度、氧化还原电位、放射性）、化学成分（无机、有机）、生物组成（种类、数量、形态、品质）及底质情况等产生了恶化，污染指标超过地表水环境质量标准，称为水体污染。

水体污染分为自然污染和人为污染两类。后者是主要的，更为人们所关注。

水体的自然污染是自然原因所造成的。例如，某一地区的地质化学条件特殊，某种化学元素大量富集于地层中，由于大气降水的地表径流，使这种元素或它的盐类，溶解于水或夹杂在水流中被带入水体，造成水体污染。地下水在地下径流的漫长路径中，溶解了比正常水质多的某种元素（离子态），或它的盐类，造成地下水的污染。当它以泉的形式涌出地面流入地表水体时，造成了地表水体的污染。

水体的人为污染是由于人类的生活和生产活动向水体排放的各类污染物质（或能量），其数量达到使水和水体底泥的物理、化学性质或生物群落组成发生变化的程度，从而降低了水体的原始使用价值，造成了水体的人为污染，称水体污染。

2. 水体自净

污染物投入水体后，使水环境受到污染。污水排入水体后，一方面对水体产生污染，另一方面水体本身有一定的净化污水的能力，即经过水体中的物理、化学与生物作用，使污水中污染物的浓度得以降低，经过一段时间后，水体往往能恢复到受污染前的状态，这一过程称为水体的自净过程（self-Purification of waterbody）。

水体自净主要通过物理、化学与生物三方面的作用来实现。

物理作用包括可沉性固体逐渐下沉，悬浮物、胶体和溶解性污染物稀释混合，浓度逐渐降低。其中，稀释作用是一项重要的物理净化过程。

化学作用是指污染物质由于氧化、还原、酸碱反应、分解、化合、吸附和凝聚等作用而使污染物质的存在形态发生变化，并且浓度降低。

生物作用则是由于各种生物（藻类、微生物等）的活动特别是微生物对水中有机物的氧化分解作用而使污染物降解。它在水体自净中起非常重要的作用。

水体中的污染物的沉淀、稀释、混合等物理过程，氧化还原、分解化合、吸附凝聚等化学和物理化学过程以及生物化学过程等，往往是同时发生，相互影响，并相互交织进行。一般说来，物理和生物化学过程在水体自净中占主要地位。

二、水体中污染物的迁移与转化

污染物进入水环境后，随着流体介质发生迁移、转化和生物降解。

1. 迁移过程

污染物在水环境中的迁移是指污染物在环境中的空间位置移动及其引起的污染物浓度变化过程。迁移方式主要包括推流迁移和分散稀释两种。迁移过程只能改变污染物的空间位置，降低水中污染物的浓度，并不能减少其总量。影响迁移的因素包括内部因素和外部因素。内部因素是指污染物的物理、化学性质，外部因素则包括环境条件，例如，酸碱度，胶体的数量、种类等。

（1）推流迁移。推流迁移是指污染物在气流或水流作用下产生的转移作用。定义单位时间内通过单位面积的物质通量，单位为 $mg/(m^2 \cdot s)$，则在推流作用下污染物的迁移通量可以表示为

$$\Delta m_{1x} = u_x C, \quad \Delta m_{1y} = u_y C, \quad \Delta m_{1z} = u_z C \tag{4-1}$$

式中：Δm_{1x}，Δm_{1y}，Δm_{1z}为 x，y，z 方向上的污染物推流迁移通量；u_x，u_y，u_z为环境介质在 x，y，z 方向上的流速分量；C 为污染物在环境介质中的浓度。

（2）分散稀释。分散稀释是指污染物在环境介质中通过分散作用得到稀释，分散的机理有分子扩散、湍流扩散和弥散作用三种。

1）分子扩散是由分子的随机运动引起的质点分散现象。分子扩散过程具有各向同性，服从斐克（Fick）第一定律，即分子扩散的质量通量与扩散物质的浓度梯度成正比，可表示为

$$\Delta m_{2x} = -D_m \frac{\partial C}{\partial x}, \quad \Delta m_{2y} = -D_m \frac{\partial C}{\partial y}, \quad \Delta m_{2z} = -D_m \frac{\partial C}{\partial z} \tag{4-2}$$

式中：Δm_{2x}，Δm_{2y}，Δm_{2z}为 x，y，z 方向上的污染物分子扩散通量；D_m为分子扩散系数。常温下，分子扩散系数 D_m在水流中为 $10^{-10} \sim 10^{-9} m^2/s$。“-”表示质点的迁移指向负梯度方向。

2）湍流扩散又称为紊流扩散，是指污染物质点之间及污染物质点与水介质之间由于各自不规则的运动而发生的相互碰撞、混合，是在湍流流场中质点的各种状态（流速、压力、浓度等）的瞬时值相对于其时段平均值的随机脉动而导致的分散现象，即

$$\Delta m_{3x} = -D_{1x} \frac{\partial \overline{C}}{\partial x}, \quad \Delta m_{3y} = -D_{1y} \frac{\partial \overline{C}}{\partial y}, \quad \Delta m_{3z} = -D_{1z} \frac{\partial \overline{C}}{\partial z} \tag{4-3}$$

式中：Δm_{3x}，Δm_{3y}，Δm_{3z}为 x，y，z 方向上的污染物湍流扩散通量；D_{1x}，D_{1y}，D_{1z}为 x，y，z 方向上的湍流扩散系数，常温下，湍流扩散系数 D_{1x}和 D_{1z}在河流中为 $10^{-6} \sim 10^{-4} m^2/s$；$\overline{C}$为时段平均的污染物浓度。

3）弥散作用是由于流体的横断面上各点的实际流速分布不均匀所产生的剪切而导致的

分散现象。弥散作用可以定义为：由空间各点湍流流速（或其他状态）的时平均值与流速时平均值的空间平均值的系统差别所产生的分散现象。弥散作用所导致的扩散通量也可以用斐克第一定律来描述，即

$$\Delta m_{4x} = -D_{2x}\frac{\partial \overline{\overline{C}}}{\partial x},\quad \Delta m_{4y} = -D_{2y}\frac{\partial \overline{\overline{C}}}{\partial y},\quad \Delta m_{4z} = -D_{2z}\frac{\partial \overline{\overline{C}}}{\partial z} \tag{4-4}$$

式中：Δm_{4x}，Δm_{4y}，Δm_{4z}为 x，y，z 方向上的污染物弥散扩散通量；D_{2x}，D_{2y}，D_{2z}为 x，y，z 方向上的弥散扩散系数；$\overline{\overline{C}}$为污染物时间平均浓度的空间平均值。

湖泊中的弥散作用很小，而在流速较大的水体（如河流和河口）中弥散作用很强，河流的弥散系数 D_{2x}为 $10^{-2}\sim10m^2/s$，而河口的弥散系数很大，可达 $10\sim10^3m^2/s$。

从数值上而言，分子扩散系数 D_m、湍流扩散系数 D_1、弥散扩散系数 D_2三者之间存在一定区别，$D_m \ll D_1 \ll D_2$；从量纲上而言，三者相同，均为加速度量纲（m^2/s）。因此，在大尺度下，可将三者合并表达为扩散系数，统一用 E_x、E_y、E_z表示。同时，在实际计算中通常认为 $C=\overline{C}=\overline{\overline{C}}$。

因此，分散稀释通量可表示为

$$\Delta m_x = -E_x\frac{\partial C}{\partial x},\quad \Delta m_y = -E_y\frac{\partial C}{\partial y},\quad \Delta m_z = -E_z\frac{\partial C}{\partial z} \tag{4-5}$$

式中：Δm_x，Δm_y，Δm_z为 x，y，z 方向上的污染物分散稀释；E_x，E_y，E_z为 x，y，z 方向上的扩散系数。

2. 转化过程

转化过程是指污染物在环境中通过物理、化学作用改变其形态或转变成另一种物质的过程。转化与迁移有所不同，迁移只是空间位置的相对移动，转化则是物质量上的改变，但两者往往相伴而行。物理转化主要是指通过蒸发、渗透、凝聚、吸附、悬浮及放射性蜕变等一种或多种物理变化发生的转化。天然水体中含有各种胶体，具有混凝沉淀作用和吸附作用，从而使有些污染物随着这些作用从水体中去除。化学转化则是指通过各种化学反应而发生的转化，例如，氧化还原反应、水解反应、配合反应、光化学反应等。流动的水体通过水面波浪不断地将大气中的氧溶于水体，这些溶解氧与水体中的污染物可发生氧化反应，同时水体中也会发生还原作用，但这类反应多在微生物的作用下进行。

3. 生物降解过程

生物降解过程是指污染物进入生物机体后，在有关酶系统的催化作用下的代谢变化过程。

生物降解能力最强大的是微生物，其次是植物和动物。水体中的微生物（尤其是细菌）种类繁多、数量巨大、代谢途径多样、代谢速度惊人。在溶解氧充分的情况下，微生物将一部分有机污染物当作食饵消耗掉，将另一部分有机污染物氧化分解成无害的简单无机物，从而实现对各种各样的化学污染物的降解转化。生物降解的快慢与有机污染物的数量和性质有关。另外，水体温度、溶解氧的含量、水流状态、风力、天气等物理和水文条件及水面条件（如有无影响复氧作用的油膜、泡沫等）均对生物降解有影响。

图 4-1 是典型的受污染水体水样在实验室测得的 BOD 曲线。从图 4-1 中可知，水体中污染物的降解可分为两个阶段，第一阶段称为碳氧化阶段，主要是不含氮有机物的氧化，同

时也包含部分含氮有机物的氨化及氨化后生成的不含氮有机物的继续氧化。这一阶段一般要持续4~8d，氧化的最终产物为水和CO_2，该阶段的BOD被称为碳化需氧量，常以L_a或$CBOD_u$表示。第二阶段为氨氮硝化阶段，此阶段的需氧量常以L_N或$NBOD_u$表示。当然，第一阶段与第二阶段并不是完全独立的，在受污染较轻的水体中，第一阶段和第二阶段往往是同时进行的，而受污染较严重的水体一般是先进行碳化阶段再进行硝化阶段。L_a和L_N之和反映了水体受有机物污染的程度。水质标准中通常用于衡量有机污染的指标BOD_5（5日生化需氧量），实际上仅反映了部分污染物碳化的需氧量。

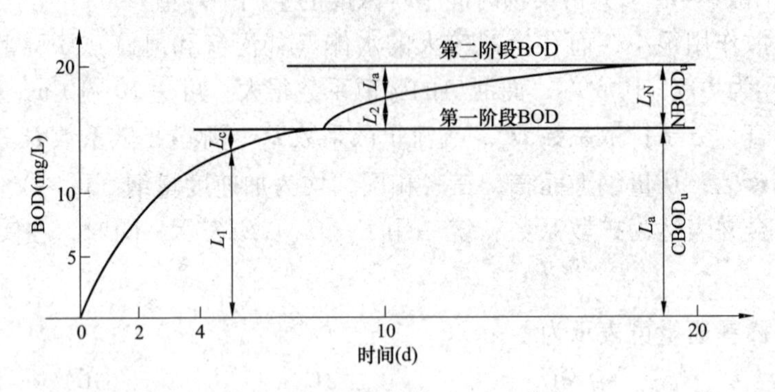

图4-1 受污染水体的BOD曲线

（1）有机物的生化降解。一般认为水体中有机物的生化降解可用一级反应动力方程式表达，即

$$\frac{dL_C}{dt}=-k_1L_C \tag{4-6}$$

由于$L_C=L_a-L_1$，所以式（4-6）可改写为

$$\frac{d(L_a-L_1)}{dt}=-k_1(L_a-L_1) \tag{4-7}$$

解得

$$L_1=L_a[1-\exp(-k_1t)] \tag{4-8}$$

式中：L_C为t时刻的剩余碳化需氧量，mg/L；L_a为水中总的碳化需氧量（可理解为起始时刻的BOD值），mg/L；L_1为已降解的BOD值，mg/L；k_1为有机物碳化衰减速率系数（耗氧系数），1/d；t为污染物在水体中的停留时间，d。

温度对k_1有影响，一般以20℃的$k_{1,20}$为基准，温度T时的k_1按下式计算

$$k_{1,T}=k_{1,20}\theta_1^{T-20} \tag{4-9}$$

式中：θ_1为温度系数。当10℃$<T<$35℃时，θ_1取1.047。

（2）硝化作用。硝化作用是指天然水体中含氮化合物经过一系列的生化反应，由氨氮氧化为硝酸盐的过程。硝化反应也具有一级反应动力方程式表达，即

$$\frac{dL_n}{dt}=-k_NL_n \tag{4-10}$$

解得

$$L_n=L_N\exp(-k_Nt) \tag{4-11}$$

式中：L_n为t时刻的剩余硝化需氧量，mg/L；L_N为水中总的硝化需氧量，mg/L；k_N为有机

物硝化衰减速率系数，1/d。

k_N同样也受温度的影响，其与温度的函数关系为

$$k_{N,T}=k_{N,20}\theta_N^{T-20} \tag{4-12}$$

式中：$k_{N,20}$为20℃时硝化衰减速率系数，1/d。θ_N为温度系数，1/d；当10℃<T<30℃时，θ_N取1.08。

有机物在水体中进行衰减变化的过程中不仅发生氧化、硝化作用，水体中同时还进行着脱氮作用、硫化作用、细菌的衰减作用（随着水体自净过程的进行，细菌也在逐渐减少）等。

4. 水体的耗氧与复氧过程

在有机物不断衰减的同时，水中的溶解氧不断地被消耗，随着水中溶解氧的降低，水面处气—液的氧平衡被破坏，大气中的氧就开始溶入水中，从而使水体中耗氧—复氧过程可以不断地进行。

水体中的溶解氧在以下过程被消耗：碳氧化阶段耗氧、含氮化合物硝化耗氧、水生植物呼吸耗氧、水体底泥耗氧等。一般而言，这些耗氧过程所导致的溶解氧变化均可用一级反应方程式表达。而复氧过程，则主要包括大气复氧和水生植物的光合作用。

（1）大气复氧。氧气由大气进入水体的传质速率与水体中的氧亏量D成正比。氧亏量是指水体中的溶解氧［$C(O)$］与当时水温下水体的饱和溶解氧［$C(O_S)$］间的差值，即

$$D=C(O_S)-C(O)$$

设k_2为大气复氧速率系数，则

$$\frac{dD}{dt}=-k_2D \tag{4-13}$$

k_2为河流流态及温度的函数。如果以20℃的$k_{2,20}$为基准，那么温度T时的k_2可按下式计算

$$k_{2,T}=k_{2,20}\theta_r^{T-20} \tag{4-14}$$

式中：θ_r为大气复氧速率系数的温度系数。通常，$\theta_r=1.024$。

饱和溶解氧$C(O_S)$是温度、盐度和大气压力的函数，在101kPa压力下，温度为T（℃）时，淡水中的饱和溶解氧可以用下式计算

$$C(O_S)=\frac{468}{31.6+T} \tag{4-15}$$

当水体中含盐量较高时（如河口），可用海尔（Hyer，1971年）经验公式计算饱和溶解氧，即

$$C(O_S)=14.6244-0.367134T+0.0044972T^2-0.0966S+0.00205ST+0.0002739S^2 \tag{4-16}$$

式中：S为水中含盐量，‰。

（2）光合作用。水生植物的光合作用是水体复氧的另一重要过程。奥康纳（O' Conner，1965年）假定光合作用的速率随着光照强弱的变化而变化，中午光照最强时，产氧速率最快，夜晚没有光照时，产氧速率为零。如果将产氧速率取为一天中的平均值，则

$$\left[\frac{\partial C(O)}{\partial t}\right]_{P} = P \tag{4-17}$$

式中：P 为一天中产氧速率的平均值；C（O）为光合作用产氧量。

三、水体环境影响评价常用标准

水体环境影响评价常用标准见第一章第四节。

第二节　地表水常用水质模型

一、水质模型概述

1. 水质模型的定义与分类

水质模型是指用于描述水体的水质要素在各种因素作用下随时间和空间的变化关系的数学模型。水质模型是环境系统数学模型的重要组成部分。环境系统数学模型按其性质和结构一般可以分为以下三类。

(1) 白箱模型：以客观事物的变化规律为基础建立起来的纯机理模型，输入、输出、内部机理十分明确。根据质量守恒定律建立微分方程是建立白箱模型最常用的方法。

(2) 灰箱模型：当对所研究的环境要素或过程已有一定程度的了解但又不完全清楚，或对其中一部分比较了解而对其他部分不甚清楚时，需要用一个或多个经验系数才能加以定量化的模型，以及以斯特里特—菲尔普斯模型（Streeter—Phelps，简称 S—P 模型）为代表的描述河流中溶解氧和生化需氧量耦合关系的一系列水质模型。

(3) 黑箱模型：一种纯经验模型，建立模型时仅考虑输入输出间的关系，完全不追究系统内部状态变化的机理（即不考虑过程）。黑箱模型虽然实用，但往往缺乏普遍性。

环境系统数学模型还可根据空间维数分为以下几类。

(1) 一维：输入变量仅考虑一个维度，模型的输入输出关系可表达为 $C=f(x)$。

(2) 二维：模型的输入输出关系可表达为 $C=f(x, y)$。

(3) 三维：输入变量考虑了立体的三个维度的变化，输入输出关系可表达为 $C=f(x, y, z)$。

(4) 零维：在零维模型中，系统处于完全混合状态，系统中各要素都均匀分布。

如果按时间性质分，模型还可以分为“动态模型”和“稳态模型”。动态模型中，变量随时间而变化，模型提供的是环境要素随距离和时间而变化的信息；稳态模型则是假设变量不随时间变化，即输入输出关系式中不含有“t”这个时间变量。

在环境影响预测中，白箱模型（即纯机理模型）的建立较为困难；黑箱模型实用但缺乏普遍性，最为常用的是灰箱模型。一个灰箱模型的建立一般需要经历 5 个基本阶段，即模型的推导、标定、验证（检验）、灵敏度分析和应用（见图 4-2）。

2. 水质模型的发展

最早的水质模型是 1925 年由 Streeter 和 Phelps 提出的 S—P 模型。在此后的 20 年间，由于研究手段的限制等原因，水质模型研究并未在 S—P 模型基础上有太大进展。直到 20 世纪 50~60 年代，随着人们对环境保护和污染控制认识的加深，再加上计算机技术的迅速发展，水质模型的研究才得以有较大进展，其发展大致可以分为以下 5 个阶段。

第一阶段：20 世纪 50 年代，水质模型的发展仅限于对 S—P 模型的改进。初期的改进比较简单，一般为只考虑生化需氧量 BOD 与溶解氧 DO 耦合的双线性系统模型，如 Camps

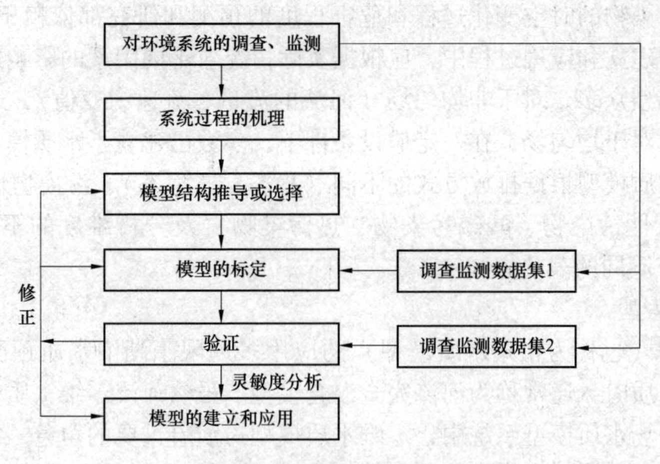

图 4-2　模型的建立过程

模型、Dobbins 模型等。对河流和河口问题采用一维的计算方法。

第二阶段：20 世纪 60 年代末，随着计算机的应用和对生物化学耗氧过程认识的深入，模型中考虑的因素越来越多，如 BOD、DO、有机氮、氨氮、亚硝酸盐氮和硝酸盐氮等，模型结构为多线性系统，空间维数为一维和二维，如 O' Conner 模型等。与此同时，一些随机水质模型开始出现。1978 年，美国环保局推出了 QUAL-Ⅱ河流有机污染综合水质模型，这是一种较为复杂的非线性氧平衡生态模型。目前，该模型已被广泛地用于河流水质预测和水质规划管理工作。

第三阶段：20 世纪 80 年代，兴起了形态模型，这是一种能反映污染物在不同存在状态和化学形态下水环境行为的模型。形态模型是一种复杂的生态模型，目前还很不成熟，有待进一步研究和发展。

第四阶段：20 世纪 80 年代后期，随着对水环境变化复杂性认识的深入，各相关学科相互渗透、相互激励，水环境数学模型的研究进入到多介质环境综合生态系统模型。模型内部结构为多种相互作用的非线性系统，空间维数已发展到三维，模型中的状态变量大大增加，有的已达几十个。多介质水环境综合生态模型，实质上是从系统理论角度来研究污染物在环境中从宏观到微观的综合效应。自从 1985 年 Cohen 提出该模型以来，这方面的工作已有很大进展，但主要集中在理论模型的探讨方面，如各种界面过程的构建、参数估计方法及模型灵敏度分析等。

第五阶段：20 世纪 90 年代以来，随着计算机技术的发展和环境水力学各种理论的成熟，尤其是随着 RS、GPS 及 GIS 这 3 个被称为“3S”技术的发展及它们在水质模型研究中的应用，专家们可以做到实时、动态地应用模型分析和解决水环境问题，使得水质模型能够在环境管理、决策中发挥更有效的作用。

在中国，水质模型的研究虽然起步较晚，但在学习、吸收国际先进经验的基础上发展较快，近年来，在有机污染物水质模型理化参数测定和计算、水环境有机污染非确定性分析和水动力学与水质变化耦合求解方面都有较大的发展。

二、河流常用水质模型

建立水质模型的目的是为了把各种因素之间的定量关系确定下来，这是一个十分困难的过程，但人们对污染物的时空变化过程和危害程度的预测和研究都依赖于水质模型。因此，在水质模型实际的建立和应用过程中，应根据实际情况对不同因素的影响进行简化，甚至忽略。河流的水质模型众多，对于非均匀场（河流的流量、流速为变值），通常需要通过特殊的数值解法求解；对于均匀场，在一定假设条件下，多数已建立了水质模型的解析方程。

均匀场河流水质模型根据排放方式的不同（稳态、非稳态）、污染物性质的不同（持久性污染物、非持久性污染物、酸碱污染物、热污染物）及分析维度的不同（零维、一维、二维、三维）均有不同的表达方式。

1. 零维水质模型

零维水质模型（也称为箱式水质模型）的应用多局限于湖泊水质预测等，当零维水质模型应用于河流水质时，通常称为河流完全混合模型。虽然河流零维水质模型是最简单的一类模型，但在均匀场水质模型系统中，零维水质模型扮演着重要的角色，它是一维水质模型的基础。这是因为在一维水质模型的推导及应用中，其通用的假设与初始条件为：在起始断面，排放的废水与河流立即充分混合。在此假设中，其约束条件为“废水与河流充分混合”，即基于零维水质模型的。

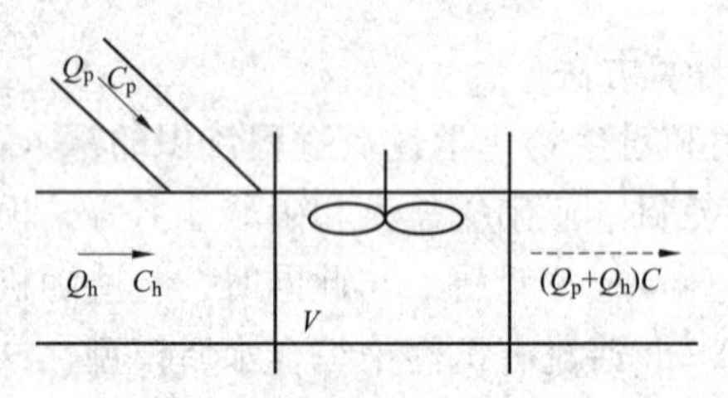

图 4-3 河流稳态零维模型示意图

假设河流流量为 Q_h，污染物浓度为 C_h，废水排放流量为 Q_p，废水中的污染物浓度为 C_p，在某一河段内充分混合，该河段体积为 V，则出流流量为 (Q_p+Q_h)，污染物浓度为 C，同时 C 也是充分混合河段中的污染物浓度（见图 4-3）。不考虑污染物的源与汇项。

对于持久性污染物，在 Δt 时间内，根据质量守恒原理有

$$V\frac{\mathrm{d}C}{\mathrm{d}t}\Delta t = (C_p Q_p \Delta t + C_h Q_h \Delta t) - (Q_p + Q_h) C \Delta t \tag{4-18}$$

在均匀场稳态情况下，$\frac{\mathrm{d}C}{\mathrm{d}t}=0$，则

$$C = \frac{C_p Q_p + C_h Q_h}{Q_p + Q_h} \tag{4-19}$$

式（4-19）适用于稳态持久性污染物。对于非持久性污染物，当混合体积 V 很小时，式（4-19）同样适用。

2. 一维水质模型

（1）稳态一维水质模型的解析解。一维水质模型是指描述一个空间方向上存在环境质量变化的模型。假设浓度沿 x 方向变化，y、z 方向不变，同时假设 u_x、E_x 是常数，根据质量守恒定律，可建立一维水质基本模型，即

$$\frac{\partial C}{\partial t} = E_x \frac{\partial^2 C}{\partial x^2} - u_x \frac{\partial C}{\partial x} - kC \tag{4-20}$$

式中：C 为污染物浓度；E_x 为纵向扩散系数，m^2/s；u_x 为河流断面平均流速，m/s；k 为污染物衰减系数，1/s。

在稳态情况下，即 $\frac{\partial C}{\partial t}=0$，假定边界条件为：$x=0$，$C=C_0$；$x\to+\infty$，$C=0$，解式

（4-20）得

$$C = C_0 \exp\left[\frac{u_x x}{2E_x}\left(1 - \sqrt{1 + \frac{4kE_x}{u_x^2}}\right)\right] \tag{4-21}$$

对于一般河流，推流导致的污染物迁移作用要比扩散作用大得多，可忽略扩散作用，因此，式（4-20）可简化为

$$\frac{\partial C}{\partial t} = - u_x \frac{\partial C}{\partial x} - kC \tag{4-22}$$

同样在稳态情况下，可解得

$$C = C_0 \exp\left(- k \frac{x}{u_x}\right) \tag{4-23}$$

在式（4-21）、式（4-23）中的初始边界条件 C_0 均可采用零维模型式（4-19）来确定。从式（4-21）中可以看出，随着距离的增长，污染物浓度不断降低。

（2）非稳态一维水质模型的解析解。非稳态指的是水体中的污染物浓度随时间而变化，即 $\frac{\partial C}{\partial t} \neq 0$，较有现实意义的是研究突发性排污情况下污染物的分布特征。河流突发性排污包括两种情况，一种是在河段内瞬时投放质量为 W 的污染物；另一种是在 Δt 时间内持续投放质量为 W 的污染物。

假设，在河流的某断面处瞬时投入质量为 W 的污染物，污染物瞬时完全溶解，在初始断面完全混合。同样建立微分方程式（4-20）。令 $\delta(t) = \begin{cases} 1, & t=0 \\ 0, & t>0 \end{cases}$，则此时初始条件和边界条件为：$C(x,\ 0) = 0$，$C(+\infty,\ t) = 0$

$$C(0,\ t) = \frac{W}{Q}\delta(t) \tag{4-24}$$

可根据数理方程基本知识，应用拉普拉斯（Laplace）变换求解方程（4-20），得

$$C(x,\ t) = \frac{Wx}{2Qt\sqrt{\pi E_x t}} \exp(-kt) \exp\left[-\frac{(x - u_x t)^2}{4E_x t}\right] \tag{4-25}$$

实际上，瞬时点源排放不大可能在“瞬间”完成，因此，如果在一段时间 Δt 内持续投放质量为 W 的污染物，则下游任一空间和时间的污染物浓度应理解成每一污染团块在此处的浓度之和，即

$$C(x,\ t) = \int_0^{\Delta t} \frac{Wx}{Au_x(t-\tau)\sqrt{4\pi E_x(t-\tau)}} \exp[-k(t-\tau)] \exp\left\{-\frac{[x - u_x(t-\tau)]^2}{4E_x(t-\tau)}\right\} d\tau \tag{4-26}$$

此时，初始条件和边界条件为：$C(x,\ 0) = 0$，$C(+\infty,\ t) = 0$

$$C(0,\ t) = \begin{cases} \frac{W}{Q}\delta(t), & 0 \leqslant t \leqslant \tau \\ 0, & t > \tau \end{cases} \tag{4-27}$$

当 $t \leqslant \Delta t$ 时，有

$$C(x,\ t) = \frac{1}{2} \frac{W}{Q_h \Delta t} \exp\left(\frac{u_x x}{2E_x}\right) [\exp(A_1)\,\text{erfc}(A_2) + \exp(-A_1)\,\text{erfc}(A_3)] \tag{4-28}$$

当 $t<\Delta t$ 时，有

$$C(x,\ t)=\frac{1}{2}\frac{W}{Q_{\mathrm{h}}\Delta t}\exp\left(\frac{u_x x}{2E_x}\right)\left[\exp(A_1)\mathrm{erfc}(A_2)+\exp(-A_1)\mathrm{erfc}(A_3)\right.$$
$$\left.-\exp(A_1)\mathrm{erfc}(A4)-\exp(-A_1)\mathrm{erfc}(A_5)\right] \tag{4-29}$$

其中

$$A_1=\frac{x}{\sqrt{E_x}}\sqrt{\frac{u_x^2}{4E_x}+k}$$

$$A_2=\frac{x}{2\sqrt{E_x t}}+\sqrt{t}\sqrt{\frac{u_x^2}{4E_x}+k}$$

$$A_3=\frac{x}{2\sqrt{E_x t}}-\sqrt{t}\sqrt{\frac{u_x^2}{4E_x}+k}$$

$$A_4=\frac{x}{2\sqrt{E_x(t-\Delta t)}}+\sqrt{t-\Delta t}\sqrt{\frac{u_x^2}{4E_x}+k}$$

$$A_5=\frac{x}{2\sqrt{E_x(t-\Delta t)}}-\sqrt{t-\Delta t}\sqrt{\frac{u_x^2}{4E_x}+k}$$

$$\mathrm{erfc}(x)=1-\mathrm{erf}(x)$$

$$\mathrm{erf}(x)=\frac{2}{\sqrt{\pi}}\int_0^x\exp(-t^2)\,\mathrm{d}t=x-\frac{x^3}{1!\times 3}+\frac{x^5}{2!\times 5}-\frac{x^7}{3!\times 7}+\cdots$$

对于突发性污染事件，最为关注的往往是污染物通过某一位置（如水源地）的时间、最大浓度值等。对于瞬时排放的污染物，其污染物浓度分布—时间过程线具有一定的正态分布特征［参见式（4-25）］，在扩散作用很小的河流中，在 x 断面处出现最大浓度值的时间可近似取

$$t_{\max}=\frac{x}{u_x} \tag{4-30}$$

当没有衰减作用时，相应的最大浓度为

$$C_{\max}=\frac{Wu_x}{2Q\sqrt{\pi E_x}}\sqrt{\frac{u_x}{x}}=\frac{Wu_x}{2Q\sqrt{\pi E_x t_{\max}}} \tag{4-31}$$

3. 二维水质模型及三维水质模型

假设在三维空间中，在 z 方向不存在浓度梯度，即 $\frac{\partial C}{\partial z}=0$，就构成了 x、y 平面上的二维问题。与一维水质模型的推导相似，可建立 x、y 方向的二维水质模型方程，即

$$\frac{\partial C}{\partial t}=E_x\frac{\partial^2 C}{\partial x^2}+E_y\frac{\partial^2 C}{\partial y^2}-u_x\frac{\partial C}{\partial x}-u_y\frac{\partial C}{\partial y}-kC \tag{4-32}$$

（1）稳态下二维水质模型的解析解。在无边界均匀流场中，稳态条件下，式（4-32）的解析解为

$$C(x,\ y)=\frac{C_{\mathrm{P}}Q_{\mathrm{P}}}{4\pi h\sqrt{E_xE_y}}\exp\left[-\frac{(y-u_yx/u_x)^2}{4E_yx/u_x}\right]\exp\left(-\frac{kx}{u_x}\right)\tag{4-33}$$

式中：u_y为 y 方向的流速分量；E_y为 y 方向的扩散系数；h 为平均水深。

实际河流并非无限水域，而是具有两岸和河底。污染物的扩散受到边界的限制，可根据镜像原理推导有边界时的二维水质模型。根据河流的具体状况（河面宽度，平直河流还是弯曲河流）、排放口特性（排放口距岸边的距离）及污染物的特性（持久性污染物、非持久性污染物等），二维水质模型有相应不同的表达方式，式（4-34）为常用的岸边排放二维稳态混合模式，式（4-35）为非岸边排放模式

$$C(x,\ y)=\frac{C_{\mathrm{P}}Q_{\mathrm{P}}}{h\sqrt{\pi E_yxu_x}}\left\{\exp\left(-\frac{u_xy^2}{4E_yx}\right)+\exp\left[-\frac{u_x(2B-y)^2}{4E_yx}\right]\right\}\exp\left(-\frac{kx}{u_x}\right)\tag{4-34}$$

$$C(x,\ y)=\frac{C_{\mathrm{P}}Q_{\mathrm{P}}}{2h\sqrt{\pi E_yxu_x}}\left\{\begin{array}{l}\exp\left(-\dfrac{u_xy^2}{4E_yx}\right)+\exp\left[-\dfrac{u_x(2a+y)^2}{4E_yx}\right]\\+\exp\left[-\dfrac{u_x(2B-2a-y)^2}{4E_yx}\right]\end{array}\right\}\exp\left(-\frac{kx}{u_x}\right)\tag{4-35}$$

式中：B 为河面宽度；a 为排污口距岸边的距离。

（2）瞬时点源二维水质模型的解析解。发生突发性污染事件时，质量为 W 的污染物瞬时排放，在无边界阻碍的情况下，其边界条件为：$y=\pm\infty$，$\frac{\partial C}{\partial y}=0$，式（4-32）的解析解为

$$C(x,\ y,\ t)=\frac{W}{4\pi ht\sqrt{E_xE_y}}\exp\left[-\frac{(x-u_xt)^2}{4E_xt}-\frac{(y-u_yt)^2}{4E_yt}\right]\exp(-kt)\tag{4-36}$$

当为河中排放，且仅考虑一个边界反射，点源到边界的距离为 a 时，可将式（4-36）修正为

$$C(x,\ y,\ t)=\frac{W}{4\pi ht\sqrt{E_xE_y}}\left\{\exp\left[-\frac{(x-u_xt)^2}{4E_xt}-\frac{(y-u_yt)^2}{4E_yt}\right]+\exp\left[-\frac{(x-u_xt)^2}{4E_xt}-\frac{(2a+y-u_yt)^2}{4E_yt}\right]\right\}\exp(-kt)\tag{4-37}$$

当为岸边排放时，即 $a=0$，式（4-37）可转变为

$$C(x,\ y,\ t)=\frac{W}{4\pi ht\sqrt{E_xE_y}}\exp\left[-\frac{(x-u_xt)^2}{4E_xt}-\frac{(y-u_yt)^2}{4E_yt}\right]\exp(-kt)\tag{4-38}$$

在实际预测中最为关注的是污染带的超标范围（纵向长度、横向宽度、面积），何时达到最大、最大超标面积多少，可应用极值原理等推导出二维瞬时源污染带的若干几何参数计算公式及最大超标面积的估算公式。

由于在实际中横向流速分量 u_y 远小于纵向流速分量 u_x，如果忽略横向流速分量 u_y，并假设污染物为持久性污染物，那么当 $x=u_xt$，$y=0$ 时，浓度最大，即污染水团中心位置为

$$\begin{cases} x = u_x t \\ y = 0 \end{cases}$$

污染水团中心浓度或最大浓度为

$$C_{\max}(t) = \frac{W}{4\pi h t\sqrt{E_x E_y}} \tag{4-39}$$

若令 $C(x, y, z) = C_0$，C_0为预先给定的浓度值，则河心瞬时源在任一时刻 t，浓度为 C_0的等浓度轨线是椭圆，椭圆内部污染带浓度均大于 C_0，椭圆外部污染带浓度均低于 C_0。若取 $C_0=C_S-\overline{C}$，C_S为评价河段所执行的水质标准，$\overline{C}$为评价河段现状本底浓度，则椭圆覆盖水面区域即为超标污染带区域。t 时刻时超标污染带面积为

$$S(t) = 4\pi t\sqrt{E_x E_y}\ln\frac{C_{\max}}{C_0} \tag{4-40}$$

超标污染带（浓度大于 C_0）面积达最大值时的条件为

$$C_{\max} = C_0 \mathrm{e} \tag{4-41}$$

超标污染带面积达最大值的相应时刻为

$$t_{\max} = \frac{W}{4\pi h C_0 \mathrm{e}\sqrt{E_x E_y}} \tag{4-42}$$

最大超标污染带面积为

$$S_{\max} = \frac{W}{h C_0 \mathrm{e}} \tag{4-43}$$

式（4-43）即为河心瞬时点源造成超标污染带最大面积 $S_{\max}$ 的计算公式。$S_{\max}$ 与污染物瞬时投放量 W 成正比，与河流平均深度（或水体有效扩散深度）h 及预先指定的浓度 C_0成反比。

对于岸边排放瞬时点源最大超标污染带面积，采用类似的方法可以得到：超标污染带面积达最大值的条件仍为 $C_{\max}=C_0\mathrm{e}$，超标污染带面积最大值的计算公式仍为 $S_{\max}=\frac{W}{hC_0\mathrm{e}}$，但超标面积达到最大值的时间为河心排放情形的 2 倍，即

$$t_{\max} = \frac{W}{2\pi h C_0 \mathrm{e}\sqrt{E_x E_y}} \tag{4-44}$$

（3）三维水质模型。当在 x、y、z 方向都存在浓度梯度时，与一维、二维模型建立的原理相同，可建立三维基本模型，即

$$\frac{\partial C}{\partial t} = E_x\frac{\partial^2 C}{\partial x^2} + E_y\frac{\partial^2 C}{\partial y^2} + E_z\frac{\partial^2 C}{\partial z^2} - u_x\frac{\partial C}{\partial x} - u_y\frac{\partial C}{\partial y} - u_z\frac{\partial C}{\partial z} - kC \tag{4-45}$$

由于人类所处的空间为三维空间，所以式（4-45）可以认为是环境中污染物迁移、转化的基本方程，它和环境流体介质的运动方程耦合运用，就可以模拟污染物在环境介质中的迁移、转化过程。但是，实际要解这个方程很困难，在实际工作中往往根据实际情况做各种简化。

4. S—P 耦合模型

河水中溶解氧浓度（DO）是表征水质洁净程度的重要参数之一，而排入河流的 BOD 在

衰减过程中不断消耗着溶解氧。Streeter 和 Phelps 于 1925 提出了描述一维河流中 BOD 和 DO 消长变化规律的 S—P 模型，它是研究 DO 与 BOD 关系的最早、最简单的耦合模型，迄今仍被广泛应用，也是研究各种修正模型和复杂模型的基础。

S—P 模型的基本假设：①河流为一维恒定流，污染物在河流断面上完全混合；②河流中的 BOD 的衰减和溶解氧的复氧都是一级反应，反应速度是定常的；③河流中的耗氧是由 BOD 衰减引起的，而河流中的溶解氧来源于大气复氧。根据这三点假设，可以写出以下 BOD 和 DO 的耦合方程，即

$$\frac{dL}{dt} = -k_1 L \tag{4-46}$$

$$\frac{dD}{dt} = k_1 L - k_2 D \tag{4-47}$$

式中：L 为河水中的 BOD 值，mg/L；D 为河水中的氧亏值，mg/L；k_1 为河水中的 BOD 衰减（耗氧）系数，1/d；k_2 为河流的复氧系数，1/d；t 为河流的流行时间，d。

式（4-46）和式（4-47）的解析解为

$$L = L_0 \exp(-k_1 t) \tag{4-48}$$

$$D = \frac{k_1 L_0}{k_2 - k_1}[\exp(-k_1 t) - \exp(-k_2 t)] + D_0 \exp(-k_2 t) \tag{4-49}$$

式中：L_0 为河水起始点的 BOD 值，mg/L；D_0 为河水中起始点的氧亏值，mg/L。

式（4-49）表示河流的氧亏变化规律。如果以河流的溶解氧表示，则为 S—P 氧垂公式，即

$$\begin{aligned} C(O) &= C(O_S) - D \\ &= C(O_S) - \frac{k_1 L_0}{k_2 - k_1}[\exp(-k_1 t) - \exp(-k_2 t)] - D_0 \exp(-k_2 t) \end{aligned} \tag{4-50}$$

式中：$C(O)$ 为河水中的溶解氧，mg/L；$C(O_S)$ 为饱和溶解氧，mg/L。

根据 S—P 氧垂公式绘制的溶解氧沿程变化曲线称为氧垂曲线（见图 4-4）。

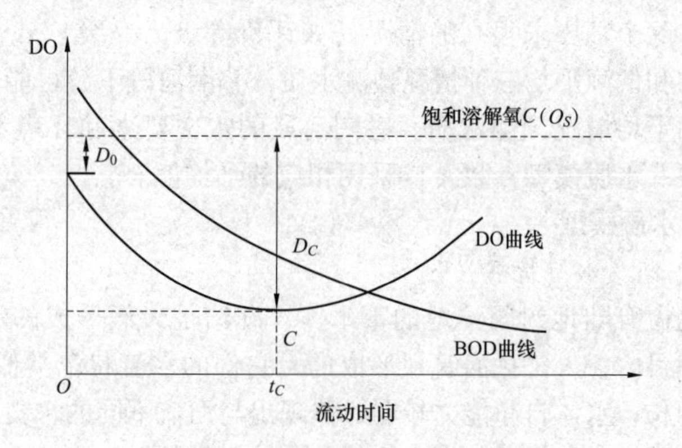

图 4-4　氧垂曲线示意图

从图 4-4 中可以看出，沿河水流动方向的溶解氧分布为一悬索型曲线。氧垂曲线的最低点 C 称为临界氧亏点，临界氧亏点的亏氧量称为最大亏氧值。在临界氧亏点左侧，耗氧大于复氧，水中的溶解氧逐渐减少，污染物浓度因生物净化作用而逐渐减少；达到临界氧亏

点时，耗氧和复氧取得平衡；临界点右侧，复氧量超过了耗氧量，水中溶解氧逐渐增多，水质逐渐恢复。在临界点，河水的氧亏量最大，且变化速率为零，由下式可以计算出临界氧亏值

$$\frac{\mathrm{d}D}{\mathrm{d}t} = k_1 L - k_2 D = 0 \tag{4-51}$$

由此得

$$D_C = \frac{k_1}{k_2} L_0 \exp(-k_1 t_C) \tag{4-52}$$

式中：D_C为临界氧亏值，mg/L；t_C为由起始点到达临界点的流动时间，d。

临界氧亏发生的时间 t_C可以由下式计算

$$t_C = \frac{1}{k_2 - k_1} \ln\left\{\frac{k_2}{k_1}\left[1 - \frac{D_0(k_2 - k_1)}{L_0 k_1}\right]\right\} \tag{4-53}$$

S—P 模型在水质影响预测中有广泛应用，后人在 S—P 模型的基础上，结合河流自净过程中的不同影响因素，提出了一些修正模型。例如，托马斯（H. Thomas Jr，1937 年）引入悬浮物沉降作用对 BOD 衰减的影响，奥康纳（D. O’Connor，1961 年）考虑了含氮污染物的影响。

5. 河流水质模型选用的一般原则

河流水质模型众多，在选用模型时应特别注意模型的使用条件和适用范围，模型选用恰当与否，直接影响到预测结果的可信度。在利用数学模型预测河流水质时，应注意以下几点。

（1）充分混合段：充分混合段一般采用一维水质模型或零维水质模型预测断面平均水质。

（2）混合过程段：大、中河流一、二级评价，且排放口下游 3～5km 以内有集中取水点或其他特别重要的环境保护目标时，一般应采用二维水质模型预测混合过程段水质。其他情况可根据工程、环境特点、评价工作等级及当地环保要求，决定是否采用二维水质模型。

（3）感潮河段：除个别要求很高的情况（如评价等级为一级）外，感潮河段一般可按潮周平均、高潮平均和低潮平均三种情况预测水质。感潮河段下游可能出现上溯流动，此时可按上溯流动期间的平均情况预测水质。感潮河段的水文要素和环境水力学参数（主要是指水体混合输移参数及水质模型参数）应采用相应的平均值。

三、湖泊、水库水质模型

1. 湖泊、水库水文及水质特征

湖泊水库系长期占有陆地封闭洼地的蓄水体，湖泊是天然形成的。水库是以发电、蓄洪、航运、灌溉等为目的，人工拦河筑坝形成的，它们的水流状况类似，水面积一般较大、水流缓慢、换水周期长，水体自净能力较弱，体现出与河流不同的水文、水质特征，集中体现在湖泊、水库的水温垂直分层现象和水体的富营养化问题上。

（1）湖泊、水库的水温结构特性。湖泊、水库内的水温状况，既受气象的影响，也受湖泊、水库大小、水深、水流缓急状况及水库调度运行的影响。一般情况下，对于水深 8m 以下的浅水湖泊，可将水体看成一个均匀的混合体；当湖泊、水库较深时，常常存在温度分层现象。

湖泊、水库通过水面与外界之间进行热交换。在夏季，水体表层受热快，水温升高，形成湖泊、水库表温水层，而底层光照少，受热少，水温较低，温水在冷水之上，这种上层暖（轻）、下层冷（重）的密度结构使湖泊、水库形成稳定的水温结构。湖泊、水库的水在垂直方向的密度梯度使上、下水体间很难发生掺渗，从而形成稳定的温跃层。一般水体在垂直方向从上到下分为三层（见图4-5）：上部温水层、中部温跃层（又称为斜温层）、底部均温层。在上部温水层中，受风的动力作用，水层混合比较剧烈，导致水温垂向分布均匀化，水温通常较高，因此称为温水层；中部温跃层温度梯度最大，混合能力最弱；底部均温层，通常水温比较低，又称为底部冷水层。

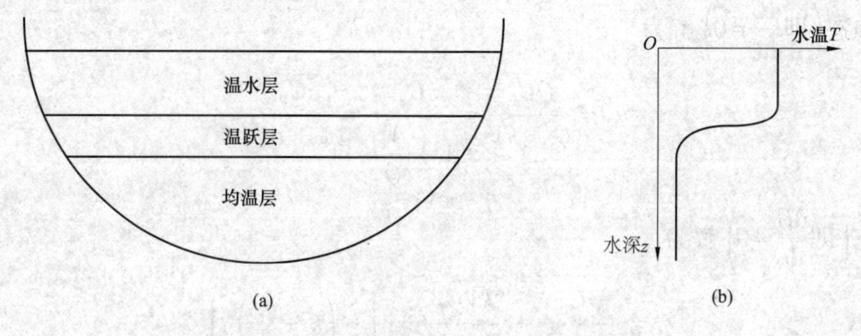

图4-5　夏季湖泊、水库的水温分层现象

到了秋末冬初，由于气温的下降，湖泊、水库表层水冷却，密度增大，向下沉降，温跃层逐渐消失，湖泊、水库上部形成一个温度均匀的掺混层，其厚度随时间而逐渐增加，当对流现象达到整个水深时，就出现了整个湖泊、水库的水质循环，称为“翻池”。翻池现象有时在春末夏初也可能出现。

（2）湖泊、水库水体的富营养化。湖泊、水库除水体入口和出口外，其余均为沿岸带围绕而成，具有较强的封闭性，可认为属于静水环境，水体的大气复氧能力十分有限，水体的富营养化程度成为湖泊、水库水质表征的一项重要指标。

根据湖泊和水库中营养物质含量的高低，可以把它们分为贫营养型和富营养型。贫营养型湖泊、水库中的养分少，生物有机体数量不多，生物产量低；反之，富营养型湖泊、水库中的养分多，生产率高。湖泊、水库的富营养化是指湖泊、水库由低浮游生物生产率（贫营养型）转变成高浮游生物生产率（富营养型）的过程。从湖泊、水库的发展历程来看，湖泊、水库从贫营养型向富营养型过渡是一个正常的过程，在自然状态下，这个过程进展相当缓慢。但是，人类的活动已大大加速了湖泊、水库富营养化的进程。

湖泊、水库的富营养化经常发于夏季，水体的热分层现象促使了水体富营养化的发生。在夏季，光照充足，表层温度高，在有充足物资（营养盐）供应的情况下，水体中藻类的光合作用大大加强，藻类大量繁殖，并且夏季水体的热分层现象也将导致下层水体溶解氧降低，在缺氧状况下底泥中的磷释放，进一步提高水体中磷的含量，加剧水体富营养化的发生。水体富营养化状况在春秋季会得到一定程度的缓解，因为在春秋季，表层水体温度与底层水温逐渐趋于一致。

2. 湖泊、水库水质模型

（1）湖泊、水库完全混合箱式水质模型。对于停留时间很长、水质基本处于稳定状态的中小型湖泊和水库，可以视为一个完全混合的反应器，其水质变化可用零维水质模型来描

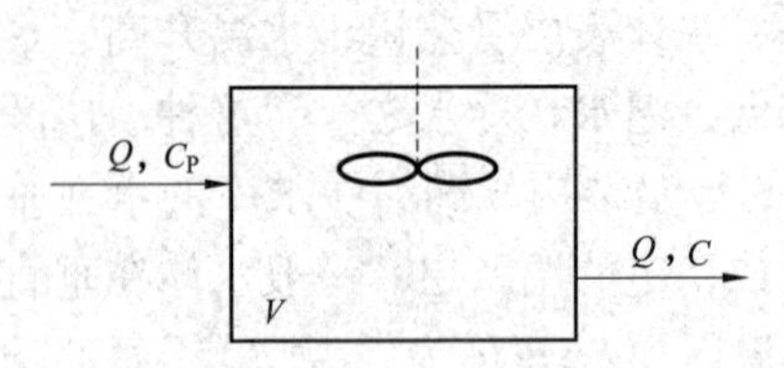

图 4-6 湖泊、水库箱式模型示意图

述。设 V 为湖泊、水库的容积；Q 为输入介质流量，同时也是输出介质流量；C_P 为输入介质中的污染物浓度；C 为输出介质中的污染物浓度，也是反应器中的污染物浓度（见图 4-6）；k 为污染物的衰减反应速率。

在不考虑污染物的源与汇的情况下，根据质量守恒原理，有

$$V\frac{\mathrm{d}C}{\mathrm{d}t} = QC_P - QC - kVC \tag{4-54}$$

解得稳态$\left(\text{即}\frac{\mathrm{d}C}{\mathrm{d}t}=0\right)$解为

$$C = \frac{QC_P}{Q + kV} = \frac{C_P}{1 + \frac{V}{Q}k} = \frac{C_P}{1 + t_w k} \tag{4-55}$$

非稳态$\left(\text{即}\frac{\mathrm{d}C}{\mathrm{d}t}\neq 0\right)$解为

$$C = \frac{QC_P}{Q + kV} + \frac{kVC_P}{Q + kV}\exp\left[-\left(k + \frac{Q}{V}\right)t\right] \tag{4-56}$$

式中：t 为预测时间；t_w为理论停留时间，$t_w = \frac{V}{Q}$。

（2）湖泊、水库的富营养化预测模型。经典的湖泊、水库营养盐负荷预测模型包括沃伦威德（Vollenweider）负荷模型和迪龙（Dillon）负荷模型等。

1）沃伦威德负荷模型。沃伦威德最早提出湖泊、水库中磷负荷与水体中藻类生物量存在一定关系，于 1976 年提出了营养盐负荷模型，即

$$[P] = \frac{L_P}{q(1 + \sqrt{T_R})} \tag{4-57}$$

式中：$[P]$ 为磷的年平均浓度，mg/m^3；L_P为单位水面面积的年总磷负荷，mg/m^2；q 为单位水面面积的年入流水量，m^3/m^2；T_R为容积与年出流水量的比值，m^3/m^3。

2）迪龙负荷模型。在沃伦威德模型的基础上，Dillon 和 Rigler 收集了南安大约 18 个湖的数据，提出适合估算春季对流期磷的湖内平均浓度的磷负荷模型，即

$$[P] = \frac{L_P T_R(1 - \varphi)}{h}, \quad \varphi = 1 - \frac{q_0[P]_0}{\sum_{i=1}^{N} q_i[P]_i}, \quad \bar{h} = \frac{\bar{V}}{A} \tag{4-58}$$

式中：$[P]$ 为春季对流时期的磷平均浓度，mg/L；φ 为磷滞留系数；q_0为湖泊出流水量，m^3/a；$[P]_0$为出流磷浓度，mg/L；N 为入流源数目；q_i为由源 i 的入湖水量，m^3/a；$[P]_i$ 为入流 i 的磷浓度，mg/L；$\bar{h}$为平均深度，m；$\bar{V}$为湖泊平均蓄水体积，m^3；A 为湖泊平均水面积，m^2。

Dillon 负荷模型最大的特点在于它引入磷滞留系数 φ，解决了模型中湖、库污染物衰减系数 k 难以在实验室测定的问题。

对于湖泊、水库夏季水温分层情况，需要采用分层箱式水质模型来描述水质的变化趋

势。分层箱式水质模型分为夏季模型和冬季模型，夏季模型考虑上、下分层现象，上层和下层各视为完全混合箱体；冬季则将整个湖区视为一个箱体。

四、水质模型的参数估值

水质模型预测结果的准确性往往依赖于模型中的参数取值，如水质模型中的扩散系数 E_x 和 E_y、河水中 BOD 衰减（耗氧）系数 k_1 和河流复氧系数 k_2 等。对模型参数的估值有多种方法。

（1）基于回归拟合的方法：包括图解法、一元线性回归分析、多元线性回归分析等。

（2）基于试验或经验的方法：物理意义明确的参数可通过试验测定的方法辅助确定，如耗氧速率等；但对于复杂环境系统的模拟模型，一般很难通过试验测定来确定模型参数，通常采用特定的方式进行参数识别；对于某些参数，特别是一些使用频率很高的参数，人们经过长期研究提出了很多经验公式，这些公式在一定条件下适用。

（3）基于搜索的方法：根据搜索方式的不同，可分为网格法、最优化方法和随机采样方法等。

根据同步估值参数的多少，采用不同的估值方法：对于单参数估值，通常采用回归法或试验法；对于多参数最优化估值，通常根据现场实测的水质监测数据，利用最优化方法和计算机技术进行多参数同时估值。

1. 水质模型的单参数估值

（1）扩散系数 E_x、E_y 的估值。

1）经验公式。一个流量恒定、无河湾的顺直河段，如果河流的宽度很大而水深相对较浅，那么其垂直向扩散系数 E_z、横向扩散系数 E_y、纵向扩散系数 E_x 的表达式分别为

$$E_z = a_z H u^* \tag{4-59}$$

$$E_y = a_y H u^* \tag{4-60}$$

$$E_x = a_x H u^* \tag{4-61}$$

式中：H 为平均水深，m；a_x、a_y、a_z 为系数；u^* 为剪切流速（也称为摩阻流速），m/s。

剪切流速的计算公式为

$$u^* = \sqrt{gHI} \tag{4-62}$$

式中：g 为重力加速度，m/s^2；I 为水力坡度（水面比降）。

在室内实验室测得的 a_x、a_y、a_z 值均偏小，一般不能直接用于天然河流，在天然河流条件下，取值变动较大。一般河流的 a_z 为 0.067 左右；对于 a_y，费歇尔（Fischer）总结了许多矩形明渠 a_y 的数据，得出 a_y 为 0.1～0.2，平均为 0.15，有些灌溉渠道达 0.25。根据中国的一些实测数据统计，当 $B/H \leqslant 100$ 时，a_y 的近似计算公式为

$$a_y = 0.058H + 0.0065B \tag{4-63}$$

式中：H 为河流断面的平均水深，m；B 为河流水面的宽度，m。

天然河流的 a_x 变化幅度很大，对于河宽为 15～60m 的河流，a_x 为 14～650（多数在 140～300）。

2）示踪试验法。示踪试验法是向水体中投放示踪物质，追踪测定其浓度变化，据以计算所需要的环境水力学参数的方法。示踪物质包括无机盐类（如 NaCl、LiCl 等）、荧光物质（如若丹明 B 或 W）和放射性同位素等。可以根据水力条件，采用不同的排放方式，应用不

同的拟合手段，求出横向扩散系数 E_y、纵向扩散系数 E_x 等。如果按瞬时源方式投放，则可使用非线性逼近法求解 E_x；如果按连续源方式投放，则可使用矩量改变法计算 E_y 等。有学者通过数学推导，提出通过一次示踪实验同时确定 E_x 和 E_y 的线性回归法。

在河面较宽的顺直河段，对于中心瞬时排放的持久性污染物，其浓度公式可依据式（4-36）写成

$$C(x, y, t)=\frac{W}{4\pi ht\sqrt{E_xE_y}}\exp\left[-\frac{(x-u_xt)^2}{4E_xt}-\frac{(x-u_yt)^2}{4E_yt}\right] \tag{4-64}$$

即对于投放点下游任意固定点（x，y），浓度 C 是时间 t 的一元函数，它关于时间 t 的一阶导数为

$$C'_t=C\left[-\frac{1}{t}+\frac{1}{t^2}\left(\frac{x^2}{4E_x}+\frac{y^2}{4E_y}\right)-\left(\frac{u_x^2}{4E_x}+\frac{u_y^2}{4E_y}\right)\right] \tag{4-65}$$

若令：$T=t^2$，$Y=t\left(1+\frac{tC'_t}{C}\right)$，$A=-\left(\frac{u_x^2}{4E_x}+\frac{u_y^2}{4E_y}\right)$，$B=\frac{u_x^2}{4E_x}+\frac{u_y^2}{4E_y}$，则式（4-65）可改写为

$$Y=AT+B \tag{4-66}$$

变量 Y 与变量 T 呈线性关系。

因此，如果在某顺直河段进行河中心瞬时源排放示踪实验中，在投放点下游$(x，y)$处设站观测，定时采样、分析，则可得到示踪剂浓度随时间变化的实测数列｛C（t_1），C（t_2），…，C（t_n）｝。C'_t可由差商近似，或者根据一阶导数的几何意义直接由浓度随时间变化的 C-t 曲线上量得，从而可以计算每一时刻 t 对应的 Y 和 T 值。因此，从示踪实验的实测数列就可得到点列｛（T_i，Y_i）｜$i=1$，2，…，n｝。假设后者的变化规律可以用式（4-66）来拟合，那么应用一元线性回归方法可求得系数 A 与 B。当河流的平均纵向流速 u_x 和平均横向流速 u_y 为已知时，由方程组

$$\begin{cases}\frac{u_x^2}{4E_x}+\frac{u_y^2}{4E_y}=-A\\ \frac{x^2}{4E_x}+\frac{y^2}{4E_y}=B\end{cases} \tag{4-67}$$

解得

$$\begin{cases}E_x=\frac{x^2u_y^2-y^2u_x^2}{4(Ay^2+Bu_y^2)}\\ E_y=\frac{y^2u_x^2-x^2u_y^2}{4(Ax^2+Bu_x^2)}\end{cases} \tag{4-68}$$

（2）耗氧系数 k_1 的估值。

1）实验室测定值修正法。实验室测定 k_1 的理想方法是用自动 BOD 测定仪，描绘出所要研究河段水样的 BOD 历程曲线。在没有自动检测仪时，可将同一种水样分为 10 瓶（或更多瓶）放入 20℃培养箱培养，分别测定 1~10 天或更长时间的 BOD 值。

由式（4-48）可知，水体中的 BOD 值 $L=L_0\exp$（$-k_1t$），L_0 为 $t=0$ 时的 BOD，则已降解的 BOD 为

$$y(t)=L_0-L=L_0[1-\exp(-k_1t)]$$

用级数展开，得

$$1-\exp(-k_1t)=k_1t\left[1-\frac{k_1t}{2}+\frac{(k_1t)^2}{6}-\frac{(k_1t)^3}{24}+\cdots\right]$$

由于

$$k_1t\left(1+\frac{k_1t}{6}\right)^{-3}=k_1t\left[1-\frac{k_1t}{2}+\frac{(k_1t)^2}{6}-\frac{(k_1t)^3}{24}+\cdots\right]$$

两式很接近，故可将 y（t）写成

$$y(t)=L_0k_1t\left(1+\frac{k_1t}{6}\right)^{-3} \tag{4-69}$$

即

$$\left[\frac{t}{y(t)}\right]^{1/3}=(L_0k_1)^{-1/3}+\left(\frac{k_1^{2/3}}{6L_a^{1/3}}\right)t$$

令 $a=(L_0k_1)^{-1/3}$，$b=\left(\frac{k_1^{2/3}}{6L_a^{1/3}}\right)$，应用线性回归方法可求得 a、b，进而可求得 k_1 值，即

$$k_1=6\frac{b}{a},\ L_0=\frac{1}{k_1a^3} \tag{4-70}$$

一般来说，实验室测定的 k_1 可以直接用于湖泊和水库的模拟；但对于河流中的生化降解，实验室测定的 k_1 一般比实际的 k_1 小，因此需要做修正。波斯柯（K. Bosko，1966 年）提出应按河流的水力坡度 I、平均流速 $\bar{u}$ 和水深 h 对实验室测定的 k_1 进行修正，即

$$k'_1=k_1+(0.11+54I)\frac{\bar{u}}{h} \tag{4-71}$$

在实际应用中，k'_1 仍写作 k_1。

2）两点法。利用式（4-51）的关系，通过测定河流上、下两断面的 BOD 值求 k_1，可得

$$k_1=\frac{1}{t}\ln\left(\frac{L_A}{L_B}\right) \tag{4-72}$$

式中：L_A，L_B 为河流上游断面 A 和下游断面 B 的 BOD 值；t 为两个断面间的流行时间。

此法应用的条件是：在断面 A 和断面 B 之间无废水和支流流入。这种方法虽然简单，但是误差较大。为减小误差，上、下游可多取几个断面，得到几个 k_1，然后取平均值。

(3) 复氧系数 k_2 的估值。对于复氧系数 k_2，有许多经验公式，其中以奥康纳—道宾斯（O' Connor-Dobbins，简称奥—道）公式使用得最普遍。

当 $C_z \geq 17$ 时，有

$$k_2=\frac{294(D_m u_x)^{0.5}}{h^{1.5}} \tag{4-73}$$

当 $C_z<17$ 时，有

$$k_2=\frac{824D_m^{0.5}I^{0.25}}{h^{1.25}} \tag{4-74}$$

其中

$$C_z = \frac{1}{n} h^{1/6},\ D_m = 1.774 \times 10^{-4} \times 1.037^{(T-20)}$$

式中：u_x为平均流速，m/s。h为平均水深，m。I为水力坡度。C_z为谢才系数。D_m为分子扩散系数。n为河床粗糙率。对于河床为砂质、河床较平整的天然河道，n值为0.020~0.024；而对于河床为卵石块、床面不平整的河道，n值为0.035~0.040。T为水温，℃。

2. 水质模型的多参数同时估值

在没有条件逐项测定模型中的各个参数时，可采用多参数同时估值法。多参数同时估值法是根据实测的水文、水质数据，利用数学中的优化方法，同时确定多个环境水力学参数和模型参数的方法。目前已有很多方法被采用，例如，最速下降法、计算机扫描计算—图解—梯度搜索法、复合形法、正交优化法、遗传算法、模拟退火算法、参数反演算法等。其中，最速下降法是较为常用的方法。该法是从给定初始点出发，在该点的一阶负梯度方向（即该点的目标函数值下降速率最快的方向），按一定的步长进行搜索。通过点的移动，逐步优化目标函数值并得到新的起点。如此反复迭代计算，直到目标函数值满足预定要求，此时得到的点的数值就是优化估算的参数值。

多参数优化法所需要的数据，因被估值的环境模型系数和水力学参数及采用的数学模型不同而不同。采用多参数同时估值法时，往往由于基础的监测数据不足，造成所获得的结果可靠性较差。

五、水质模型的检验

水质模型的检验是指利用与模型参数估值所用数据无关的污染负荷、流量、水温等数据进行水质计算，验证模型计算结果与现场实测数据是否较好地相符。模型的计算结果和试验观测数据之间的吻合程度可以采用图形表示法、相关系数法、相对误差法等方法进行判断。

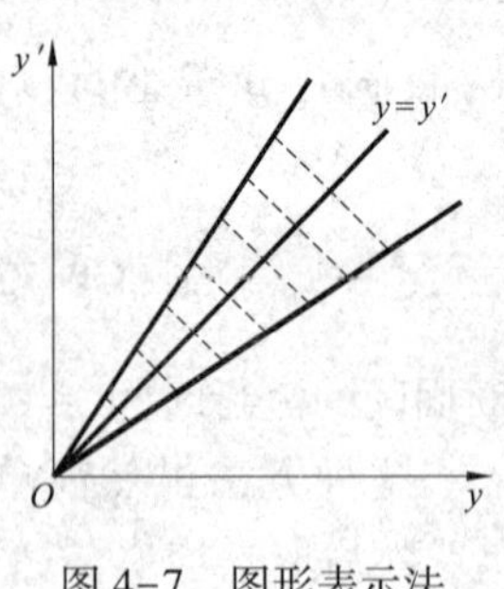

图4-7 图形表示法

1. 图形表示法

模型验证最简单的方法是将观测数据y_i与模型计算值y_i'的对应点绘在直角坐标图上。根据给定的误差要求画出一个区域（见图4-7），如果模型计算值和观测值很接近，则所有的观测点都应该落在该区域内。用图形表示模型的验证结果非常直观，但由于不能用数值来表示，其结果不便于相互比较。

2. 相关系数法

相关系数r是用来度量计算值和观测值的吻合程度的量，其计算公式为

$$r = \frac{\sum_{i=1}^{n} (y_i - \overline{y})(y'_i - \overline{y'_i})}{\sqrt{\sum_{i=1}^{n} (y_i - \overline{y})^2 (y'_i - \overline{y'_i})^2}} \tag{4-75}$$

式中：y_i，y_i'为测量值和计算值；$\overline{y}$，$\overline{y_i'}$为测量值和计算值的平均值。

相关系数r越大，相关性越好，当$r=1$时，y_i与y_i'完全线性相关，模型的计算结果和观

测值十分吻合；当 $r=0$ 时，y_i 与 y_i' 完全没有相关性，说明所建模型的计算结果不可信。

3. 相对误差法

相对误差 e_i 的定义为

$$e_i = \frac{|y_i - y'_i|}{y_i} \tag{4-76}$$

可通过作图法绘制误差累积频率曲线来求得相对误差 e_i，进而检验模型的精度，其步骤如下。

（1）将 n 组观测值与计算值按 e_i 的定义式来计算，得到 n 个相对误差值 e_i。

（2）将这 n 个误差值从小到大排列，以求得小于某一误差值的误差出现频率，以及累积频率为 10%、50%、90%的误差。

（3）分析这三个误差值，检验模型的精确度。

一般认为这种表达方法在上、下区界（10%、90%）附近的统计分布很差，因此通常采用中值误差（累积频率为 50%）作为衡量模型精确度的度量。如果中值误差不大于 10%，则认为模型的精确度可以满足要求。中值误差的数值可按下式计算

$$e_{0.5} = 0.6745\sqrt{\frac{\sum_{i=1}^{n}\left(\frac{y_i - y'_i}{y_i}\right)^2}{n-1}} \tag{4-77}$$

第三节　地表水环境影响识别与现状评价

进行水环境现状调查的目的是了解评价范围内的水环境质量，是否满足水体功能使用要求；取得必要的背景资料，以此为基础进行计算预测；比较项目建设前后水质指标的变化情况。水环境现状调查应尽量利用现有数据，数据不足时需进行实测。

各类地面水域规模划分、环境现状的调查范围及时间

一、水质监测

1. 水质监测项目

水质监测所包括的项目有两类，一类是常规水质参数，它们能反映评价水体水质的一般状况；另一类是特征水质参数，它们能代表或反映建设项目建成投产后排放废水的性质。

常规水质参数以《地表水环境质量标准》（GB 3838—2002）中所提出的 pH、DO、OC、BOD_5、NH_3-N、挥发酚、石油类、氰化物、铜、锌、砷、汞、铬（六价）、总磷，以及水温为基础，根据水域类别、评价等级、污染源状况适当删减。

特征水质参数应根据建设项目的特点、水域类别及评价等级选定。不同行业的特征水质参数可参阅《环境影响评价技术导则　地面水环境》（HJ/T 2.3—1993）中的相关规定。

当受纳水体的环境保护要求较高（如自然保护区、饮用水源保护区、珍贵水生生物保护区、经济鱼类养殖区等），且评价等级为一、二级时，应考虑调查水生生物和底泥，调查项目可根据具体工作要求确定，或从下列项目中选择部分内容。

（1）水生生物方面：浮游动植物、藻类、底栖无脊椎动物的种类和数量、水生生物群落结构等。

（2）底泥方面：主要调查与拟建工程排水性质有关的易积累的污染物。

2. 河流监测断面的布设原则

在调查范围的两端应布设监测断面，调查范围内的重点保护水域、重点保护对象附近水域应布设监测断面，水文特征突然变化处（如支流汇入处等）、水质急剧变化处（如污水排入处等）、重点水工构筑物（如取水口、桥梁涵洞等）附近、水文站附近等应布设监测断面。

此外，在拟建排污口上游500m处应设一个监测断面。

3. 取样点的布设

（1）取样垂线的确定。当河流断面形状为矩形或近似于矩形时，可按下列原则布设。

1）小河：在取样断面的主流线上设一条取样垂线。

2）大、中河：河宽小于50m者，在监测断面上各距岸边1/3水面宽处设一条取样垂线（垂线应设在有较明显水流处），共设两条取样垂线；河宽大于50m者，在监测断面的主流线上及距离两岸不少于0.5m，并有明显水流的地方，各设一条取样垂线，共设三条取样垂线。

3）特大河（如长江、黄河、珠江等）：由于河流过宽，监测断面上的取样垂线应适当增加，而且主流线两侧的垂线不必相等，拟设置排污口一侧可以多设一些。

当断面形状十分不规则时，应结合主流线的位置，适当调整取样垂线的位置和数目。

（2）垂线上取样水深的确定。在一条垂线上，水深大于5m时，在水面下0.5m水深处及在距河底0.5m处，各取样一个；水深为1~5m时，只在水面下0.5m处取一个样；水深不足1m时，取样点距水面不应小于0.3m，距河底也不应小于0.3m。对于三级评价的小河不论河水深浅，只在一条垂线上的一个点取一个样，一般情况下取样点应在水面下0.5m处，距河底不应小于0.3m。

4. 水样的对待

（1）三级评价：需要预测混合过程段水质的场合，每次应将该段内各监测断面中每条垂线上的水样混合成一个水样。对于其他情况，每个监测断面每次只取一个混合水样，即在该断面上，各处所取的水样混匀成一个水样。

（2）二级评价：同三级评价。

（3）一级评价：每个取样点的水样均应分析，不取混合样。

河口、湖泊、海湾等地表水体及各类水体的监测频次可参阅《环境影响评价技术导则 地面水环境》（HJ/T 2.3—1993）中的相关规定。

二、水质现状评价

地表水水质现状评价是在水质现状监测的基础上展开的，是水质调查的继续。评价水质现状主要采用文字分析与描述，并辅之以数学表达式。在文字分析与描述中，有时可采用检出率、超标率等统计值。数学表达式分两种：一种用于单项水质参数评价；另一种用于多项水质参数综合评价。单项水质参数评价简单明了，可以直接了解该水质参数现状与标准的关系，一般均可采用。多项水质参数综合评价只在调查的水质参数较多时方可使用。此方法只能了解多个水质参数的综合现状与相应标准的综合情况之间的某种相对关系。

1. 评价标准

地表水的评价标准应采用《地表水环境质量标准》（GB 3838—2002）、海水水质标准（GB 3097—1997）或者相应的地方标准，国内无标准规定的水质参数可参考国外标准或采用经主管部门批准的临时标准。评价区内不同功能的水域应采用不同类别的水质标准。

综合水质的分级应与 GB 3838—2002 中水域功能的分类一致，其分级判据与所采用的多项水质参数综合评价方法有关。

2. 水质参数的取值

在单项水质参数评价中，用于地表水环境现状评价的水质参数通常应采用经过统计检验、剔除离群值后的多次监测数据的平均值。在实际工作中，往往监测数据样本量较小，难以利用统计检验剔除离群值。此时，如果水质参数变化幅度非常大，则应考虑高值的影响，可采用内梅罗（Nemerow）平均值或其他计算高值影响的平均值。内梅罗法的计算公式为

$$c = \sqrt{\frac{c_{\text{ext}}^2 + c_{\text{ave}}^2}{2}} \tag{4-78}$$

式中：c 为某参数的评价浓度值，mg/L。c_{ave} 为某参数监测数据（共 k 个）的平均值，mg/L。c_{ext} 为某参数监测数据集中的极值。c_{ext} 通常取水质最差的极值，如 COD 等污染物浓度常取最大值，而溶解氧（DO）浓度则取最小值。

3. 单项水质参数评价

单项水质参数评价建议采用标准指数法。单项水质参数 i 在第 j 点的标准指数为

$$S_{i,j} = \frac{c_{i,j}}{c_{\text{si}}} \tag{4-79}$$

式中：$S_{i,j}$ 为单项水质参数 i 在第 j 点的标准指数；$c_{i,j}$ 为污染物 i 在第 j 点（预测点或监测点）的浓度，mg/L；c_{si} 为水质参数 i 的地表水相关标准的浓度限值，mg/L。

由于溶解氧和 pH 值与其他水质参数的性质不同，所以需要采用不同的指数单元。DO 的标准指数为

$$S_{DO,j} = \begin{cases} \dfrac{DO_{\text{f}} - DO_j}{DO_{\text{f}} - DO_{\text{s}}}, & DO_j \geqslant DO_{\text{s}} \\ 10 - 9\dfrac{DO_j}{DO_{\text{s}}}, & DO_j < DO_{\text{s}} \end{cases} \tag{4-80}$$

式中：$S_{DO,j}$ 为第 j 点的溶解氧标准指数。DO_j 为第 j 点的溶解氧浓度，mg/L。DO_{s} 为溶解氧的评价标准限定值，mg/L。DO_{f} 为某水温、气压条件下的饱和溶解氧浓度，mg/L。其计算公式为

$$DO_{\text{f}} = \frac{468}{31.6 + T} \tag{4-81}$$

式中：T 为水温，℃。

pH 值的标准指数为

$$S_{\text{pH},j} = \begin{cases} \dfrac{7.0 - \text{pH}_j}{7.0 - \text{pH}_{\text{sd}}}, & \text{pH}_j \leqslant 7.0 \\ \dfrac{\text{pH}_j - 7.0}{\text{pH}_{\text{su}} - 7.0}, & \text{pH} < 7.0 \end{cases} \tag{4-82}$$

式中：$S_{\text{pH},j}$ 为第 j 点的 pH 值标准指数；pH_j 为第 j 点的 pH 值；pH_{sd} 为地表水水质标准中规定的 pH 值下限；pH_{su} 为地表水水质标准中规定的 pH 值上限。

水质参数的标准指数>1，表明该水质参数超出了规定的水质标准，已经不能满足使用功能的要求。

4. 多项水质参数综合评价方法

多项水质参数综合评价的方法很多，可根据水体水质数据的统计特点选用以下方法之一对水体水质进行综合评价。

（1）幂指数法。幂指数型水质指数 S 的表达式为

$$S_j = \prod_{i=1}^{m} I_{i,j}^{W_i} (0 < I_{i,j} \leqslant 1, \ \sum_{i=1}^{m} W_i = 1) \tag{4-83}$$

首先根据实际情况和各类功能水质标准绘制 I_i—c_i 关系曲线，然后由 $c_{i,j}$ 在曲线上找到相应的 $I_{i,j}$ 值。

（2）加权平均法。此法所求 j 点的综合评价指数 S 可表示为

$$S_j = \sum_{i=1}^{m} W_i S_{i,j}, \ (\sum_{i=1}^{m} W_i = 1) \tag{4-84}$$

（3）向量模法。此法所求 j 点的综合评价指数 S 可表示为

$$S_j = \left[\frac{1}{m} \sum_{i=1}^{m} S_{i,j}^2 \right]^{1/2} \tag{4-85}$$

（4）算术平均法。此法所求 j 点的综合评价指数 S 可表示为

$$S_j = \frac{1}{m} \sum_{i=1}^{m} S_{i,j} \tag{4-86}$$

以上各种综合评价方法中，幂指数法适合于各水质参数标准指数单元相差较大的情况，加权平均法和算术平均法适合于水质参数的标准指数单元相差不大的情况，向量模法则用于突出污染最重的水质参数的影响。

第四节 地表水环境影响预测

一、预测条件

1. 预测范围

由于地表水水文条件的特点，其预测范围一般与已确定的评价范围一致。

2. 预测点

为了全面地反映拟建项目对该范围内地表水的环境影响，一般应选以下地点为预测点。

（1）已确定的敏感点。

（2）环境现状监测点（以利于进行对比）。

（3）水文特征和水质突变处的上下游、水源地、重要水工建筑物及水文站。

（4）在混合过程段，应设若干预测点。

（5）在排污口下游附近可能出现局部超标的点位。

为了预测超标范围，应自排污口起由密而疏地布设若干预测点，直到达标为止。

3. 预测时期

地表水预测时期包括丰水期、平水期和枯水期三个时期。一般来说，枯水期河水自净能力最弱，平水期居中，丰水期最强。但不少水域因非点源污染可能使丰水期的稀释能力变

弱。冰封期是北方河流特有的现象，此时的自净能力最小。因此对一、二级评价应预测自净能力最小和一般的两个时期环境影响。对于冰封期较长的水域，当其功能为生活饮用水、食品工业用水水源或渔业用水时，还应预测冰封期的环境影响。三级评价或评价时间较短的二级评价可只预测自净能力最小时期的环境影响。

4. 预测阶段

预测阶段一般分建设过程、生产运行和服务期满后三个阶段。所有建设项目均应预测生产运行阶段对地表水体的影响，并按正常排污和不正常排污（包括事故）两种情况进行预测。对于建设过程超过一年的大型建设项目，如果产生流失物较多且受纳水体的水质级别要求较高（在三类以上），则应进行建设阶段环境影响预测。个别建设项目还应根据其性质、评价等级、水环境特点，以及当地的环保要求，预测服务期满后对水体的环境影响（如矿山开发、垃圾填埋场等）。

二、预测方法的选择

预测建设项目对水环境的影响应尽量利用成熟、简便并能满足评价精度和深度要求的方法。

1. 定性分析法

定性分析法分为专业判断法和类比调查法两种。

（1）专业判断法：根据专家经验推断建设项目对水环境的影响，运用专家判断法、智暴法、幕景分析法和德尔斐法等，有助于更好发挥专家的专长和经验。

（2）类比调查法：参照现行类似工程对水体的影响，预测拟建项目对水环境的影响。本法要求拟建项目和现有类似工程在污染物来源和性质上相似，并在数量上存在比例关系。但实际的工程条件和水环境条件往往与拟建项目存在较大差异，因此类比调查法给出的是拟建项目影响大小的估值范围。

定性分析法具有省时、省力、耗资少等优点，并且在某种条件下也可给出明确的结论。定性分析法主要用于三级和部分二级的评价项目和对水体影响较小的水质参数，或解决目前尚无法取得必需的数据而难以应用数学模型预测等情况。

2. 定量预测法

定量预测法是指应用数学模型进行计算预测，是地表水环境影响预测最常用的方法。预测范围内的河段可以分为充分混合段、混合过程段和上游河段。充分混合段是指污染物浓度在断面上均匀分布的河段。当断面上任意一点的浓度与断面平均浓度之差小于平均浓度的5%时，可以认为达到均匀分布。混合过程段是指排放口下游达到充分混合以前的河段。上游河段是排放口上游的河段。混合过程段的长度可由下式估算

$$L=\frac{(0.4B-0.6a)Bu}{(0.058H+0.0065B)(gHi)^{1/2}} \tag{4-87}$$

式中：L 为达到充分混合断面的长度，m；B 为河流宽度，m；a 为排放口到近岸水边的距离，m；u 为河流平均流速，m/s；H 为平均水深，m；g 为重力加速度，9.8m/s^2；i 为河流底坡坡度，‰。

在利用数学模型预测河流水质时，充分混合段可以采用一维模型或零维模型预测断面平均水质。

大、中河流一、二级评价，且排放口下游 3～5km 以内有集中取水点或其他特别重要的

环保目标时，均应采用二维或三维模型预测混合过程段水质。其他情况可根据工程特征、水环境特征，评价工作等级及当地环保要求，决定是否采用二维模型及三维模型。

三、预测水质参数的筛选

建设项目实施过程各阶段拟预测的水质参数应根据工程分析和环境现状、评价等级，以及当地的环保要求筛选和确定。预测水质参数的数目应既说明问题又不过多。一般应少于环境现状调查水质参数的数目。建设过程、生产运行（包括正常和不正常排放两种）、服务期满后各阶段均应根据各自的具体情况决定其预测水质参数，彼此不一定相同。根据上述原则，在环境现状调查水质参数中选择拟预测水质参数。

对河流，可用水质参数排序指标（ISE）选取预测水质因子，其公式为

$$\mathrm{ISE}=\frac{Q_p c_p}{Q_h(c_s - c_h)} \tag{4-88}$$

式中：Q_p为建设项目废水排放量，m^3/s；c_p为建设项目水污染物的排放浓度，mg/L；Q_h为评价河段的河水流量，m^3/s；c_s为水污染物的评价标准限值，mg/L；c_h为评价河段河水中的污染物浓度，mg/L。

ISE越大说明建设项目对河流中该项水质参数的影响越大，当ISE为负值时，说明河水水质本身已经超标。

四、污染源与水体的简化

为了便于进行模型预测常需对污染源和水体做适当简化。地表水环境简化包括边界几何形状的规则化和水文、水力要素时空分布的简化等。这种简化应根据水文调查与水文测量的结果和评价等级等进行。

1. 河流简化

河流可以简化为矩形平直河流、矩形弯曲河流和非矩形河流。河流的断面宽深比大于等于20时，可视为矩形河流。大中河流中，预测河段弯曲较大（如其最大弯曲系数大于1.3）时，可视为弯曲河流，否则可以简化为平直河流。大中河预测河段的断面形状沿程变化较大时，可以分段考虑。大中河流断面上水深变化很大且评价等级较高（如一级评价）时，可以视为非矩形河流并应调查其流场，其他情况均可简化为矩形河流。小河可以简化为矩形平直河流。河流水文特征或水质有急剧变化的河段，可在急剧变化之处分段，对各段分别进行环境影响预测。河网应分段进行环境影响预测。

评价等级为三级时，江心洲、浅滩等均可按无江心洲、浅滩的情况对待。江心洲位于充分混合段，评价等级为二级时，可以按无江心洲对待；评价等级为一级且江心洲较大时，可以分段进行环境影响预测；江心洲较小时可不考虑。江心洲位于混合过程段时可分段进行环境影响预测，评价等级为一统时也可以采用数值模型进行环境影响预测。

2. 湖泊、水库简化

在预测湖泊、水库环境影响时，可以将湖泊、水库简化为大湖（库）、小湖（库）和分层湖（库）等三种情况进行。水深大于10m且分层期较长（如大于30天）的湖泊、水库可视为分层湖（库）。不存在大面积回流区和死水区且流速较快、停留时间较短的狭长湖泊可简化为河流。不规则形状的湖泊、水库可根据流场的分布情况和几何形状分区。

3. 污染源简化

拟建项目排放废水的形式、排污口数量和排放规律是复杂多样的，在应用水质模型进行

预测前常需将污染源进行简化。根据污染源的具体情况，排放形式可简化为点源和面源，排放规律可简化为连续恒定排放和非连续恒定排放。

（1）排放形式的简化。大多数污染物的排放均可简化为点源考虑，但无组织排放和均布排放源（如垃圾填埋场及农田）应视为非点源；在排放口很多且间距较近，最远两排污口间距小于预测河段或湖（库）岸边长度的1/5时也应该按照非点源考虑。

（2）排入河流的两排放口的间距较近时，可以简化为一个，其位置假设在两排放口之间，其排放量为两者之和。两排放口间距较远时，应分别单独考虑。

（3）排入小湖（库）的所有排放口可以简化为一个，其排放量为所有排放量之和。排入大湖（库）的两排放口间距较近时，可以简化成一个，其位置假设在两排放口之间，其排放量为两者之和。两排放口间距较远时，应分别单独考虑。

（4）当两个或多个排放口间距或面源范围小于沿方向差分网格的步长时，可以简化为一个，否则应分别单独考虑。

以上所提排放口远近的判据可按照两排污口距离小于或等于预测河段长度的1/20为近，大于预测距离的1/5为远。在地表水环境影响预测中，通常可以把排放规律简化为连续恒定排放。

第五节　地面水环境影响评价的工作程序、评价等级、方法与案例分析

一、地面水环境影响评价的技术工作程序与评价等级

1. 地面水环境影响评价的技术工作程序

地表水环境影响评价的技术工作程序可分为三个阶段：第一阶段为准备阶段，包括了解工程设计、现场踏勘、了解环境法规和标准的规定、确定评价级别和评价范围，在这个阶段还要做一些环境现状调查和工程分析方面的工作；第二阶段是评价工作的重点，详细开展水环境现状调查和监测，仔细做好工程分析，在此基础上评价水环境现状，同时根据水环境排放源特征，选择或建立和验证水质模型，预测拟议行动对水体的污染影响，并对影响的意义及其重大性做出评价，并且研究相应的污染防范对策；第三阶段是提出污染防治和水体保护对策，总结工作成果，完成报告书，为项目的竣工验收监测和后评估做准备。整个工作程序如图4-8所示。

2. 地面水环境影响评价的分级标准

地表水环境影响评价等级分为三级，一级评价最详细，二级次之，三级较简略。其判断的依据是拟建项目的污水排放量、污水水质的复杂程度、受纳水域的规模及其水质要求（见表4-1和表4-2）。

（1）污水量。污水排放量不包括间接冷却水、循环水及其他含污染物极少的清洁下水的排放量，但包括含热量大的冷却水的排放量。

（2）污水水质的复杂程度。污水水质的复杂程度按污水中污染物类型（分为持久性污染物、非持久性污染物、酸碱污染和热污染4种类型）及需要预测的水质参数的多少划分为复杂、中等和简单三类。

1）复杂：污染物类型数不小于3，或者只含有两类污染物，但需要预测其浓度的水质参数数目不小于10。

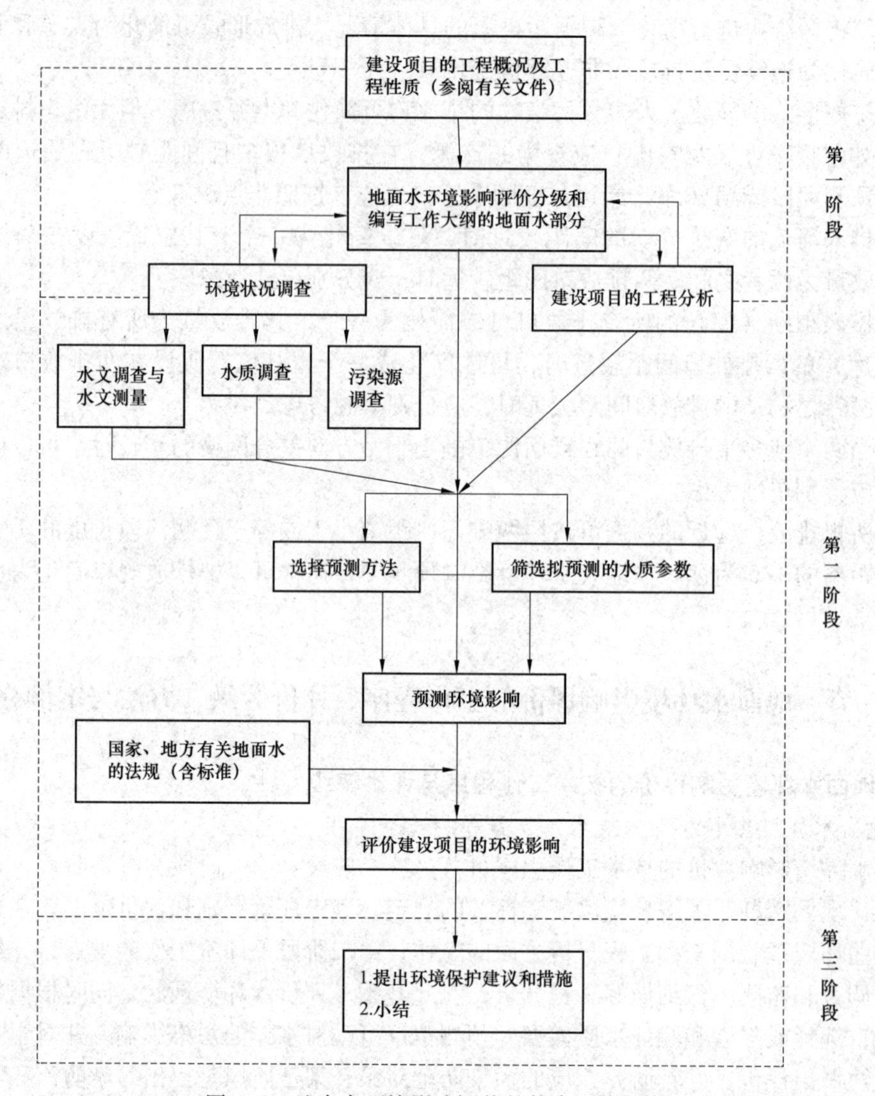

图 4-8　地表水环境影响评价的技术工作程序

2）中等：污染物类型数为 2，且需要预测其浓度的水质参数数目小于 10；或者只含有一类污染物，但需要预测其浓度的水质参数数目不小于 7。

3）简单：污染物类型数为 1，且需要预测其浓度的水质参数数目小于 7。

（3）地表水域的规模。

1）河流与河口，按建设项目排污口附近河段的多年平均流量或平水期平均流量划分为大河（不小于 150 m^3/s）、中河（15~150 m^3/s）和小河（小于 15m^3/s）。

2）湖泊和水库，按枯水期湖泊、水库的平均水深及水面面积划分。①当平均水深不小于 10m 时，大湖（库）的水面面积不小于 25km^2，中湖（库）的水面面积为 2.5~25km^2，小湖（库）的水面面积小于 2.5km^2；②当平均水深小于 10m 时，大湖（库）的水面面积不小于 50km^2，中湖（库）的水面面积为 5~50km^2，小湖（库）的水面面积小于 5km^2。

在具体应用上述划分原则时，还应根据地区的特点进行适当调整。

表 4-1　地表水环境影响评价分级判据

建设项目污水排放量（m^3/d）	建设项目污水水质的复杂程度	一级		二级		三级	
		地表水域规模（大小规模）	地表水水质要求（水质类别）	地表水域规模（大小规模）	地表水水质要求（水质类别）	地表水域规模（大小规模）	地表水水质要求（水质类别）
≥20000	复杂	大	Ⅰ~Ⅲ	大	Ⅳ、Ⅴ		
		中、小	Ⅰ~Ⅳ	中、小	Ⅴ		
	中等	大	Ⅰ~Ⅲ	大	Ⅳ、Ⅴ		
		中、小	Ⅰ~Ⅳ	中、小	Ⅴ		
	简单	大	Ⅰ、Ⅱ	大	Ⅲ~Ⅴ		
		中、小	Ⅰ~Ⅲ	中、小	Ⅳ、Ⅴ		
<20000且≥10000	复杂	大	Ⅰ~Ⅲ	大	Ⅳ、Ⅴ		
		中、小	Ⅰ~Ⅳ	中、小	Ⅴ		
	中等	大	Ⅰ、Ⅱ	大	Ⅲ、Ⅳ	大	Ⅴ
		中、小	Ⅰ、Ⅱ	中、小	Ⅲ~Ⅴ		
	简单			大	Ⅰ~Ⅲ	大	Ⅳ、Ⅴ
		中、小	Ⅰ	中、小	Ⅱ~Ⅳ	中、小	Ⅴ
<10000且≥5000	复杂	大、中	Ⅰ、Ⅱ	大、中	Ⅲ、Ⅳ	大、中	Ⅴ
		小	Ⅰ、Ⅱ	小	Ⅲ、Ⅳ	小	Ⅴ
	中等			大、中	Ⅰ~Ⅲ	大、中	Ⅳ、Ⅴ
		小	Ⅰ	小	Ⅱ~Ⅳ	小	Ⅴ
	简单			大、中	Ⅰ、Ⅱ	大、中	Ⅲ~Ⅴ
				小	Ⅰ~Ⅲ	小	Ⅳ、Ⅴ
<5000且≥1000	复杂			大、中	Ⅰ~Ⅲ	大、中	Ⅳ、Ⅴ
		小	Ⅰ	小	Ⅱ~Ⅳ	小	Ⅴ
	中等			大、中	Ⅰ、Ⅱ	大、中	Ⅲ~Ⅴ
				小	Ⅰ~Ⅲ	小	Ⅳ、Ⅴ
	简单					大、中	Ⅰ~Ⅳ
				小	Ⅰ	小	Ⅱ~Ⅴ
<1000且≥200	复杂					大、中	Ⅰ~Ⅳ
						小	Ⅰ~Ⅴ
	中等					大、中	Ⅰ~Ⅳ
						小	Ⅰ~Ⅴ
	简单					中、小	Ⅰ~Ⅳ

表 4-2 海湾环境影响评价分级判据

污水排放量（m^3/d）	污水水质的复杂程度	一级	二级	三级
≥20000	复杂	各类海湾		
	中等	各类海湾		
	简单	小型封闭海湾	其他各类海湾	
<20000 且≥5000	复杂	小型封闭海湾	其他各类海湾	
	中等		小型封闭海湾	其他各类海湾
	简单		小型封闭海湾	其他各类海湾
<5000 且≥1000	复杂		小型封闭海湾	其他各类海湾
	中等或简单			各类海湾
<1000 且≥500	复杂			各类海湾

（4）水质类别。

地表水质可按《地表水环境质量标准》（GB 3838—2002）划分为 5 类：Ⅰ、Ⅱ、Ⅲ、Ⅳ、Ⅴ。当受纳水域的实际功能与该标准的水质分类不一致时，由当地环保部门对其水质提出具体要求。

在应用评价等级判断依据时，可根据建设项目及受纳水域的具体情况适当调整评价级别。

二、地面水环境影响评价的方法

水环境影响评价是在工程分析和影响预测的基础上，以法规、标准为依据，判断拟建项目运行后对受纳水体的影响程度是否超出了可接受水平。确定其评价范围的原则与环境现状调查相同。影响评价的方法在原则上应与现状评价的方法相配套，可以采用单项水质参数评价方法或多项水质参数综合评价方法。但特别要提醒注意的是，当预测值未包括环境质量现状值（背景值）时，评价时应注意叠加环境质量现状值。

单项水质参数评价方法包括标准指数法和自净利用指数法。一般情况下，采用标准指数法进行单项水质参数评价。

规划中几个建设项目在一定时期（如五年）内兴建并且根据同一地表水环境排污的情况可以采用自净利用指数进行单项水质参数评价。当环境现状已经超标时，应采用标准指数法进行评价。标准指数法详见本章第三节中的有关内容。

自净利用指数法是在标准指数法的基础上考虑自净能力允许利用率 λ。自净能力允许利用率 λ 应根据当地水环境自净能力的大小、现在和将来的排污状况及建设项目的重要性等因素决定，并应征得主管部门和有关单位同意。位于地表水环境中点 j 的污染物 i，它的自净利用指数 $P_{i,j}$的计算公式为

$$P_{i,j}=\frac{c_{i,j}-c_{hi,j}}{\lambda(c_{si}-c_{hi,j})} \tag{4-89}$$

式中：$c_{i,j}$，$c_{hi,j}$，c_{si}分别为 j 点污染物 i 的浓度、j 点上游 i 的浓度和 i 的水质标准，mg/L；λ 为自净能力允许利用率。

溶解氧的自净利用指数为

$$P_{DO,j}=\frac{c_{DO_{hj}}-c_{DO_j}}{\lambda(c_{DO_{hj}}-c_{DO_{si}})} \tag{4-90}$$

式中：$c_{DO_{hj}}$，c_{DO_j}，$c_{DO_{si}}$分别为j点上游和j点的溶解氧值，以及溶解氧的标准，mg/L。

pH的自净利用指数根据污染物酸碱性有所不同。

当排入酸性物质时，计算公式为

$$P_{pH,j}=\frac{pH_{hj}-pH_j}{\lambda(pH_{hj}-pH_{sd})} \tag{4-91}$$

当排入碱性物质时，计算公式为

$$P_{pH,j}=\frac{pH_j-pH_{hj}}{\lambda(pH_{su}-pH_{hj})} \tag{4-92}$$

式中：下角标h为环境现状；下角标s为环境标准；pH_{sd}为地面水质标准中规定的pH下限；pH_{su}为地面水质标准中规定的pH上限。

当$P_{i,j}\leqslant 1$时，说明污染物i在j点利用的自净能力没有超过允许的比例；否则说明超过允许利用的比例，这时的$P_{i,j}$值即为超过允许利用的倍数，表明影响是重大的。此时，应提出避免、消除和减少水体影响的措施、对策和建议。

三、地面水环境影响评价案例

1. 评价等级的确定

某污水处理厂主要处理电厂和铝业公司产生的生产废水和生活废水。本项目设计的污水处理规模为3万m^3/d，水量≥20 000m^3/d；污水水质复杂程度为中等；受纳水体为徒骇河，河流规模<15m^3/s，属于小河；徒骇河为Ⅳ类水体，根据地面水环境影响评价等级分级表，地表水环境影响评价为三级评价。

2. 地表水环境影响预测

（1）水污染源强。废水污染物的排放情况见表4-3。

表4-3　废水污染物的排放情况

污染物名称	废水量（m^3/d）	排放浓度（mg/L）	排放量（t/a）
COD_{Cr}	3.0万	50	547.5
NH_3-N		5	54.75

（2）预测因子。水质预测选择COD_{Cr}和NH_3-N作为预测因子。

（3）预测模型。选取2#（污水处理厂排污口下游500m）、3#（污水处理厂排污口下游2000m）断面作为预测断面。由于河流属于小河，所以2#断面可视为完全混合断面，采用零维模型［式（4-19）］；3#断面为衰减断面，污染物浓度横向分布均匀，采用一维水质模型［式（4-23）］。

（4）参数确定。

1）k值的确定：COD_{Cr}、NH_3-N降解系数采用《山东省河流水环境容量研究》中对一般流动的平原水质Ⅳ类河流，污染物降解系数的推荐值，COD_{Cr}为0.18、NH_3-N为0.15。

2）水文参数的确定：将徒骇河流量、流速的平均值作为预测水文参数，COD_{Cr}、NH_3-N

本底值采用本次环评现状监测的平均值，预测规划水质条件下的 COD_{Cr} 及 NH_3-N 浓度变化情况。预测参数详见表 4-4。

表 4-4 枯水期预测断面水质、水文参数一览表

断面	衰减距离（m）	流量（m^3/s）	流速（m/s）	COD_{Cr} 本底值（mg/L）	NH_3-N 本底值（mg/L）
2#	500	3.15	0.413	47.03	0.92
3#	2000	3.20	0.398	58.25	0.60

（5）预测结果。本项目排水对徒骇河水质的影响预测结果见表 4-5。

表 4-5 地表水影响预测结果

预测因子	预测断面	现状值（mg/L）	预测值（mg/L）	变化值（mg/L）	预测方法	Ⅳ类水体标准（mg/L）
COD_{Cr}	2#断面	47.03	47.33	+0.30	完全混合模式	30
	3#断面	58.25	46.83	-11.42	衰减模式	
NH_3-N	2#断面	0.92	1.33	+0.41	完全混合模式	1.5
	3#断面	0.60	1.32	+0.72	衰减模式	

排水进入徒骇河后，各断面 COD_{Cr} 的预测值不能达到《地表水环境质量标准》（GB 3838—2002）中Ⅳ类标准要求，NH_3-N 预测值能达到《地表水环境质量标准》（GB 3838—2002）中Ⅳ类标准要求。

3. 事故及非正常排放对地表水的影响

事故及非正常工况下废水污染物的排放情况见表 4-6，预测结果见表 4-7。

表 4-6 事故及非正常工况下废水污染物的排放情况

污染物名称	废水量（m^3/d）	排放浓度（mg/L）
COD_{Cr}	3.0 万	500
NH_3-N		45

表 4-7 事故及非正常工况下污染物排放对下游水质影响的预测结果

预测因子	预测断面	现状值（mg/L）	预测值（mg/L）	变化值（mg/L）	Ⅳ类水体标准（mg/L）
COD_{Cr}	2#断面	47.03	92.00	+44.97	30
	3#断面	58.25	91.04	+32.79	
NH_3-N	2#断面	0.92	5.30	+4.38	1.5
	3#断面	0.60	5.25	+4.65	

从表 4-7 可以看出，事故排放时（设备不能正常运转、去除率降为 0%的极端状态），各预测断面的 COD_{Cr}、NH_3-N 浓度值均超过《地表水环境质量标准》（GB 3838—2002）中的Ⅳ类标准要求，将对徒骇河下游造成严重污染。

思考题

1. 什么是水体自净？污染物进入河流后的迁移、转化和衰减机理有哪些？

2. 简述水体的耗氧与复氧过程。

3. 试论述地表水环境影响的预测条件、预测方法。

4. 某水域经 5 次监测，溶解氧的浓度分别为 5. 6mg/L、6. 1mg/L、4. 5mg/L、4. 8mg/L 和 5. 8mg/L，用内梅罗法计算溶解氧的统计浓度值是多少？

5. 某水域经过 5 次监测，COD 的浓度分别为 16. 9mg/L、19. 8mg/L、17. 9mg/L、21. 5mg/L 和 14. 2mg/L，用内梅罗法计算 COD 的统计浓度值是多少？

6. 某河边拟建一座工厂，排放含氯化物废水，流量为 2. 83mg/L，含盐量为 1300mg/L；该河流平均流速为 0. 46m/s，平均河宽为 13. 7m，平均水深为 0. 61m，含氯化物的浓度为 100mg/L。如果该厂废水排入河中能与河水迅速混合，那么请问河水中氯化物的浓度是否超标（设地方标准为 200mg/L）？

7. 某一河段 K 断面有一岸边污水排放口稳定地向河流排放污水，污水排放流量为 $19400m^3/d$，BOD_5 浓度为 81. 4mg/L；河水流量为 $6.0m^3/s$，流速为 0. 1m/s，BOD_5浓度为 6. 16mg/L，一级降解动力学常数 K_1 为 $0.3d^{-1}$，如果忽略污染物质在混合过程段内的降解和沿程河流水量的变化，那么在距完全混合断面 10km 的下游某段处，河流中的 BOD_5浓度是多少？

8. 在某一水库附近拟建一座工厂，投产后向水库排放废水，排放流量为 $4500m^3/d$，水库设计库容为 $8.5\times106m^3$，入库地表径流为 $8\times104m^3/d$，当地政府规定该水库为Ⅱ类水体。水库现状 BOD_5为 1. 2mg/L。

（1）请计算该拟建工厂被允许排放的 BOD_5量。

（2）如果该工厂产出的废水中 BOD_5为 300mg/L，那么处理率应达到多少才能排放？应采取什么处理措施？

9. 某一条河流为Ⅲ类水体，COD_{Cr}的基线浓度为 10mg/L。一个拟建项目排放废水后，将使 COD_{Cr}提高到 13mg/L。当地的发展规划规定还将有两个拟建项目在附近兴建。按照水环境规划该河段自净能力允许利用率为 0. 6，当地环保部门是否应批准该拟建项目的废水排放？为什么？

10. 某河段流量为 $2.06\times10^6m^3/d$，流速为 46km/d，水温为 13. 6℃，$K_1=0.94d^{-1}$，$K_2=1.62d^{-1}$，河段排放废水量为 $10^5m^3/d$，BOD_5为 500mg/L，溶解氧为 0mg/L；上游河水 BOD_5为 0mg/L，溶解氧为 8. 95mg/L。求该河段排污口下游 6km 处河水的 BOD_5和氧亏值。

第五章 大气环境影响评价

第一节 大气环境影响评价基础

一、大气污染与大气污染源

通常所说的大气污染，是指大气中有害物质的数量、浓度和存留时间超过了大气环境所允许的范围，即超过了空气的稀释、扩散能力，使大气质量恶化，给人类和生态环境带来了直接或间接的不良影响。

1. 大气污染源

（1）定义与分类。造成大气污染的空气污染物的发生源称为空气污染源，可分为自然源与人为源两大类。

1）自然源包括风吹扬尘，火山爆发产生的气体与尘粒，闪电产生的气体，如臭氧和氮氧化物，植物与动物腐烂产生的臭气，森林火灾造成的烟气与飞灰，自然放射性源和其他产生有害物质并向大气排放的源。由这些自然界产生的污染物构成了大气环境背景污染物及一定的污染物浓度水平。在维持正常的生态平衡条件下，它们一般并不恶化空气质量，人们也无法有效地控制它们。

2）人为源是形成大气污染，尤其是局地空气污染的主要原因。它们是从人们的生产和生活过程中产生的。它们的分类方法很多。按源的运动形式，可分为固定源和移动源；按人们活动的功能，可分为工业源、生活源和交通运输污染源；按污染的影响范围，可分为局地源和区域性大气污染源。在环境科学研究和大气污染预测与控制的工作中，最常用的是按污染源形式分成的点源、面源、线源和体源，其中最常见又处理最多的是点源，它以点状向环境排放，有瞬时排放点源和连续排放点源之分，前者常以烟团形式散布，后者则以最常见的烟流形式散布。

（2）污染物排放量与源强。污染源排放污染物的数量的概念以源强或排放速率表示，点源源强是以单位时间排放的污染物的量（如 t/a，kg/h，g/s 等），或者以单位时间排放的污染物体积（如 m^3/s）表示；线源源强是以单位时间、单位长度排放的污染物的量表示的［如 $g/(m \cdot s)$］；面源源强是以单位时间、单位面积上所排放的污染物的量［如 $g/(m^2 \cdot s)$］表示。以上三种形式的源强都是针对连续排放而言的，对于瞬时源的源强则是以一次施放的污染物的总量（如 kg、g 等）表示的。

不同类型的污染源排放的空气污染物不同，排放的量也不同，例如，定义单位质量的燃料（如煤、石油等）燃烧所排放出的气体或烟尘污染物的量为该燃料的污染排放系数。

2. 大气污染物

（1）主要的空气污染物种类。研究表明，大气中有上百种物质可以认作空气污染物。对污染物有多种分类方法，若根据它们的化学成分，则可归纳为以下几种。

1）含硫化合物：主要包括二氧化硫、硫酸盐、二硫化碳、二甲基硫和硫化氢等。

2）含氮化合物：主要包括一氧化二氮、一氧化氮、二氧化氮、氨和硝酸盐、铵盐等。

3）含碳化合物：主要包括一氧化碳和烃类，即碳氢化合物，包括烷烃、炔烃、脂环烃和芳香烃等。

4）卤代化合物：由氟、氯、碘和溴与烃类结合的化合物，也称卤代烃，其中最受关注的是氟氯烷（CFM），商品名称氟利昂，主要包括二氯氟甲烷（F-11）和二氯二氟甲烷（F-12）。

5）放射性物质和其他有毒物质：如苯并芘、过氧酰基硝酸酯（PAN）等致癌物质。

按照污染物的相态，可分为气体、固体和液体污染物。空气与悬浮其中的固体和液体微粒一起构成气溶胶，这些微粒称为气溶胶微粒，它们包含许多种化学成分，其中不少是有害物质。

根据空气污染物形成的方式，可分为一次污染物和二次污染物，前者是从污染源直接生成并排放进入大气的，在大气中保持其原有的化学性质；后者则是在一次污染物之间或一次污染物与大气中非污染物之间发生化学反应而形成的。主要的一次污染物包括二氧化硫、氮氧化物和颗粒物等；二次污染物包括光化学烟雾、酸性沉积物、臭氧等。

（2）大气组成与空气污染物成分。大气由多种气体混合而成，可分为恒定成分、可变成分和不定成分。恒定成分包括氮、氧、氖、氪、氙等气体；可变成分包括二氧化碳和水汽，它们的含量随地区、季节、气象条件等因素变化；不定成分包括氮氧化合物、二氧化硫、硫化氢、臭氧等。表5-1列出了洁净大气的组成和城市环境受污染空气中一些成分的含量（以浓度表示）。由表5-1可知，洁净大气中的不定成分含量很低，以致对人体和环境是没有明显影响的，然而，在受污染空气中，这些不定成分的含量都比背景值高出一个量级以上，这是由人类活动的排放造成的。应当指出，不论是大气的恒定成分还是可变成分或不定成分，它们在大气中每时每刻都在进行物理和化学运动，与海洋、生物和地面发生循环交换，各处在源的排放量和汇的消失量的平衡状态下，如若某一成分的源排放量超过汇的消失量，则它在大气中的含量会增加，反之则减少。

表5-1 洁净大气组成和污染空气中一些成分的含量

化学成分	洁净大气	受污染空气
氮	78.09%	
氧	20.94%	
氩	0.93%	
氖	18.18×10^{-6}	
氦	5.24×10^{-6}	
氪	1.14×10^{-6}	
氙	0.08×10^{-6}	
二氧化碳	0.033%	$(350\sim700)\times10^{-6}$
甲烷	1.40×10^{-6}	
氢	0.50×10^{-6}	
一氧化碳	0.10×10^{-6}	$(5\sim200)\times10^{-6}$
臭氧	$(0.02\sim0.8)\times10^{-6}$	$(0.1\sim0.5)\times10^{-6}$
二氧化氮	0.001×10^{-6}	$(0.05\sim0.25)\times10^{-6}$
一氧化氮	0.006×10^{-6}	$(0.05\sim0.75)\times10^{-6}$

续表

化学成分	洁净大气	受污染空气
二氧化硫	$(0.001\sim0.01)\times10^{-6}$	$(0.02\sim2)\times10^{-6}$
氨	0.001×10^{-6}	$(0.01\sim0.25)\times10^{-6}$
硝酸	$(0.02\sim0.3)\times10^{-6}$	$(3\sim50)\times10^{-9}$
HCHD	0.4×10^{-9}	$(20\sim50)\times10^{-9}$
过氧乙酰硝酸酯（PAN）	—	$(3\sim35)\times10^{-6}$

二、大气扩散过程

排放到大气中的空气污染物，在大气湍流的作用下迅速分散开来，这种现象称为大气扩散。大气扩散的理论研究和试验研究表明，在不同的气象条件下，同一污染源排放所造成的地面污染物浓度可相差几十倍乃至几百倍。这是由于大气对污染物的稀释扩散能力随着气象条件的不同而发生巨大变化的缘故。在日常观察中可发现，有时候烟囱排出的烟流像一根带子一样飘向远方而迟迟不散开，而有些时候，烟气一排入大气就很快散布开来与周围空气混合。不同的烟流形状反映不同的气象状况，也意味着大气的稀释扩散能力不同。由此可见大气扩散过程直接影响到大气环境污染的程度。下面的基本知识是理解大气扩散过程所必需的。

1. 描述大气的物理量

对于大气的物理状态和在其中发生的一切物理现象，可以用一些物理量加以描述，以便于对它们的比较和识别。对大气状态和大气物理现象给予“定量”或“定性”描述的物理量在气象学中统称为气象要素。下面扼要地介绍几个主要的气象要素，这些气象要素的数值，都可以通过观测获得。

（1）气温：指在离地面 1.5m 高处的百叶箱中观测到的空气温度。气温一般用摄氏温度（℃）表示，理论计算常用热力学温度（K）。

（2）气压：单位面积上所承受的大气柱的质量，量度大气压力的单位有毫米汞柱（mmHg）、标准大气压（atm）、帕斯卡（Pa）等。

（3）湿度：用来表示空气中水汽的含量。常用的表示方法包括：绝对湿度、水蒸气压、相对湿度、饱和度、比湿及露点等。

（4）风：气象上把水平方向的空气运动称为风。风是矢量，既有大小又有方向。风速是指单位时间内空气在水平方向移动的距离，用 m/s 或 km/h 表示；风向指风的来向，可用方位和角度表示。

风向可用 8 个方位或 16 个方位来表示。在中国，风的基本方位为东和西，8 个方位为北风、东北风、东风……。16 个方位为北风、北东北风、东北风、东东北风、东风……。用英文表示时，风的基本方位为 N 和 S，8 个方位为 N、NE、E、SE、S、SW、W、NW；16 方位为 N、NNE、NE、ENE、E……。

风向也可以用角度来表示。规定北风为 0°（360°）、正东风为 90°、正南风为 180°、正西风为 270°。

（5）云：云是由漂浮在空气中的小水滴、小冰晶汇集而成的。云对太阳辐射起反射作用，因此云的形成及其形状和数量不仅反映了天气的变化趋势，同时也反映了大气的运动状况。云高是指云底距地面的高度。高云一般在5000m以上。中云则在2500~5000m之间。低云在2500m以下。云的多少是用云量来表示的。云量是指云遮蔽天空的成数。中国将视野能见的天空分为10份，云遮蔽了几份，云量就是几。国外将视野能见的天空分为8份，云遮蔽几份，云量就是几。气象学中，云量是用总云量和低云量之比的形式表示的。总云量是指所有的云（包括高、中、低云）遮蔽天空的成数；低云量仅仅是指低云遮蔽天空的成数。

(6) 能见度：能见度是在当时的天气条件下，视力正常的人能够从天空背景中看到或辨认出目标物的最大水平距离，能见度的单位常用m或km。

2. 大气层的结构

按热状态特征，大气层可分为对流层、平流层 、中间层 、热层和外层（又称外逸层或逃逸层）。接近地面、对流运动最显著的大气区域为对流层，对流层上界称对流层顶，在赤道地区高度约17~18km，在极地约8km；从对流层顶至约50km的大气层称平流层，平流层内大气多做水平运动，对流十分微弱，臭氧层即位于这一区域内；中间层又称中层，是从平流层顶至约80km的大气区域；热层是中间层顶至300~500km的大气层；热层顶以上的大气层称外层大气。

对流层的特点：集中了大气质量的3/4及几乎全部的水汽；在一般情况下，每升高100m，大气的温度平均降低0.65℃；主要的天气现象，如云、雨、雾、雪等均发生在这一层。

对流层的结构：对流层又可分为大气边界层（摩擦层）和自由大气层。大气边界层（摩擦层）指自地面向上延伸1~2km的大气区域，这层受地表影响较大，气温在昼夜之间存在明显差异，风速随高度的增加而增大，污染物的输送、扩散和转化也主要集中在这一层。

3. 大气湍流

湍流是一种不规则运动，其特征量是时空随机变量。在大气中，由于受各种大气尺度的影响，导致三维空间的风向、风速发生连续的随机涨落，这种涨落是大气中污染物质扩散过程的一种特征。由机械或动力作用生成机械湍流，如近地面风切变，地表非均一性和粗糙度均可产生这种机械湍流运动。由各种热力因子诱生的湍流称热力湍流，如太阳加热地表导致热对流泡向上运动，地表受热不均匀或气层不稳定等都可引起热力湍流。一般情况下，大气湍流的强弱取决于热力和动力两个因子。在气温垂直分布呈强递减时，热力因子起主要作用，而在中性层结情况下，动力因子往往起主要作用。

研究大气湍流时，把它作为一种叠加在平均风之上的脉动变化，如图5-1所示，由一系列不规则的涡旋运动组成，这种涡旋称为湍流。大气边界层内最大湍涡的尺度大约和边界层的厚度相当，最小湍涡的尺度只有几个毫米。大湍涡的强度最大，因为它是由空气的动能通过湍流摩擦作用转变来的，小湍涡的能量来自大湍涡，或者说大湍涡将能量传递给小湍涡，小湍涡将能量传递给更小的小湍涡，最后由分子黏性的耗散作用将湍能转变成热能，这一过程称为能量耗散。

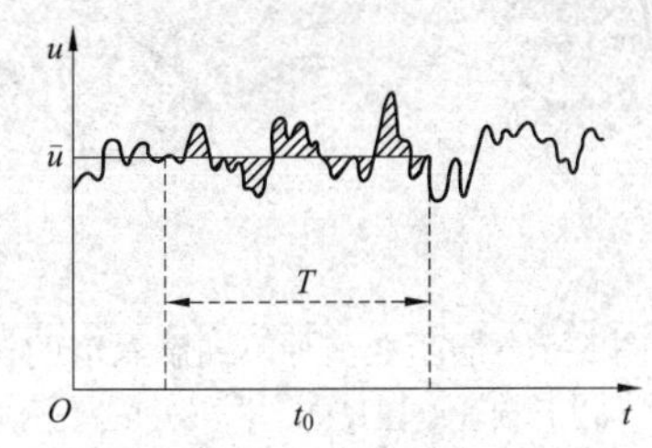

图5-1 湍流运动与平均风速关系图

大气总是处于不停息的湍流运动之中，排放到大气中的污染物质，在湍流涡旋的作用下散布开来，大气湍流运动的方向和速度都是极不规则的，具有随机性，并会造成流场中各部分之间的混合和交换。日常可以看到，烟囱中冒出的烟总是向下风方向飘移，同时不断地向四周扩散，这就是大气对污染物的输送和稀释扩散过程。

如果大气中只有有规则的风而没有湍流运动，烟团仅仅靠分子扩散使烟团长大，速度非常缓慢，一个烟团在气流中的运动情形如图 5-2（a）所示。实际上大气中存在着剧烈的湍流运动，使烟团与空气之间强烈地混合和交换，大大加强烟团的扩散，如图 5-2（b）所示。湍流扩散比分子扩散的速率快 10^5~10^6倍，因此湍流扩散的作用是很重要的。但在平均运动方向上起主要作用的仍是风的平流输送作用，只要风速不是太小，在这个方向上的湍流输送作用可以不予考虑。

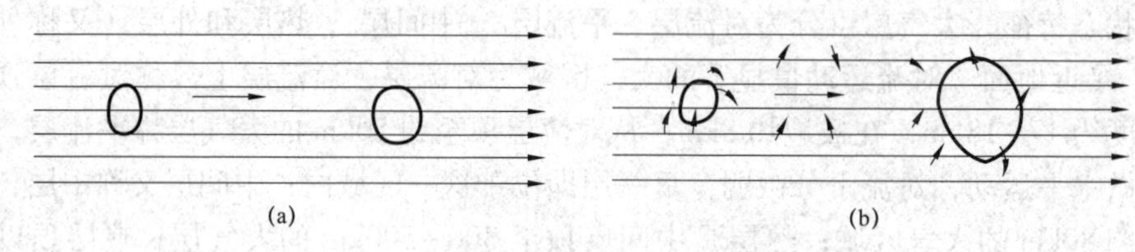

图 5-2　非湍流和湍流情况下的烟团扩散
（a）非湍流情况；（b）湍流情况

在湍流扩散过程中，各种不同尺度的湍涡，在扩散的不同阶段起着不同的作用。图 5-3（a）描绘出烟团处于比烟团尺度小的湍涡之中。由图 5-3（a）看出，烟团一方面飘向下风方向，同时由于湍涡的扰动，烟团边缘不断与四周空气混合，缓慢地扩张，浓度不断降低。图 5-3（b）描绘了一个比烟团尺度大的湍涡对扩散的作用，这种情况下，烟团主要为湍涡所挟带，本身增大不快。图 5-3（c）描绘了与烟团尺度大小相仿的湍涡的作用，在此情况下，烟团被湍涡拉开撕裂而变形，扩散过程较剧烈。在实际大气中存在着各种尺度的湍涡，在扩散中，三种作用同时存在，并相互作用。

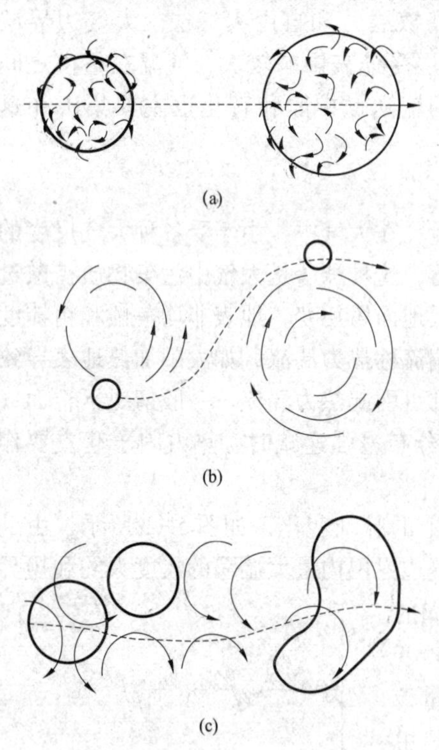

图 5-3　烟团在三种不同湍涡下的扩散
（a）湍涡比烟团尺度小；（b）湍涡比烟团尺度大；（c）湍涡与烟团尺度大小相仿

本章所讨论的大气湍流扩散问题主要集中在 2km 以下的大气边界层中。

大气边界层与人类活动的关系最密切、最直接，空气污染问题也主要发生在这一层中。在这一层中，气流受地面摩擦力和下垫面地形地物的影响，并受这一层中的动量、热量、水汽和其他物质的输送及其通量的支配。

4. 逆温

在对流层，气温垂直分布的一般情况是随高度的增加而降低，大约每升高 100m，气温降低 0.65℃，主要原因是对流层大气的主要热源是地面长波辐射，离地面越高，受热越少，气温就越低。但在一定条件下，对流层中也会出现气温随高度增加而上升的现象，或者地面上随高度的增加，降温变化率小于0.65℃，称为逆温。

按照成因的不同逆温一般可分为以下几类。

(1) 辐射逆温：经常发生在晴朗无云的夜空，由于地面有效辐射很强，近地面层气温迅速下降，而高处大气层降温较少，从而出现上暖下冷的逆温现象。这种逆温在黎明前最强，日出后自上而下消失。

(2) 平流逆温：暖空气水平移动到冷的地面或气层上，由于暖空气的下层受到冷地面或气层的影响而迅速降温，上层受影响较少，降温较慢，从而形成逆温。这种逆温主要出现在中纬度沿海地区。

(3) 地形逆温：主要由地形造成，主要发生在盆地和谷地中。由于山坡散热快，冷空气循山坡下沉到谷底，谷底原来的较暖空气被冷空气抬挤上升，从而出现气温的倒置现象。

(4) 下沉逆温：在高压控制区，高空存在着大规模的下沉气流，由于气流下沉的绝热增温作用，致使下沉运动的终止高度出现逆温。这种逆温多见于副热带反气旋区。它的特点是范围大，不接地而出现在某一高度上。这种逆温因为有时像盖子一样阻止了向上的湍流扩散，如果延续时间较长，对污染物的扩散会造成很不利的影响。

5. 大气稳定度和大气扩散

大气稳定度是表示气团是否易于发生垂直运动的判据。其含义可以这样理解：如果某一空气块由于某种原因受到外力的作用，产生了上升或下降的运动，当外力消除后可能发生三种情况：①气块逐渐减速并有返回原来高度的趋势，此时的大气是稳定的；②气块仍然加速上升或下降，此时大气是不稳定的；③气块停留在外力消失时所处的位置，或者做等速运动，这时大气是中性的。

可用气温的垂直分布表征大气层结的稳定度，大气稳定度直接影响湍流活动的强弱，支配空气污染物的散布。

用气温垂直递减率 r 与干空气绝热垂直递减率 r_d 可以比较方便地判断气层的稳定度（静力稳定度），见表5-2。

干空气绝热垂直递减率（r_d）：干空气（无水蒸气的相变化）在绝热升降过程中，每升降单位距离（通常取100m）气温变化速率的负值。$r_d = 0.98K/100m$ 。

气温（实际大气温度）垂直递减率（r）：单位高差（通常取100m）气温变化率的负值。

表5-2 判断近地面层大气稳定度的条件

稳定	$r<r_d$
中性	$r=r_d$
不稳定	$r>r_d$

大气湍流结构与大气层温度分布密切相关，所以在研究大气扩散时，大气层的稳定度是很重要的因子。当大气层处于不稳定层结时，会促使湍流运动的发展，使大气扩散稀释能力加强；反之，当大气处于稳定层结时，则对湍流起抑制作用，减弱大气的扩散能力。

通过观测，可得到在不同的温度层结下烟流的形状是不同的，这说明在不同的稳定度条件下大气具有不同的稀释扩散能力。图5-4展示了在不同温度层结下烟流的形态，从图中可以看出大气稳定度对空气污染物散布的影响。

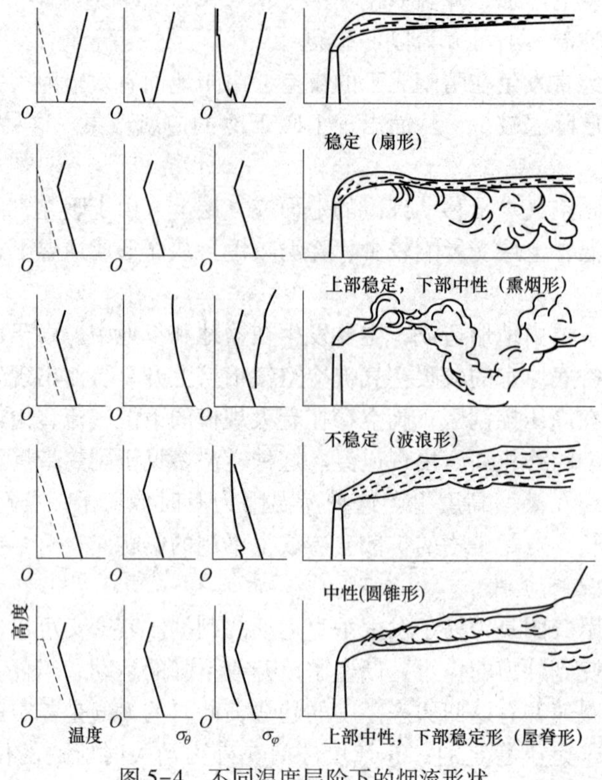

图 5-4 不同温度层阶下的烟流形状

（1）扇形（也称平展形）：扇形发生在稳定层结大气条件下（$r<r_d$），由于湍流运动弱，烟流的垂直扩散受到抑制，所以烟流在垂直向起伏不大，垂直方向的扩散远小于水平方向。在此情况下，扇形烟流的内部污染物的浓度是很高的，其上下的浓度则很快降低。如果是地面源，那么地面污染将会是严重的；如果是高架源，那么烟流主体在较远处才能落地，而地面浓度往往不是很高。因而一般在稳定的条件下，大气的稀释扩散能力虽然很弱，但是实际的环境污染影响并不一定处于很不利的状况。只有当逆温抑制湍流扩散或发生逆温层封闭的情况下，地面层排放的污染物积聚才会造成十分不利的地面污染状况。

（2）圆锥形：圆锥形出现在近中性层结条件下，低层的大气层结与干空气绝热垂直递减率相近。此种形状多出现于阴天（或多云）且风力较大的天气。这时烟体外形清晰，烟流离开排放口一定距离之后主轴基本上保持水平如同一个椭圆锥。

（3）波浪形（也称链条形）：波浪形出现在不稳定层结条件下，由于存在较大尺度的湍流，烟流曲折呈环链状，由连续及孤立片组成，烟流各部分的运动速度和方向皆不规则。由于烟流沿水平和垂直方向摆动剧烈，主体易于分裂，因而消散迅速。此种情况多出现在中午前后，夏季可持续较长的时间。由于低层大气多处于超绝热递减率状况，气层很不稳定，湍流活动剧烈，所以烟流消散快，地面污染源形成的地面污染物浓度往往较低，如果是高架源，那么由于热力引起的大湍流涡的垂直运动，烟流容易被带到近处的地面，下风向距源近的地面浓度往往很高，然而随着距离的增大，平均浓度迅速降低。

（4）熏烟形（也称漫烟形）：上层逆温或夜间逆温在日出后逐渐消散被抬升至一定高度，下层不稳定。空气污染物向上扩散受抑而被对流不稳定气流夹卷向下并带到地面，使地面浓度剧增造成局地严重污染的状况。

(5) 屋脊形（也称城堡形）：出现的气象条件与熏烟型相悖，下部逆温湍流扩散弱，上层湍流扩散强，形成烟流下缘浓密清晰，上部稀松或有碎块。此形状常于日落前后观察到，它对高架源排放较为有利。

另外，逆温层对污染物的扩散起到抑制作用，直接关系到地面污染程度，所以逆温层是分析空气污染潜势的重要条件。逆温层如果出现在地面附近，则会限制近地面层的湍流运动；如果出现在对流层中某一高度上，则会阻碍下方垂直运动的发展。与空气污染密切相关的逆温类型主要是地面辐射逆温，它的形成、维持时间、强度与厚度不仅受气象条件的制约，而且与下垫面的性质有关，对污染物浓度有着不同的影响。

6. 影响大气扩散的其他因素

(1) 风：空气相对于地面的水平运动称为风，它有方向和大小之分，排入到大气中的污染物在风的作用下，会被输送到其他地区，风速越大，单位时间内污染物被输送的距离越远，混入的空气量越多，污染物浓度越低，所以风不但对污染物进行水平搬运，而且有稀释冲淡的作用。同时，由于污染物总是分布在污染源的下风方，所以在考虑风速和风向对染物浓度的影响时，常引入污染系数的概念，即

污染系数=风向频率/平均风速

由污染系数的定义可知，风频低，风速高，污染系数小，即空气污染程度轻。另外，风随高度的变化对污染物浓度也有影响。

(2) 辐射与云：太阳辐射是地球大气的主要能量来源，地面和大气层一方面吸收太阳辐射能，另一方面不断地放出辐射能。地面及大气的热状况、温度的分布和变化制约着大气运动状态，影响着云与降水的形成，对空气污染起到一定的作用。在晴朗的白天，太阳辐射首先加热了地面，近地层的空气温度升高，使大气处于不稳定状态；夜间地面辐射失去热量，使近地层气温下降，形成逆温，大气稳定。

云对太阳辐射有反射作用，它的存在会减少到达地面的太阳直接辐射，同时，云层又加强大气逆辐射，减小地面的有效辐射，因此云层的存在可以减小气温随高度的变化。有探测结果表明，某些地区冬季阴天时，温度层结几乎没有昼夜变化。

在缺乏温度层结观测数据的情况下，可以根据季节，每天的时间和云量来估计大气的稳定度状况，再结合风速的大小可以进一步断定大气的扩散能力。

(3) 天气形势：天气现象与气象状况都是在相应的天气形势背景下产生的。一般情况下，在低气压控制时，空气存在上升运动，云量较多，假若风速再稍大，大气多为中性或不稳定性状态，有利于污染物的扩散；相反，在高气压控制时，一般天气晴朗，风速较小，并伴有空气的下沉运动，往往在几百米或一二千米的高度上形成下沉逆温，抑制湍流的向上发展。夜间易于形成辐射逆温阻止污染物扩散，容易造成地面污染。由一些地区的污染潜势条件，可以总结出一些有利于扩散和不利于扩散的天气形势类型，并得出各种类型天气形势出现的气象参数及其临界值。

另外，降水、雾等对空气污染状况也有影响。降水对清除大气中的污染物质起着重要的作用，由于有些污染气体能溶解在水中或者与水起化学反应产生其他的物质，颗粒物与雨滴碰撞可附着在雨滴上并随着降水转移到地面，所以降水可以迁移空气污染物。

雾是悬浮在大气近地面层的小水滴或小冰晶，可清洗空气中的一些粒子污染物或气体污

染物。对雾的观测取样分析表明，气层中气溶胶粒子在雾形成后明显比雾形成前减少。但由于雾是在近地面气层非常稳定的条件下产生的，在这种条件下，空气污染物不易扩散，所以雾的出现可能会造成不利的地面空气污染状况。

（4）下垫面条件：地形和下垫面的非均匀性，会对气流运动和气象条件产生动力和热力影响，从而改变空气污染物的扩散条件。其中，山区地形、水陆界面和城市热岛效应是三个最典型的下垫面对大气污染的影响。城市上空的热岛效应和粗糙度效应有利于污染物的扩散，但在一些建筑物背后局地气流的分流和滞留则会使污染物积聚。由于地形的影响使地表面受热不均所形成的山谷风，以及由于地表性质不均而形成的海陆风等，都会改变大气流场和温度场的分布，从而影响空气污染物的散布。

第二节 大气扩散模式

经典的大气扩散模式是以高斯大气扩散公式为基础的。高斯模式是一类简单实用的大气扩散模式，其坐标采用笛卡尔坐标系，原点取污染物排放口在地面的垂直投影点，主导风向为 X 轴，Y 轴在水平面上与 X 轴垂直，Z 轴垂直于平面 OXY，正向指向天顶。

在均匀、定常的湍流大气中污染物浓度满足正态分布，由此可推导出一系列高斯型扩散公式。实际大气不满足均匀、定常条件，因此一般的高斯扩散公式应用于下垫面均匀、平坦、气流稳定的小尺度扩散问题更为有效。

一、连续点源高斯扩散模式

连续点源高斯模式包含以下假设。

（1）下垫面开阔平坦、性质均匀。

（2）大气平均流场平直、稳定，平均风速、风向没有显著的时间变化。

（3）污染物完全随周围空气一起运动，从源地到接收地污染物没有损耗，也没有化学和生物转化，地面对污染物起全反射作用。

（4）源强是连续均匀的。

（5）扩散物质处于同一温度层结的大气中。

有风时（$u \geq 1.5\text{m/s}$），可采用烟流扩散模式，即

$$C(x,\ y,\ z)=\frac{Q}{2\pi\bar{u}\sigma_y\sigma_z}\exp\left(-\frac{y^2}{2\sigma_y^2}\right)\left\{\exp\left[-\frac{(z-H_e)^2}{z\sigma_z^2}\right]+\exp\left[-\frac{(z+H_e)^2}{2\sigma_z^2}\right]\right\} \quad (5\text{-}1)$$

式中：$C(x,\ y,\ z)$ 为下风向某一点（$x,\ y,\ z$）处的污染物浓度，mg/m^3；x 为风向距离，m；y 为横风向距离，m；z 为距地面高度，m；Q 为污染物源强，mg/s；$\bar{u}$为排气筒出口处的平均风速，m/s；σ_y为污染物在水平方向的扩散参数（指污染物浓度在 y 方向分布的标准差，它随 x 变化）；σ_z为污染物在垂直方向的扩散参数（指污染物浓度在 z 方向分布的标准差，它随 x 变化）；H_e为有效烟囱高度。

扩散参数 σ_y、σ_z通常表示为

$$\sigma_y=\gamma_1 x^{\alpha_1} \quad \sigma_z=\gamma_2 x^{\alpha_2}$$

式中：x 为下风方向的距离，m；γ_1、γ_2、α_1、α_2与大气稳定度有关。

由式（5-1）可得地面污染物最大浓度 C_{max} 及其距排气筒的距离 x_{max}。

（1）当 σ_y/σ_z=常数时，地面污染物浓度

$$C(x)=\frac{2Q}{\mathrm{e}\pi\bar{u}H_e^2}\times\frac{\sigma_z}{\sigma_y}$$

x_{max}由下式求解

$$\sigma_z\Big|_{x=x_{max}}=\frac{H_e}{\sqrt{2\gamma_2}}$$

若 $\sigma_z=\gamma_2x^{\alpha_2}$，则

$$x_{max}=\left(\frac{H_e}{\sqrt{2}\gamma_2}\right)^{1/\alpha_2}$$

（2）当 $\sigma_y/\sigma_z\neq$常数，且 $\sigma_y=\gamma_1x^{\alpha_1}$，$\sigma_z=\gamma_2x^{\alpha_2}$时，地面污染物最大浓度为

$$C_{max}=\frac{2Q}{\mathrm{e}\pi\,\bar{u}H_e^2P_1}$$

$$x_{max}=\left(\frac{H_e}{\gamma_2}\right)^{\frac{1}{\alpha_2}}\left(1+\frac{\alpha_1}{\alpha_2}\right)^{-\frac{1}{2\alpha_2}}$$

$$P_1=\frac{2\gamma_1\gamma_2^{-\frac{\alpha_1}{\alpha_2}}}{\left(1+\frac{\alpha_1}{\alpha_2}\right)^{\frac{1}{2}\left(1+\frac{\alpha_1}{\alpha_2}\right)}\times H_e^{\left(1-\frac{\alpha_1}{\alpha_2}\right)}\times \mathrm{e}^{\frac{1}{2}\left(1-\frac{\alpha_1}{\alpha_2}\right)}}$$

（3）在实际工作中，人们更关心的是烟流扩散对地面的影响。高架连续点源烟流落地时，$z=0$，地面任意一点的污染物浓度公式为

$$C(x,\ y,\ 0)=\frac{Q}{\pi\sigma_y\sigma_z\,\bar{u}}\exp\left(\frac{-y^2}{2\sigma_y^2}\right)\exp\left(\frac{-H_e^2}{2\sigma_z^2}\right)$$

（4）烟流沿风向轴线上的污染物浓度最大，在地面风向轴线上，$z=0$，$y=0$，对于高架点源，地面轴线上任意一点的污染物浓度公式为

$$C(x,\ 0,\ 0)=\frac{Q}{\pi\sigma_y\sigma_z\,\bar{u}}\exp\left(\frac{-H_e^2}{2\sigma_z^2}\right)$$

二、不利气象条件下的扩散模式

1. 有混合层反射的扩散公式

如果排气筒底层为中性或不稳定层结，上部有稳定的逆温层，那么大气污染物向上的扩散会受到逆温层的限制。观测表明，逆温层底上下两侧的浓度通常相差5~10倍，污染物的扩散实际上被限制在地面和逆温层底之间。上部逆温层或稳定层底的高度称为混合层高度（或厚度），用 D 表示。

设地面及混合层全反射，连续点源的烟流扩散公式分以下两种情况。

（1）当 $\sigma_z<1.6D$ 时，连续点源的烟流扩散公式为

$$C(x, y, z)=\frac{Q}{2\pi\sigma_y\sigma_z\bar{u}}\exp\left(-\frac{y^2}{2\sigma_y^2}\right)\sum_{n=-\infty}^{\infty}\left\{\exp\left[-\frac{(z-H_e-znD)^2}{2\sigma_z^2}\right]+\exp\left[-\frac{(z+H_e+znD)^2}{2\sigma_z^2}\right]\right\} \tag{5-2}$$

通常取 $n=-4\sim+4$，计算结果就能达到足够的精度。

(2) 当 $\sigma_z \geqslant 1.6D$ 时，连续点源的烟流扩散公式为

浓度在铅直方向已接近均匀分布，可按下式计算

$$C(x, y)=\frac{Q}{\sqrt{2\pi}\ \bar{u}\sigma_y D}\exp\left(-\frac{y^2}{2\sigma_y^2}\right) \tag{5-3}$$

2. 熏烟扩散公式

日出以后，贴地逆温自下向上消失，逐渐形成混合层（厚度为 z_f）时原来积聚在这一层的污染物向下扩散，造成地面高浓度污染。

高架连续点源排入稳定大气层中的烟流，在下风向有效源高度上形成狭长的高浓度带。当底层增温使稳定大气层由下而上转变成中性或不稳定层结并扩展到烟流高度时，使烟流向下扩散产生熏烟过程，造成地面高浓度。此时在熏烟高度 z_f 以下浓度在铅直方向接近均匀分布，地面浓度计算公式为

$$C(x, y, 0)=\frac{Q}{\sqrt{2\pi}\ \bar{u}\sigma_{yf}z_f}\exp\left(-\frac{y^2}{2\sigma_{yf}^2}\right)\int_{-\infty}^{p}\frac{1}{\sqrt{2\pi}}\exp\left(-\frac{p^2}{2}\right)\mathrm{d}p \tag{5-4}$$

其中：

$$\sigma_{yf}=\sigma_y+H_e/8$$

$$p=(z_f-H_e)/\sigma_z$$

当逆温层消退到烟流顶高度 h_f 时，全部扩散物质向下混合，地面浓度为

$$C(x, y, 0)=\frac{Q}{\sqrt{2\pi}\bar{u}\sigma_{yf}h_f}\exp\left(-\frac{y^2}{2\sigma_{yf}^2}\right) \tag{5-5}$$

$$h_f=H_e+2.15\sigma_z$$

当逆温层消退到烟流顶高度 h_f 时，可能发生熏烟污染的最近距离为

$$x_f=\frac{up_a c_p}{2k_h}(h_f^2-H_e^2) \tag{5-6}$$

式中：p_a 为大气密度，g/m^3；c_p 为大气定压比热容，$J/(g\cdot K)$；k_h 为湍流热传导系数，$J/(m\cdot s\cdot ℃)$。

三、非点源模式

1. 连续线源公式

连续线源是指连续排放扩散物质的线状源，其源强处处相等且不随时间变化。通常把繁忙的公路当作连续线源。在高斯型模式中，连续线源等于连续点源在线源长度上的积分，其浓度公式为

$$C(x, y, z)=\frac{Q_1}{u}\int_0^l f\mathrm{d}l \tag{5-7}$$

式中：Q_1为线源源强，即单位时间、单位长度排放污染物的量；l为线源长度；f为连续点源浓度函数，可根据具体情况选择适当的模式。

对于直线型线源等简单的情形，可求出连续线源浓度的解析公式。

（1）线源与风向垂直：取 X 轴与风向一致，坐标原点设在线源中点，线源在 Y 轴的长度为 $2y_0$。存在地面全反射的浓度公式为

$$C(x,\ y,\ z)=\frac{Q_1}{2\sqrt{2\pi}\sigma_z\bar{u}}=\left\{\exp\left[-\frac{(z-H_e)^2}{2\sigma_z^2}\right]+\exp\left[-\frac{(z+H_e)^2}{2\sigma_z^2}\right]\right\}\times\left[\phi\left(\frac{(y+y_0)}{\sqrt{2}\sigma_y}\right)-\phi\left(\frac{(y-y_0)}{\sqrt{2}\sigma_y}\right)\right] \tag{5-8}$$

$$\phi(p)=\frac{2}{\sqrt{\pi}}\int_0^p e^{-t^2}dt$$

当 $y_0\to\infty$ 时，得到无限长线源浓度公式

$$C(x,\ z)=\frac{Q_1}{\sqrt{2\pi}\bar{u}\sigma_z}\left\{\exp\left[-\frac{(z-H_e)^2}{2\sigma_z^2}\right]+\exp\left[-\frac{(z+H_e)^2}{2\sigma_z^2}\right]\right\} \tag{5-9}$$

（2）线源与风向平行：线源在 X 轴上，长度为 $2x_0$，线源中点与坐标原点重合。近距离假设

$$\sigma_y=ax,\ \sigma_z/\sigma_y=b$$

式中：a、b 为常数。

在上述假设下线源的地面浓度公式为

$$C(x,\ y,\ 0)=\frac{Q_1}{\sqrt{2\pi}\bar{u}\sigma_z(r)}[\phi(p_1)-\phi(p_2)] \tag{5-10}$$

$$p_1=\frac{r}{\sqrt{2}\sigma_y(x-x_0)}$$

$$p_2=\frac{r}{\sqrt{2}\sigma_y(x+x_0)}$$

$$r^2=y^2+\frac{H_e^2}{h^2}$$

对于无限长线源，只有上风向的线源对计算点的浓度有贡献，浓度与顺风向的位置无关。无限长线源的地面浓度公式为

$$C(y,\ 0)=\frac{Q_1}{\sqrt{2\pi}\ \bar{u}\sigma_z(r)} \tag{5-11}$$

（3）线源与风向成任意角（φ）：风向与线源夹角为 $\varphi(\varphi<90°)$ 时的浓度公式

$$C(\varphi)=C(垂直)\sin^2\varphi+C(平行)\cos_2\varphi \tag{5-12}$$

2. 连续面源公式

源强恒定的面源称为连续面源。对面源扩散的处理方法主要包括虚点源法和积分法等。下面主要介绍虚点源法。

假设每个面源单元上风向均存在一个“虚点源”，它所造成的浓度效果与对应的面源单元相当。于是，可以用虚点源的浓度公式计算面源的浓度

$$C(x,\ y,\ z)=\frac{Q_A}{2\pi\bar{u}\sigma_y(x+x_y)\sigma_z(x+x_z)}\exp\left[-\frac{y^2}{2\sigma_y^2(x+x_y)}\right]$$

$$\left\{\exp\left[-\frac{(z-H_e)^2}{2\sigma_z^2(x+x_z)}\right]+\exp\left[-\frac{(z+H_e)^2}{2\sigma_z^2(x+x_z)}\right]\right\} \tag{5-13}$$

式中：Q_A为某面源单元的源强（在虚点源法中，其单位与连续点源相同）；x，y，z为计算点的坐标，坐标原点位于面源中心在地面的垂直投影点上；x_y，x_z为虚点源向上风向的后退距离。

若

$$\sigma_y=\gamma_1 x^{\alpha_1},\ \sigma_z=\gamma_2 x^{\alpha_2}$$

则

$$x_y=\left(\frac{l/4.3}{\gamma_1}\right)^{\frac{1}{\alpha_1}},\ x_z=\left(\frac{H_e/2.15}{\gamma_2}\right)^{\frac{1}{\alpha_2}}$$

式中：l为面源单元的宽度，m；H_e为面源单元污染源的平均有效高度，m。

四、长期平均浓度公式

前面所述的模式适用于短时间的浓度预测，一般指30min左右的平均浓度。如果预测长时间段（年、季、月乃至若干日）的大气污染物浓度，那么由于风向、风速、大气稳定度都发生了变化，此时表示短时间烟流横向扩散的σ_y已不重要，必须用长期浓度平均公式计算。常用的长期平均浓度计算公式为联合频率加权计算公式。

在长时间内，不同风速和稳定度影响浓度的权重并不相等。更精确的计算，应按照每种风向、风速和稳定度的频率加权平均，此时的浓度公式为

$$\bar{C}=\sum_i\sum_j\sum_k C_{ijk}\times f_{ijk} \tag{5-14}$$

式中：i为风向等级，取1~16；j为风速等级，常取1~7；k为稳定度等级，取1~6；C_{ijk}为气象条件为i，j，k时的小时平均浓度；f_{ijk}为气象条件i，j，k出现的联合频率，满足下式

$$\sum_i\sum_j\sum_k f_{ijk}=1$$

五、扩散参数的选择与计算

在高斯模式中扩散参数σ_y及σ_z是表示大气湍流扩散能力的核心参数，为了估算这些参数，目前主要有两种方法：一种是使用气象站常规仪器观测进行分类参数化，即所谓稳定度分类法；另一种是测量风速脉动量及其相关时间的湍流量确定法。前者简便易行，可以使用大量的气象台（站）的历史数据，但在精度上存在不少问题；后者的物理意义明确，精确程度高于分类法，但需要较好的仪器设备进行观测且无足够历史数据供给应用。在实际估算中常将二者结合起来，在进行野外实测评价时尽量使用湍流量测量来估算扩散参数，而进行长期平均使用历史资料时则使用稳定度等级分类法。目前较常使用的是修订的帕斯奎尔（Pasquill）分类法（简称P—S），该法将大气稳定度分为6个等级，即强不稳定类（A）、

不稳定类（B）、弱不稳定类（C）、中性（D）、弱稳定（E）、稳定（F）。

由云量、太阳高度角可按照表5-3确定辐射等级。

表5-3　根据云量、太阳高度角确定的辐射等级

总云量/低云量	夜间	太阳高度角（h_0）			
		≤15°	15°~35°	35°~65°	>65°
≤4/≤4	-2	-1	+1	+2	+3
5~7≤4	-1	0	+1	+2	+3
≥8/≥4	-1	0	0	+1	+1
≥5/5~7	0	0	0	0	+1
≥8/≥8	0	0	0	0	0
十分制云量	太阳辐射等级				

表5-3中，+3表示强太阳射入辐射，+2表示中等太阳射入辐射，+1表示弱太阳射入辐射，0表示太阳射入与地球射出辐射平衡，-1表示存在弱地球射出辐射，-2表示强地球射出辐射。

太阳高度角h_0的计算公式为

$$h_0 = \arcsin[\sin\varphi\sin\sigma + \cos\varphi\cos\sigma\cos(15t + \lambda - 300)] \tag{5-15}$$

式中：h_0为太阳高度角，deg；φ为当地纬度，deg；λ为当地经度，deg；t为进行观测的北京时间，h；σ为太阳倾角，deg。

太阳倾角σ的计算公式为

$$\sigma = [0.006918 - 0.39912\cos\theta_0 + 0.070257\sin\theta_0 - 0.006758\cos(2\theta_0) + 0.000907\sin(2\theta_0) - 0.002697\cos(3\theta_0) + 0.001480\sin(3\theta_0)]180/\pi \tag{5-16}$$

式中：θ_0为$360d_n/365$，deg；d_n为一年中的日期序数，取0，1，2，…，364。

由平均（10min平均）风速（10m高观测）及辐射等级数，按表5-4确定稳定度级别。

表5-4　由辐射等级及地表风速确定的稳定度级别

地表风速（m/s）	净辐射指数					
	+3	+2	+1	0	-1	-2
≤1.9	A	A~B	B	D	(E)	(F)
2~2.9	A~B	B	C	D	E	F
3~4.9	B	B~C	C	D	D	E
5~5.9	C	C~D	D	D	D	D
≥6	D	D	D	D	D	D

（1）有风时扩散参数σ_y、σ_z的确定：σ_y、σ_z可由表5-5和表5-6确定。

说明：对平原地区农村及城市远郊区，A、B、C级稳定度可直接由表5-5和表5-6查算，D、E、F级稳定度则需向不稳定方向提半级后再由表5-5、表5-6查算；对工业区或城区中的点源，A、B级不提级，C级提到B级，D、E、F级向不稳定方向提一级，再按表5-5和表5-6查算。

表 5-5 横向扩散参数的幂函数表达式数据（取样时间为 0.5h）

扩散参数	稳定度（P—S）	α_1	γ_1	下风距离（m）
$\sigma_y=\gamma_1 x^{\alpha_1}$	A	0.901 074	0.425 809	0~1000
		0.850 934	0.602 052	>1000
	B	0.914 370	0.281 846	0~1000
		0.865 014	0.396 353	>1000
	B~C	0.919 325	0.229 500	0~1000
		0.875 086	0.314 238	>1000
	C	0.924 279	0.177 154	0~1000
		0.885 157	0.232 123	>1000
	C~D	0.926 849	0.143 940	0~1000
		0.886 940	0.189 396	>1000
	D	0.929 418	0.110 726	0~1000
		0.888 723	0.146 669	>1000
	D~E	0.925 118	0.098 563 1	0~1000
		0.892 794	0.124 308	>1000
	E	0.920 818	0.086 400 1	0~1000
		0.896 864	0.101 947	>1000
	F	0.929 418	0.055 363 4	0~1000
		0.888 723	0.073 334 8	>1000

表 5-6 垂直扩散参数的幂函数表达式数据（取样时间为 0.5h）

扩散参数	稳定度（P—S）	α_2	γ_2	下风距离（m）
$\sigma_z=\gamma_2 x^{\alpha_2}$	A	1.121 54	0.079 990 4	0~300
		1.523 60	0.008 547 71	300~500
		2.108 81	0.000 211 545	>500
	B	0.964 435	0.127 190	0~500
		1.093 56	0.057 025 1	>500
	B~C	0.941 015	0.114 682	0~500
		1.007 70	0.075 718 2	>500
	C	0.917 595	0.106 803	0
	C~D	0.838 628	0.126 152	0~2000
		0.756 410	0.235 667	2000~10 000
		0.815 575	0.136 659	>10 000
	D	0.826 212	0.104 634	0~2000
		0.632 023	0.400 167	2000~10 000
		0.555 36	0.810 763	>10 000
	D~E	0.776 864	0.111 771	0~1000

续表

扩散参数	稳定度（P—S）	α_2	γ_2	下风距离（m）
$\sigma_z=\gamma_2 x^{\alpha_2}$	D~E	0.572 347	0.528 992	1000~10 000
		0.499 149	1.038 10	>10 000
	E	0.788 370	0.092 752 9	0~1000
		0.565 188	0.433 384	1000~10 000
		0.414 743	1.732 41	>10 000
	F	0.784 400	0.062 076 5	0~1000
		0.525 969	0.370 015	1000~10 000
		0.322 659	2.406 91	>10 000

若取样时间大于0.5h，垂直向扩散参数不变，横向扩散参数及稀释系数满足

$$\sigma_{y_{\tau_2}}=\sigma_{y_{\tau_1}}\left(\frac{\tau_2}{\tau_1}\right) \tag{5-17}$$

或σ_y的回归系数不变，α_1不变，回归系数γ_1满足

$$\gamma_{1_{\tau_2}}=\gamma_{1_{\tau_1}}\left(\frac{\tau_2}{\tau_1}\right)^q \tag{5-18}$$

式中：$\sigma_{y_{\tau_2}}$、$\sigma_{y_{\tau_1}}$分别对应取样时间为τ_2、τ_1时的横向扩散参数，m；$\gamma_{1_{\tau_2}}$、$\gamma_{1_{\tau_1}}$分别对应取样时间为τ_2、τ_1时的横向扩散参数的回归系数；q为时间稀释指数，由表5-7确定。

表5-7 时间稀释指数

适用时间范围（h）	q
$1\leqslant\tau<100$	0.3
$0.5\leqslant\tau<1$	0.2

（2）小风和静风时扩散参数的确定：小风（$0.5m/s\leqslant u_{10}<1.5m/s$）和静风（$u_{10}<0.5m/s$）时，0.5h取样时间的扩散参数的系数$\gamma_{01}$、$\gamma_{02}$按表5-8选取，$\sigma_x$和$\sigma_y$的计算公式为

$$\sigma_x=\sigma_y=\gamma_{01}T,\ \sigma_z=\gamma_{02}T$$

表5-8 小风和静风时的扩散参数系数

稳定度（P—S）	γ_{01}		γ_{02}	
	静风	小风	静风	小风
A	0.93	0.76	1.57	1.57
B	0.76	0.56	0.47	0.47
C	0.55	0.35	0.21	0.21
D	0.47	0.27	0.12	0.12
E	0.44	0.24	0.07	0.07
F	0.44	0.24	0.05	0.05

六、烟气抬升高度的计算

烟气抬升对高速或热量很大的烟气排放而言是非常重要的因素。因为污染物落地浓度的最大值与烟气有效高度的平方成反比，烟气抬升高度有时可达烟团本身高度的数倍，从而极显著地降低了地面污染物的浓度。

烟气抬升的有关公式很多，总的来说可以分为两大类：一类是通过对抬升机理的研究而得到的理论公式，另一类是通过实验观测得到的经验公式。以下主要介绍中国常用的计算公式，它是在综合多种研究结果的基础上提出的一种半经验公式。抬升后的烟气高度称为有效高度 H_e，计算公式为

$$H_e = H_s + \Delta H$$

式中：H_s为排气筒的几何高度，m；ΔH 为抬升高度，m。其计算方法分为以下几种情况。

（1）有风时，中性和不稳定条件下。

1）当烟气热释率 $Q_h \geqslant 2100\text{kJ/s}$，且烟气温度与周围环境的温度 $\Delta T \geqslant 35\text{K}$ 时，ΔH 的计算公式为

$$\Delta H = n_0 Q_h^{n_1} H^{n_2} u^{-1}$$

$$Q_h = 0.35 p_a Q_v \frac{\Delta T}{T_t} \tag{5-19}$$

$$\Delta T = T_t - T_a$$

式中：n_0为烟气热状况及地表状况系数，见表 5-9；Q_h为烟气热释放率，kJ/s；n_1为烟气热释放率指数，见表 5-9；H 为排气筒距地面的几何高度，m；n_2为烟囱高度指数，见表 5-9；u 为排气筒出口处的平均风速，m/s；p_a为大气压力，hpa；Q_v为实际排烟速率，m^3/s；ΔT 为烟气出口温度与环境温度的差，K；T_t为烟气出口温度，K；T_a为环境大气温度，K。

表 5-9　　n_0、n_1、n_2的选取

Q_h（kJ/s）	地表状况（平原）	n_0	n_1	n_2
$Q_h \geqslant 21\ 000$	农村或城市远郊区	1.427	1/3	2/3
	城市及近郊区	1.303	1/3	2/3
$2100 \leqslant Q_h < 21\ 000$ 且 $\Delta T \geqslant 35\text{K}$	农村或城市远郊区	0.332	3/5	2/5
	城市及近郊区	0.292	3/5	2/5

2）当 $1700\text{kJ/s} < Q_h < 2010\text{kJ/s}$ 时，ΔH 的计算公式为

$$\Delta H = \Delta H_1 + (\Delta H_2 - \Delta H_1) \frac{Q_h - 1700}{400} \tag{5-20}$$

$$\Delta H_1 = 2(1.5 V_s D + 0.01 Q_h)/u - 0.048(Q_h - 1700)/u$$

式中：V_s为排气筒出口处烟气排出速度，m/s；D 为排气筒出口直径，m。

ΔH_2与式（5-19）中的定义相同。

3）当 $Q_h \leqslant 1700\text{kJ/s}$ 或者 $\Delta T < 35\text{K}$ 时，ΔH 的计算公式为

$$\Delta H = 2(1.5 V_s D + 0.01 Q_h)/u \tag{5-21}$$

式中各参数的定义同上。

（2）有风时，稳定条件下，ΔH 的计算公式为

$$\Delta H = Q_h^{1/3}\left(\frac{dT_a}{dz} + 0.0098\right)^{-1/3} u^{-1/3} \tag{5-22}$$

式中：dT_a/dz 为排气筒几何高度以上的大气温度度梯度，K/m。

（3）静风（$u_{10}<0.5m/s$）和小风($0.5m/s \leq u_{10} < 1.5m/s$)时

$$\Delta H = 5.50 Q_h^{1/4}\left(\frac{dT_a}{dz} + 0.0098\right)^{-3/8} \tag{5-23}$$

式（5-23）中，dT_a/dz 的取值小于 0.01K/m。

第三节　大气环境影响评价的工作程序和工作内容

一、大气环境影响评价的技术工作程序

大气环境影响评价的技术工作程序可分为以下三个阶段。

第一阶段：主要工作包括研究有关文件、环境空气质量现状调查、初步工程分析、环境空气敏感区调查、评价因子筛选、评价标准确定、气象特征调查、地形特征调查、编制工作方案、确定评价工作等级和评价范围等。

第二阶段：主要工作包括污染源的调查与核实、环境空气质量现状监测、气象观测数据调查与分析、地形数据收集和大气环境影响预测与评价等。

第三阶段：主要工作包括给出大气环境影响评价结论与建议、完成环境影响评价文件的编写等。

大气环境影响评价的技术工作程序如图 5-5 所示。

二、大气环境影响识别与评价因子筛选

建设项目的环境影响随建设类型、性质和规模而变化。建设项目包含的类型非常多。不同的工业工程建设项目生产过程涉及的原材料、生产的工艺流程、排放的各种废弃物具有不同的特性。不同生产性质的工业项目对环境的影响存在差异。在各种建设项目中对大气环境产生影响的工业部门主要包括能源工业、交通运输业、钢铁工业、有色金属冶炼工业、化学工业、石油化学工业、制浆和造纸工业等。

1. 交通运输建设项目的大气环境影响识别

交通运输建设项目包括高速公路、山区的隧道、发展城市的高架快速道路、机场的建设、江河航道的开辟，港口、码头的建设等。其中，对大气产生影响比较显著的项目包括高速公路的建设、城市高架快速路的建设和机场的建设。

在识别交通运输业对大气环境的影响时要注意以下几个特殊性。

（1）汽车尾气污染的特殊性，决定了交通运输业对大气影响的严重性。汽车排气量虽小，一般为 $100m^3/h$，但汽车数量多，尾气成分复杂，至少包括 100 种，其中主要包括以下几种。

1）完全燃烧产物：二氧化碳、水蒸气、苯并（a）芘。

2）不完全燃烧产物：一氧化碳、氢气。

3）燃料分解产物：碳氢化合物、碳烟。

4）燃烧中间产物：醛、乙醇、酚、有机酸。

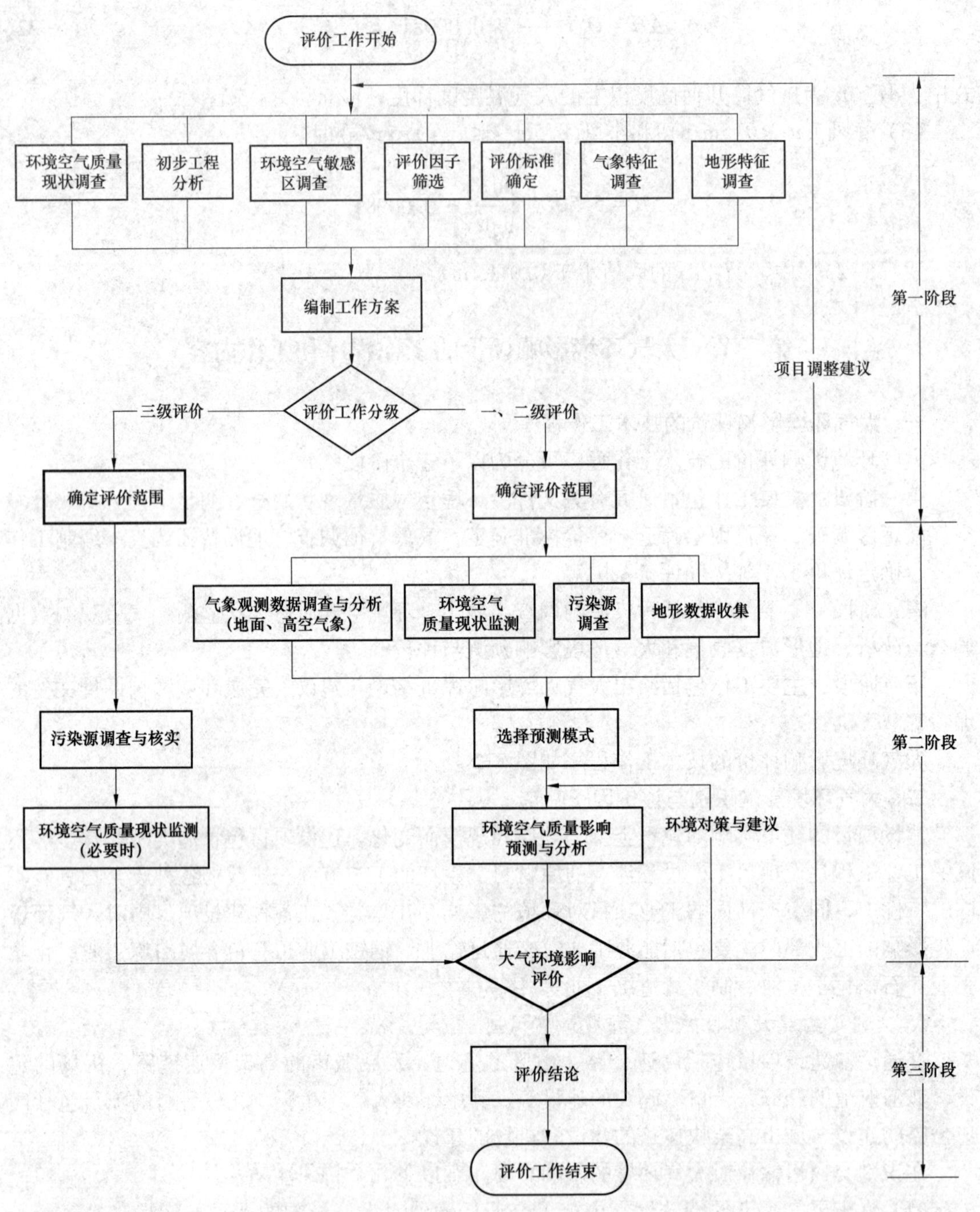

图 5-5 大气环境影响评价的技术工作程序

5）空气氧化产物：氮氧化物、氨。

6）燃料及润滑油的添加物及有毒物质：氧化铅、硫化物、磷化物、金属化合物等。

（2）汽车尾气排气口高度与人的呼吸高度接近。在一定范围内污染物的地面浓度与距离的平方成反比。

（3）汽车的体积小，流动性大。汽车尾气污染具有流动性、不确定性。有资料显示：交通堵塞地区大气中的有害物质含量高于其他交通地区。

交通工程建设项目对大气环境的影响可分为建设阶段与建成阶段。建设期间大量的土地裸露，并且由于车辆的运输与开挖引起很大的扰动，车辆的尾气排放和地面扬尘成为大气环境的主要影响因素。公路建成投入使用后，机动车辆往复行驶，排放废气，公路成为对大气环境影响的线污染源。

2. 能源建设项目的大气环境影响识别

对大气环境有影响的能源建设项目主要包括煤、石油、天然气等的开发利用，例如，中国目前比较常见的火力发电厂。以下主要讨论火力发电建设项目的大气环境影响识别。

火力发电厂建成后对大气环境的影响主要来自煤炭燃烧后的排放。因此，煤炭的种类和排放的条件是大气环境影响的重要作用因素。不同的煤炭种类含有的硫分、灰分及其他成分（如氟）的比例各不相同，不同的排放方式对大气环境产生的影响也不同。在识别大气环境影响的过程中有以下几点需要注意。

（1）排放量都大。以120kW的发电机组为例，锅炉蒸发量为4000t/h，耗煤量为660t/h。若煤的含硫量0.49%，则二氧化硫的排放量约为5.3t/h。

（2）一般都以高架点源的形式排放污染物。为提高扩散能力，根据发电容量和当地的地质和气象条件烟囱高度可从60m到240m。

（3）影响范围大。由于是高架点源排放，所以，虽然污染物被稀释扩散，但影响的范围大。有时会造成跨区域的影响，如酸雨的形成及其造成的影响。

3. 矿业建设项目的大气环境影响识别

矿业建设的大气环境影响识别，主要是对煤矿工程建设项目与金属矿开发建设项目进行分析。开采过程中的影响识别是矿业建设项目的重点。矿山开发的方式不同对大气环境的影响也不同。露天矿在开采过程中常用炸药爆破，露天矿爆破产生的粉尘气体可飘浮10~12km远。特大型矿山在数千米直径范围内降落的粉尘可达数百吨。当煤矿的粉尘中含有1%~12%的硫分时，在空气中氧化遇水能产生酸性降水。矿区的公路可能对公路两侧的土地造成矿尘污染。由于运输车辆的运行、矿石的散落、矿尘随风迁移，会对周围的居民和农田造成严重影响。

大气环境影响评价因子主要为项目排放的常规污染物及特征污染物。

三、评价工作等级及评价范围确定

1. 评价工作分级方法

根据《环境影响评价技术导则　大气环境》（HJ 2.2—2008）选择推荐模式中的估算模式对项目的大气环境评价工作进行分级。结合项目的初步工程分析结果，选择正常排放的主要污染物及排放参数，采用估算模式计算各污染物在简单平坦地形、全气象组合条件下的最大影响程度和最远影响范围，然后按评价工作分级判据进行分级。

2. 评价工作等级的确定

根据项目的初步工程分析结果，选择1~3种主要污染物，分别计算每一种污染物的最大地面质量浓度占标率P_i（第i个污染物），及第i个污染物的地面质量浓度达标准限值的10%时所对应的最远距离$D_{10\%}$。其中，P_i的定义为

$$P_i = C_i / C_{0i} \times 100\% \tag{5-24}$$

式中：P_i为第i个污染物的最大地面质量浓度占标率,%；C_i为采用估算模式计算出的第i个污

染物的最大地面质量浓度，mg/m^3；C_{0i} 为第 i 个污染物的环境空气质量浓度标准（小时浓度），mg/m^3。

评价工作等级可按表 5-10 的分级判据进行划分。最大地面质量浓度占标率 P_i 按公式（5-24）计算，如果污染物数 i 大于 1，那么取 P 值中最大者（P_{max}）和其对应的 $D_{10\%}$。

表 5-10 评价工作等级

评价工作等级	依据指标
一级	P_{max}≥80%，且 $D_{10\%}$≥5km
二级	其他
三级	P_{max}≤10%或 $D_{10\%}$<污染源距厂界最近距离

评价工作等级的确定还应符合以下规定。

（1）同一项目有多个（两个以上，含两个）污染源排放同一种污染物时，按各污染源分别确定其评价等级，并取评价级别最高者作为项目的评价等级。

（2）对于高耗能行业的多源（两个以上，含两个）项目，评价等级应不低于二级。

（3）对于建成后全厂的主要污染物排放总量都有明显减少的改、扩建项目，评价等级可低于一级。

（4）如果评价范围内包含一类环境空气质量功能区，或者评价范围内主要评价因子的环境质量已接近或超过环境质量标准，或者项目排放的污染物对人体健康或生态环境有严重危害的特殊项目，评价等级一般不低于二级。

（5）对于以城市快速路、主干路等城市道路为主的新建、扩建项目，应考虑交通线源对道路两侧的环境保护目标的影响，评价等级应不低于二级。

（6）对于公路、铁路等项目，应分别按项目沿线主要集中式排放源（如服务区、车站等大气污染源）排放的污染物计算其评价等级。

（7）可以根据项目的性质，评价范围内环境空气敏感区的分布情况，以及当地大气污染程度，对评价工作等级做适当调整，但调整幅度上下不应超过一级。调整结果应征得环保主管部门同意。

3. 评价范围的确定

根据项目排放污染物的最远影响范围确定项目的大气环境影响评价范围。即以排放源为中心点，以 $D_{10\%}$ 为半径的圆或 $2×D_{10\%}$ 为边长的矩形作为大气环境影响评价范围；当最远距离超过 25km 时，确定评价范围为半径 25km 的圆形区域，或边长 50km 矩形区域。

评价范围的直径或边长一般不应小于 5km。对于以线源为主的城市道路等项目，评价范围可设定为线源中心两侧各 200m 的范围。

四、大气环境质量现状调查与评价

大气环境质量现状调查的目的是为了取得进行大气环境质量预测和评价所需的背景数据。因此，监测范围、监测项目、监测点和监测制度的确定，都应根据拟建项目的规模、性质和厂址周围的地理环境及实际条件而定，突出针对性和实用性。

1. 监测制度

一级评价项目应进行二期（冬季、夏季）监测；二级评价项目可取一期不利季节进行监测，必要时应作二期监测；三级评价项目必要时可作一期监测。

每期的监测时间，至少应取得有季节代表性的7天的有效数据，采样时间应符合监测数据的统计要求。对于评价范围内没有排放同种特征污染物的项目，可减少监测天数。

监测时间的安排和采用的监测手段，应能同时满足环境空气质量现状调查、污染源数据验证及预测模式的需要。监测时应使用空气自动监测设备，在不具备自动连续监测条件时，1小时质量浓度监测值应遵循下列原则：一级评价项目每天监测时段，应至少获取当地时间2，5，8，11，14，17，20，23时8个小时质量浓度值；二级和三级评价项目每天监测时段，至少获取当地时间2，8，14，20时4个小时质量浓度值。日平均质量浓度监测值应符合《环境空气质量标准》（GB 3095）中对数据有效性的规定。

对于部分无法进行连续监测的特殊污染物，可监测其一次质量浓度值，监测时间应满足所用评价标准值的取值时间要求。

2. 监测布点

（1）监测点设置。应根据项目的规模和性质，结合地形的复杂性、污染源及环境空气保护目标的布局，综合考虑监测点设置数量。

1）一级评价项目，监测点应包括评价范围内有代表性的环境空气保护目标，点位不少于10个。

2）二级评价项目，监测点应包括评价范围内有代表性的环境空气保护目标，点位不少于6个。对于地形复杂、污染程度空间分布差异较大，环境空气保护目标较多的区域，可酌情增加监测点数目。

3）三级评价项目，若评价范围内已有例行监测点位，或评价范围内有近3年的监测数据，且其监测数据有效性符合《环境影响评价技术导则　大气环境》（HJ 2.2—2008）中的有关规定，并能满足项目评价要求，则可不再进行现状监测，否则，应设置2~4个监测点。

对于评价范围内没有其他污染源排放同种特征污染物的项目，可适当减少监测点位。

4）对于公路、铁路等项目，应分别在各主要集中式排放源（如服务区、车站等大气污染源）评价范围内，选择有代表性的环境空气保护目标设置监测点位，监测点设置数目参考一般建设项目执行。

5）城市道路项目，可不受上述监测点设置数目的限制，根据道路布局和车流量状况，并结合环境空气保护目标的分布情况，选择有代表性的环境空气保护目标设置监测点位。

（2）监测点位。监测点的布设，应尽量全面、客观、真实反映评价范围内的环境空气质量。

1）一级评价项目。

① 以监测期间所处季节的主导风向为轴向，取上风向为0°，至少在约0°、45°、90°、135°、180°、225°、270°、315°方向上各设置1个监测点，在主导风向下风向距离中心点（或主要排放源）不同距离处，加密布设1~3个监测点。具体监测点位可根据局地地形条件、风频分布特征，以及环境功能区、环境空气保护目标所在方位做适当调整。各个监测点要有代表性，环境监测值应能反映各环境空气敏感区、各环境功能区的环境质量，以及预计受项目影响的高浓度区的环境质量。

② 各监测期，环境空气敏感区的监测点位置应重合。预计受项目影响的高浓度区的监测点位，应根据各监测期所处季节的主导风向进行调整。

2）二级评价项目。

① 以监测期所处季节的主导风向为轴向，取上风向为 0°，至少在约 0°、90°、180°、270°方向上各设置 1 个监测点，主导风向下风向应增设密布点。具体监测点位可根据局地地形条件、风频分布特征，以及环境功能区、环境空气保护目标所在方位做适当调整。各个监测点要有代表性，环境监测值应能反映各环境空气敏感区、各环境功能区的环境质量，以及预计受项目影响的高浓度区的环境质量。

② 如果需要进行二期监测，则应与一级评价项目相同，可根据各监测期所处季节主导风向调整监测点位。

3）三级评价项目。

① 以监测期所处季节的主导风向为轴向，取上风向为 0°，至少在约 0°、180°方向上各设置 1 个监测点，主导风向下风向应增设密布点，也可根据局地地形条件、风频分布特征，以及环境功能区、环境空气保护目标所在方位做适当调整。各个监测点要有代表性，环境监测值应能反映各环境空气敏感区、各环境功能区的环境质量，以及预计受项目影响的高浓度区的环境质量。

② 如果评价范围内已有例行监测点则可不再安排监测。

4）城市道路评价项目。对于城市道路等线源项目，应在项目评价范围内，选取有代表性的环境空气保护目标设置监测点。监测点的布设还应结合敏感点的垂直空间分布进行设置。

5）监测点位置的周边环境条件。环境空气质量监测点位置的周边环境应符合相关环境监测技术规范的规定。监测点周围空间应开阔，采样口水平线与周围建筑物的高度夹角应小于 30°；监测点周围应有 270°采样捕集空间，并且空气流动不受任何影响；避开局地污染源的影响，原则上监测点周围 20m 范围内应没有局地排放源；避开树木和吸附力较强的建筑物，一般监测点周围在 15~20m 范围内没有绿色乔木、灌木等。

3. 大气环境质量现状评价

过去，国内外大气环境质量现状评价多采用环境质量综合指数，例如，上海大气质量指数，北京、南京、广州的均值型大气质量指数和美国橡树岭大气质量指数（ORAQI）等。

综合指数是以大气环境内各评价因子的分指数为基础，经过数学关系式运算得到。因此，如果有几种污染物浓度很低，就有可能把某个污染物浓度较高的情况掩盖起来，或者个别污染物浓度很高，有可能把几种污染物浓度较低的情况掩盖起来。这样，用综合指数表征大气环境质量的优劣就偏离了实际。

目前，一般都采用比较直观、简单的单项评价指数评价大气环境质量，其表达式为

$$I_j = C_i / C_{0i}$$

式中：C_i为环境污染物 i 的实测浓度，mg/m^3；C_{0i}为污染物 i 的环境质量标准值，mg/m^3。

五、气象观测资料调查

1. 气象观测资料调查的基本原则

气象观测资料的调查要求与项目的评价等级有关，还与评价范围内地形的复杂程度、水平流场是否均匀一致、污染物排放是否连续稳定有关。

常规气象观测资料包括常规地面气象观测资料和常规高空气象探测资料。

对于各级评价项目，均应调查评价范围 20 年以上的主要气候统计资料，包括年平均风

速和风向玫瑰图、最大风速与月平均风速、年平均气温、极端气温与月平均气温、年平均相对湿度、年均降水量、降水量极值、日照等。

对于一级、二级评价项目，还应调查逐日、逐次的常规气象观测资料及其他气象观测资料。

2. 一级评价项目气象观测资料调查要求

对于一级评价项目，气象观测资料调查基本要求分以下两种情况。

（1）在评价范围小于50km条件下，应调查地面气象观测资料，并按选取的模式要求和地形条件，补充调查必需的常规高空气象探测资料。

（2）在评价范围大于50km条件下，应调查地面气象观测资料和常规高空气象探测资料。

调查地面气象观测资料时，应调查距离项目最近的地面气象观测站，近5年内的至少连续3年的常规地面气象观测资料。如果地面气象观测站与项目的距离超过50km，并且地面站与评价范围的地理特征不一致，则还需要补充地面气象观测资料。

调查高空气象观测资料时，应调查距离项目最近的高空气象探测站，近5年内的至少连续3年的常规高空气象探测资料。如果高空气象探测站与项目的距离超过50km，那么高空气象资料可采用中尺度气象模式模拟的50km内的格点气象资料。

3. 二级评价项目气象观测资料调查要求

对于二级评价项目，气象观测资料调查的基本要求与一级评价项目相同。

调查地面气象观测资料时，应调查距离项目最近的地面气象观测站，近3年内的至少连续一年的常规地面气象观测资料。如果地面气象观测站与项目的距离超过50km，并且地面站与评价范围的地理特征不一致，则还需要补充地面气象观测。

调查高空气象观测资料时，应调查距离项目最近的常规高空气象探测站，近3年内的至少连续一年的常规高空气象探测资料。如果高空气象探测站与项目的距离超过50km，那么高空气象资料可采用中尺度气象模式模拟的50km内的格点气象资料。

4. 气象观测资料调查内容

地面气象观测资料的时次：根据所调查的地面气象观测站的类别，并遵循先基准站，次基本站，后一般站的原则，收集每日实际的逐次观测资料。

地面气象观测资料的常规调查项目：时间（年、月、日、时）、风向（以角度或按16个方位表示）、风速、干球温度、低云量、总云量。

根据不同评价等级预测精度要求及预测因子特征，可选择观测资料的调查内容：湿球温度、露点温度、相对湿度、降水量、降水类型、海平面气压、观测站地面气压、云底高度、水平能见度等。

常规高空气象观测资料的时次：根据所调查的常规高空气象探测站的实际探测时次确定，一般应至少调查每日1次（北京时间8点）的距地面1500m高度以下的高空气象探测资料。

常规高空气象观测资料的常规调查项目：时间（年、月、日、时）、探空数据层数、每层的气压、高度、气温、风速、风向（以角度或按16个方位表示）。

5. 补充地面气象观测要求

若地面站与评价范围内的地理特征不一致，应在评价范围内设立地面气象站，站点设置应符合相关地面气象观测规范的要求。

一级评价的补充观测应进行为期一年的连续观测；二级评价的补充观测可选择有代表性的季节进行连续观测，观测期限应在两个月以上。

六、大气环境影响预测与评价

1. 预测内容与步骤

大气环境影响预测用于判断项目建成后对评价范围大气环境影响的程度和范围。常用的大气环境影响预测方法是通过建立数学模型来模拟各种气象条件、地形条件下的污染物在大气中输送、扩散、转化、清除等的物理、化学机制。

大气环境影响预测的一般步骤为：①确定预测因子；②确定预测范围；③确定计算点；④确定污染源计算清单；⑤确定气象条件；⑥确定地形数据；⑦确定预测内容和设定预测情景；⑧选择预测模式；⑨确定模式中的相关参数；⑩进行大气环境影响预测与评价。

2. 预测因子

预测因子应根据评价因子确定，应选取有环境空气质量标准的评价因子作为预测因子。

3. 预测范围

预测范围应覆盖评价范围，同时还应根据污染源的排放高度，评价范围内的主导风向、地形和周围环境空气敏感区的位置等，进行适当调整。

计算污染源对评价范围的影响时，一般取东西向为 X 坐标轴、南北向为 Y 坐标轴，项目位于预测范围的中心区域。

4. 计算点

计算点可分为三类：环境空气敏感区、预测范围内的网格点及区域最大地面浓度点。应选择所有的环境空气敏感区中的环境空气保护目标作为计算点。预测网格点的设置应具有足够的分辨率以尽可能精确预测污染源对评价范围的最大影响。预测网格可以根据具体情况采用直角坐标网格或极坐标网格，并应覆盖整个评价范围。区域最大地面浓度点的预测网格设置，应依据计算出的网格点质量浓度分布确定，在高浓度分布区，计算点间距应不大于50m。对于邻近污染源的高层住宅楼，应适当考虑不同代表高度上的预测受体。

5. 气象条件

计算小时平均质量浓度需采用长期气象条件，进行逐时或逐次计算。选择污染最严重的（针对所有计算点）小时气象条件和对各环境空气保护目标影响最大的若干个小时气象条件（可视对各环境空气敏感区的影响程度而定）作为典型小时气象条件。

计算日平均质量浓度需采用长期气象条件，进行逐日平均计算。选择污染最严重的（针对所有计算点）日气象条件和对各环境空气保护目标影响最大的若干个日气象条件（可视对各环境空气敏感区的影响程度而定）作为典型日气象条件。

6. 地形数据

在非平坦的评价范围内，地形的起伏对污染物的传输、扩散会存在一定的影响。对于复杂地形下的污染物扩散模拟需要输入地形数据。

对地形数据的来源应予以说明，地形数据的精度应结合评价范围及预测网格点的设置进行合理选择。

7. 确定预测内容

大气环境影响预测内容依据评价工作等级和项目的特点而定。

一级评价项目的预测内容一般包括以下几项。

(1) 全年逐时或逐次小时气象条件下，环境空气保护目标、网格点处的地面质量浓度和评价范围内的最大地面小时质量浓度。

(2) 全年逐日气象条件下，环境空气保护目标、网格点处的地面质量浓度和评价范围内的最大地面日平均质量浓度。

(3) 长期气象条件下，环境空气保护目标、网格点处的地面质量浓度和评价范围内的最大地面年平均质量浓度。

(4) 非正常排放情况，全年逐时或逐次小时气象条件下，环境空气保护目标的最大地面小时质量浓度和评价范围内的最大地面小时质量浓度。

(5) 对于施工期超过一年，并且施工期排放的污染物影响较大的项目，还应预测施工期间的大气环境质量。

二级评价项目的预测内容为一级评价内容中的（1）~（4）项内容。

三级评价项目可不进行上述预测。

8. 大气环境影响预测分析与评价

大气环境影响预测分析与评价的主要内容包括以下几项。

(1) 对环境空气敏感区的环境影响分析，应考虑其预测值和同点位处的现状背景值的最大值的叠加影响；对最大地面质量浓度点的环境影响分析可考虑预测值和所有现状背景值的平均值的叠加影响。

(2) 叠加现状背景值，分析项目建成后最终的区域环境质量状况，即：新增污染源预测值+现状监测值-削减污染源计算值（如果存在）-被取代污染源计算值（如果存在）= 项目建成后最终的环境影响。若评价范围内还存在其他在建项目、已批复环境影响评价文件的拟建项目，也应考虑其建成后对评价范围的共同影响。

(3) 分析典型小时气象条件下，项目对环境空气敏感区和评价范围的最大环境影响，分析污染物浓度是否超标、超标程度、超标位置，以及污染物小时质量浓度超标概率和最大持续发生时间，并绘制评价范围内出现区域小时质量浓度最大值时所对应的质量浓度等值线分布图。

(4) 分析典型日气象条件下，项目对环境空气敏感区和评价范围的最大环境影响，分析污染物浓度是否超标、超标程度、超标位置，以及污染物日平均质量浓度超标概率和最大持续发生时间，并绘制评价范围内出现区域日平均质量浓度最大值时所对应的质量浓度等值线分布图。

(5) 分析长期气象条件下，项目对环境空气敏感区和评价范围的环境影响，分析污染物浓度是否超标、超标程度、超标范围及位置，并绘制预测范围内的质量浓度等值线分布图。

(6) 分析评价不同排放方案对环境的影响，即从项目的选址、污染源的排放强度与排放方式、污染控制措施等方面评价排放方案的优劣，并针对存在的问题（如果存在）提出解决方案。

(7) 对解决方案进行进一步预测和评价，并给出最终的推荐方案。

七、大气环境防护距离

1. 大气环境防护距离的确定方法

采用《环境影响评价技术导则　大气环境》（HJ 2.2—2008）推荐模式中的大气环境防护距离模式计算各无组织排放源的大气环境防护距离。计算出的距离是以污染源中心点为起点的控制距离，并结合厂区平面布置图，确定需要控制的范围。将超出厂界以外的范围，确定为项目大气环境防护区域。

当无组织源排放多种污染物时，应分别计算，并按计算结果的最大值确定其大气环境防护距离。

对于属于同一生产单元（生产区、车间或工段）的无组织排放源，应合并作为单一面源计算并确定其大气环境防护距离。

2. 大气环境防护距离的参数选择

对于有场界无组织排放监控浓度限值的，大气环境影响预测结果应首先满足场界无组织排放监控浓度限值要求。如预测结果在场界监控点处（以标准规定为准）出现超标，则应要求削减排放源强。计算大气环境防护距离的污染物排放源强应采用削减达标后的源强。

八、大气环境影响评价结论与建议

1. 项目选址及总图布置的合理性和可行性

根据大气环境影响预测结果及大气环境防护距离计算结果，评价项目选址及总图布置的合理性和可行性，并给出优化调整的建议及方案。

2. 污染源的排放强度与排放方式

根据大气环境影响预测结果，比较污染源的不同排放强度和排放方式（包括排气筒高度）对区域环境的影响，并给出优化调整的建议。

3. 大气污染控制措施

大气污染控制措施必须保证污染源的排放符合排放标准的有关规定，同时，最终环境影响也应符合环境功能区划要求。根据大气环境影响预测结果评价大气污染防治措施的可行性，并提出对项目实施环境监测的建议，给出大气污染控制措施优化调整的建议及方案。

4. 大气环境防护距离的设置

根据大气环境防护距离计算结果，结合厂区平面布置图，确定项目大气环境防护区域。若大气环境防护区域内存在长期居住的人群，则应给出相应的搬迁建议或优化调整项目布局的建议。

5. 污染物排放总量控制指标的落实情况

评价项目完成后污染物排放总量控制指标能否满足环境管理要求，并明确总量控制指标的来源。

6. 大气环境影响评价结论

结合项目选址、污染源的排放强度与排放方式、大气污染控制措施及总量控制等方面综合进行评价，明确给出大气环境影响可行性结论。

第四节 《环境影响评价技术导则 大气环境》的推荐模式及案例分析

一、《环境影响评价技术导则 大气环境》的推荐模式

《环境影响评价技术导则 大气环境》（HJ 2. 2—2008）推荐的大气污染物计算模式由三种类型构成：估算模式、进一步预测模式、大气环境防护距离计算模式。

1. 估算模式

估算模式 SCREEN3 是一种单源预测模式，可计算点源、面源和体源等污染源的污染物最大地面浓度，以及建筑物下洗和熏烟等特殊条件下的污染物最大地面浓度，估算模式中嵌入了多种预设的气象组合条件，包括一些最不利的气象条件，此类气象条件在某个地区有可

能发生，也有可能不发生。经估算模式计算出的最大地面浓度大于进一步预测模式的计算结果。对于小于1小时的短期非正常排放，可采用估算模式进行预测。估算模式适用于评价等级及评价范围的确定。

估算模式数据的需求量较少，这些基本参数包括源参数、建筑物下洗参数、海岸熏烟参数等，见表5-11。

表5-11 估算模式所需的基本参数

参数类型		数据要求
源参数	点源	点源排放速率（g/s），烟囱几何高度（m），烟囱出口内径（m），烟囱出口处烟气排放速度（m/s），烟囱出口处的烟气温度（K）
	火炬源	排放速率（g/s），火炬源高度（m），总热释放速率（J/s）
	面源	排放高度（m），长度（m，矩形面源较长的一边），宽度（m，矩形面源较短的一边）
	体源	体源排放速率（g/s），排放高度（m），初始横向扩散参数（m），初始垂直扩散参数（m），体源初始扩散参数的估算见表5-12，烟囱出口处周围环境温度（K），计算点高度（m）
建筑物下洗参数		建筑物高度（m），建筑物宽度（m），建筑物长度（m）
海岸熏烟参数		排放源到岸边的最近距离（m）
其他参数		计算点高度（m），风速计的高度（m）

表5-12 体源初始扩散参数的估算

源的类型	初始横向扩散参数	初始垂直扩散参数
地面源（H_e~0）	σ_{y_0}=源的横向边长/4.3	σ_{z_0}=源的高度/2.15
在建筑物上或邻近建筑物的源（H_e>0）	σ_{y_0}=源的横向边长/4.3	σ_{z_0}=建筑物高度/2.15
有地形高度，但不在建筑物上或邻近建筑物的源（H_e>0）	σ_{y_0}=源的横向边长/4.3	σ_{z_0}=源的高度/4.3

以点源为例，其操作方法如下：

在SCREEN3估算模式所在的文件目录中，直接单击应用程序SCREEN3，然后根据提示符，选择相应的参数。

（1）ENTER TITLE FOR THIS RUN（UP TO 79 CHARACTERS）输入项目名称（最多79个字符）。

（2）ENTER SOURCE TYPE AND ANY OF THE ABOVE OPTIONS 按照上面的选项选择源的类型（P点源、F火炬源、A面源、V体积源）。

（3）ENTER EMISSION RATE 输入源强排放速率（g/s）。

（4）ENTER STACK HEIGHT 烟囱高度（m）。

（5）ENTER STACK INSIDE DIAMETER 烟囱内径（m）。

（6）ENTER STACK GAS EXIT VELOCITY（DEFAULT）烟气排放速率（m/s）（默认选项）。

（7）ENTER STACK GAS EXIT TEMPERATURE 烟气排放温度（K）。

（8）ENTER AMBIENT AIR TEMPERATURE 烟囱出口处的环境温度（K）。

（9）ENTER RECEPTOR HEIGHT ABOVE GROUND 计算点的高度（m）。

（10）ENTER URBAN/RURAL OPTION（U=URBAN，R=RURAL）输入城市/乡村选项（U=城市，R=乡村）。

（11）CONSIDER BUILDING DOWNWASH IN CALCS？ENTER Y OR N 是否考虑建筑物下洗？输入 Y 或 N。

（12）USE COMPLEX TERRAIN SCREEN FOR TERRAIN ABOVE STACK HEIGHT？ENTER Y OR N 使用地形高于烟囱高度的复杂地形？输入 Y 或 N。

（13）USE SIMPLE TERRAIN SCREEN WITH TERRAIN ABOVE STACK BASE？ENTER Y OR N 使用地形高于烟囱基底的简单地形？输入 Y 或 N。

（14）ENTER CHOICE OF METEOROLGY；1-FULL METEOROLOGY（ALL STABILITIES & WIND SPEED）选择气象数据。在测算时，选择 1（全部的稳定度和风速组合）。

（15）USE AUTOMATED DISTANCE ARRAY？ENTER Y OR N 是否使用计算点的自动间距？输入 Y 或 N。

（16）ENTER TERRAIN HEIGHT ABOVE STACK BASE 输入烟囱底部的地形高度（m）。

（17）ENTER MIN AND MAX DISTANCES TO USE 输入最小和最大计算点的距离（m）。在测算时，一般选择 10~50 000m，如果排放量小、烟囱低，可视实际情况设置最远距离。

（18）USE DISCRETE DISANCES？ENTER Y OR N 要计算不同距离的计算点吗？输入 Y 或 N。在测算时，选择 N。

（19）DO YOU WISH TO MAKE A FUMIGATION CALCULATION？ENTER Y OR N 要计算熏烟情况吗？输入 Y 或 N。

（20）DO YOU WANT TO PRINT A HARDCOPY OF THE RESULTS？ENTER Y OR N 需要打印结果吗？输入 Y 或 N。

2. 进一步预测模式

（1）AERMOD 模式系统。AERMOD 是一个稳态烟羽扩散模式，可基于大气边界层数据特征模拟点源、面源、体源等排放出的污染物在短期（小时平均、日平均）、长期（年平均）的浓度分布，适用于农村或城市地区、简单或复杂地形。AERMOD 考虑了建筑物尾流的影响，即烟羽下洗。AERMOD 模式使用每小时连续预处理气象数据模拟大于等于 1 小时平均时间的浓度分布。AERMOD 包括两个预处理模式，即 AERMET 气象预处理模式和 AERMAP 地形预处理模式。

AERMOD 适用于评价范围小于等于 50km 的一级、二级评价项目。

（2）ADMS 模式系统。ADMS 可模拟点源、面源、线源和体源等排放出的污染物在短期（小时平均、日平均）、长期（年平均）的浓度分布，还包括一个街道窄谷模型，适用于农村或城市地区、简单或复杂地形。ADMS 模式考虑了建筑物下洗、湿沉降、重力沉降和干沉降，以及化学反应等功能。化学反应模块包括计算一氧化氮、二氧化氮和臭氧等之间的反应。ADMS 具有气象预处理程序，可以用地面的常规观测资料、地表状况，以及太阳辐射等参数模拟基本气象参数的廓线值。在简单地形条件下，使用该模型模拟计算时，可以不调查探空观测资料。

（3）CALPUFF 模式系统。CALPUFF 是一个烟团扩散模型系统，可模拟三维流场随时间和空间发生变化时污染物的输送、转化和清除过程。CALPUFF 适用于从 50km 到几百千米的模拟范围，包括次层网格尺度的地形处理，如复杂地形的影响；还包括长距离模拟的计算功能，如污染物的干、湿沉降，化学转化，以及颗粒物浓度对能见度的影响。

CALPUFF 适用于评价范围大于 50km 的区域和规划环境影响评价等项目。

3. 大气环境防护距离计算模式

大气环境防护距离计算模式是基于估算模式开发的计算模式，此模式主要用于确定无组织排放源的大气环境防护距离。

二、SCREEN3模型应用案例分析

某供热站位于乡村，锅炉烟囱周围无高大建筑物，烟囱距厂界最近距离约25m，周围地形简单。其锅炉污染源参数见表5-13，以NO_2计算为例，将各数据代入SCREEN3中进行运算。数据输入如图5-6和图5-7所示，计算结果如图5-8~图5-10所示。

表5-13　　估算模式计算参数的选择

序号	参数		数值	备注
1	排放源（烟囱）	高度（m）	120	
		内径（m）	5.5	
		烟气出口温度（℃）	50	
		烟气量（Nm^3/s）	195.2	
2	污染物排放速率（kg/h）	SO_2	20.7	
		烟尘	2.9	
		NO_x	32.6	
3	环境空气质量标准（mg/m^3）	SO_2	0.5	GB 3095—2012二级标准一次浓度值
		烟尘	0.45	GB 3095—2012 PM_{10}二级标准日均值的3倍
		NO_2	0.20	GB 3095—2012二级标准一次浓度值
4	环境温度（℃）		3	

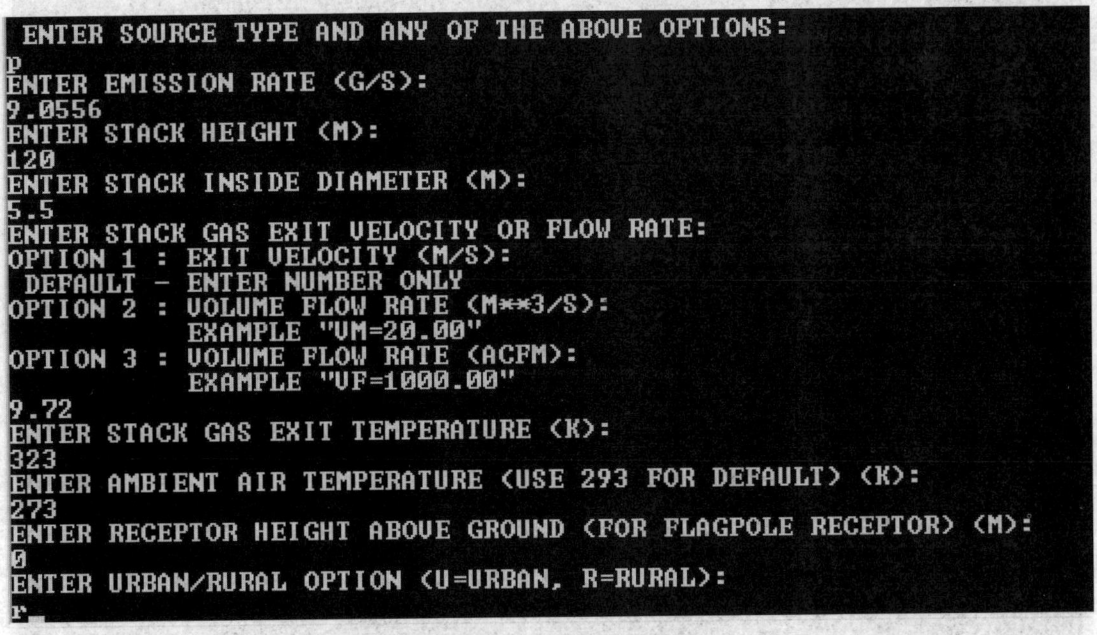

```
 ENTER SOURCE TYPE AND ANY OF THE ABOVE OPTIONS:
p
ENTER EMISSION RATE (G/S):
9.0556
ENTER STACK HEIGHT (M):
120
ENTER STACK INSIDE DIAMETER (M):
5.5
ENTER STACK GAS EXIT VELOCITY OR FLOW RATE:
OPTION 1 : EXIT VELOCITY (M/S):
 DEFAULT - ENTER NUMBER ONLY
OPTION 2 : VOLUME FLOW RATE (M**3/S):
           EXAMPLE "VM=20.00"
OPTION 3 : VOLUME FLOW RATE (ACFM):
           EXAMPLE "VF=1000.00"
9.72
ENTER STACK GAS EXIT TEMPERATURE (K):
323
ENTER AMBIENT AIR TEMPERATURE (USE 293 FOR DEFAULT) (K):
273
ENTER RECEPTOR HEIGHT ABOVE GROUND (FOR FLAGPOLE RECEPTOR) (M):
0
ENTER URBAN/RURAL OPTION (U=URBAN, R=RURAL):
r_
```

图5-6　数据输入情况1

```
ENTER STACK GAS EXIT TEMPERATURE <K>:
323
ENTER AMBIENT AIR TEMPERATURE <USE 293 FOR DEFAULT> <K>:
276
ENTER RECEPTOR HEIGHT ABOVE GROUND <FOR FLAGPOLE RECEPTOR> <M>:
0
ENTER URBAN/RURAL OPTION <U=URBAN, R=RURAL>:
r
CONSIDER BUILDING DOWNWASH IN CALCS?  ENTER Y OR N:
n
USE COMPLEX TERRAIN SCREEN FOR TERRAIN ABOVE STACK HEIGHT?
ENTER Y OR N:
n
USE SIMPLE TERRAIN SCREEN WITH TERRAIN ABOVE STACK BASE?
ENTER Y OR N:
n
ENTER CHOICE OF METEOROLOGY;
1 - FULL METEOROLOGY <ALL STABILITIES & WIND SPEEDS>
2 - INPUT SINGLE STABILITY CLASS
3 - INPUT SINGLE STABILITY CLASS AND WIND SPEED
1
USE AUTOMATED DISTANCE ARRAY? ENTER Y OR N:
y
ENTER MIN AND MAX DISTANCES TO USE <M>:
10 5000
```

图 5-7 数据输入情况 2

```
-------  ----------  ----  -----  -----  -------  -------  -------  -------  -----
   10.   .0000       1     1.0    1.2    651.5   650.54    11.81    11.43    NO
  100.   .0000       1     1.0    1.2    651.5   650.54    47.38    41.45    NO
  200.   .1420E-08   5     1.0    2.4  10000.0   222.83    31.60    30.03    NO
  300.   .7423E-04   1     3.0    3.6    960.0   296.85    76.70    54.62    NO
  400.   .8008E-01   1     3.0    3.6    960.0   296.85    98.34    78.35    NO
  500.   1.741       1     3.0    3.6    960.0   296.85   119.27   111.35    NO
  600.   6.446       1     3.0    3.6    960.0   296.85   139.65   159.82    NO
  700.   9.334       1     1.5    1.8    480.0   473.69   179.62   233.61    NO
  800.   15.09       1     1.5    1.8    480.0   473.69   198.97   300.51    NO
  900.   17.71       1     1.5    1.8    480.0   473.69   215.36   376.93    NO
 1000.   17.83       1     1.5    1.8    480.0   473.69   231.88   464.96    NO
 1100.   16.93       1     1.5    1.8    480.0   473.69   248.47   564.42    NO
 1200.   16.03       1     1.0    1.2    651.5   650.54   288.15   684.58    NO
 1300.   15.34       1     1.0    1.2    651.5   650.54   303.50   805.23    NO
 1400.   14.61       1     1.0    1.2    651.5   650.54   318.95   937.48    NO
 1500.   13.93       1     1.0    1.2    651.5   650.54   334.47  1081.28    NO
 1600.   13.31       1     1.0    1.2    651.5   650.54   350.04  1236.63    NO
```

图 5-8 数据计算情况 1

```
 1700.   12.74       1     1.0    1.2    651.5   650.54   [illegible] [illegible] NO
 1800.   12.22       1     1.0    1.2    651.5   650.54   381.26  1582.07    NO
 1900.   11.74       1     1.0    1.2    651.5   650.54   396.87  1772.22    NO
 2000.   11.30       1     1.0    1.2    651.5   650.54   412.48  1974.04    NO
 2100.   10.89       1     1.0    1.2    651.5   650.54   428.07  2187.59    NO
 2200.   10.50       1     1.0    1.2    651.5   650.54   443.64  2412.92    NO
 2300.   10.15       1     1.0    1.2    651.5   650.54   459.19  2650.07    NO
 2400.   9.816       1     1.0    1.2    651.5   650.54   474.70  2899.09    NO
 2500.   9.506       1     1.0    1.2    651.5   650.54   490.18  3160.04    NO
 2600.   9.216       1     1.0    1.2    651.5   650.54   505.62  3432.96    NO
 2700.   9.091       2     1.5    1.8    480.0   473.69   386.29   340.34    NO
 2800.   9.125       2     1.5    1.8    480.0   473.69   398.06   352.99    NO
 2900.   9.118       2     1.5    1.8    480.0   473.69   409.80   365.73    NO
 3000.   9.075       2     1.5    1.8    480.0   473.69   421.51   378.55    NO
 3500.   8.533       2     1.5    1.8    480.0   473.69   479.59   443.69    NO
 4000.   7.794       2     1.5    1.8    480.0   473.69   536.91   510.30    NO
 4500.   7.439       2     1.0    1.2    651.5   650.54   604.15   589.03    NO
 5000.   6.975       2     1.0    1.2    651.5   650.54   659.14   656.67    NO
ITERATING TO FIND MAXIMUM CONCENTRATION . . .

MAXIMUM 1-HR CONCENTRATION AT OR BEYOND    10. M:
  953.   17.99       1     1.5    1.8    480.0   473.69   224.27   423.04    NO
```

图 5-9 数据计算情况 2

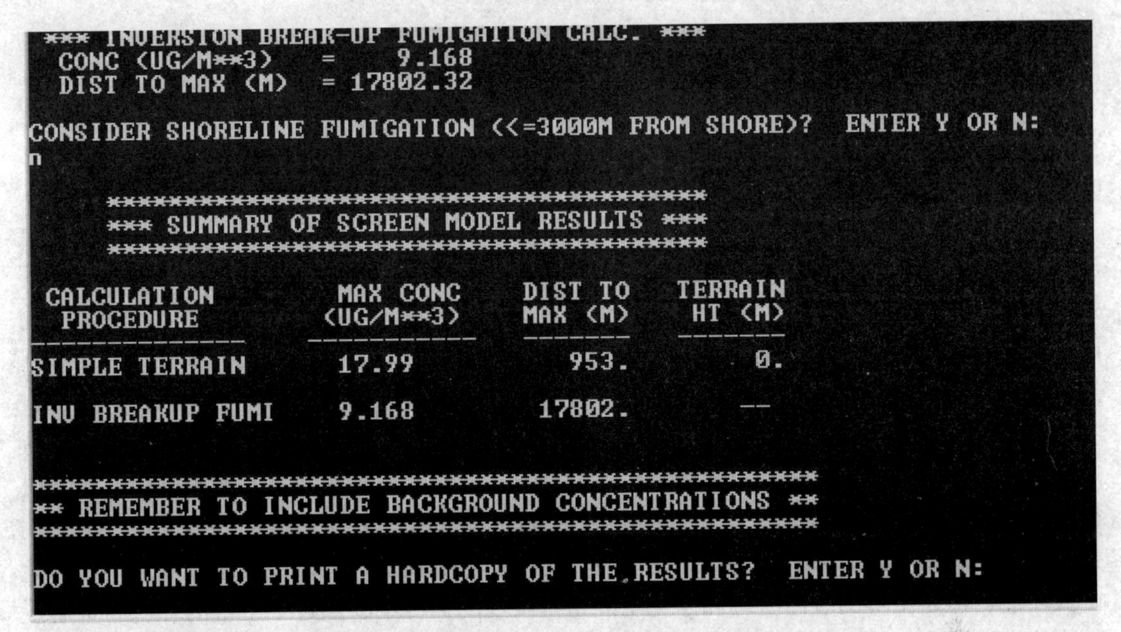

图 5-10 数据计算情况 3

从计算结果可以看出，该项目的污染物最大小时浓度出现在下风向 953m，浓度为 17.99μg/m^3，换算成最大占标率，$P_{max}=8.995\%$，由此可知 $P_{max}<10\%$，所以可以判断该项目的大气环境影响评价工作等级为三级。

1. 点源扩散模式与熏烟扩散模式的使用条件分别是什么？

2. 如何判断大气稳定度？

3. 常见的烟羽形状有哪些？产生的原因是什么？

4. 影响烟气抬升高度的因素有哪些？

5. 某工厂位于乡村，排气筒高 20m，内径为 0.2m，周围无高大建筑物，烟囱距厂界最近距离约 10m，周围地形简单，废气排放量为 12 万 m^3/h，甲苯排放速率为 4kg/h，废气温度为 20℃，环境温度为 5℃。

(1) 请于环境保护部环境工程评估中心环境质量模拟重点实验室 http//www.iem.org.cn/suppoot/mode_ 03.html 下载估算模式（SCREEN3）。

(2) 通过计算判断该项目的大气环境评价工作等级。

6. 某座位于城市远郊区的发电厂，烟囱高 150m，内径为 6m，排烟速率为 15.3m/s，烟气温度为 120℃，大气温度为 15℃，大气为中性层结，地面平均风速为 3.5m/s。计算此条件下的烟羽抬升高度。

第六章 土壤环境影响评价

土壤是指地球陆地表面上能够生长植物的疏松表层。土壤具有肥力特征，能够不断地供应和协调作物生长发育所必需的水分、养分、空气、热量和其他生存必须条件的能力。土壤是陆地生态系统的组成部分。整个自然界可以划分为大气圈、水圈、土壤圈、岩石圈和生物圈。从土壤圈在环境中所占据的空间位置来看，它处于岩石圈、水圈、大气圈和生物圈相互交接的地带，是联结自然界中有机界和无机界的中心环节。在一定条件下，生态系统通过自身的调节或人类干预，其物质和能量的输入和输出接近相等，系统的功能处于相对稳定状态，称为生态平衡；反之，如不能恢复到原初的稳定状态，就称为生态平衡的破坏或生态失衡。例如，土壤污染、水土流失、土壤沙化、土壤退化、土壤次生盐碱化、洪涝灾害等，均是生态失衡所带来的恶果。土壤除了具有生产力、能生长植物以外，还具有缓冲自调和净化两大功能，但是土壤的缓冲自调和净化功能是有限度的，污染物超过了土壤的环境容量后土壤本身也被污染了。本章首先介绍土壤环境质量及其影响的基本知识，然后详细阐述土壤环境质量现状调查与评价的内容和方法，并以土壤环境污染、土壤退化作为重点，介绍土壤环境质量变化预测的原则和若干典型模型，较为全面地阐述了土壤环境影响评价的内容和方法；然后介绍污染场地土壤修复的有关技术方法、土壤再利用环境评估的有关内容。

第一节 土壤环境影响概述

一、土壤

土壤是一种宝贵的自然资源，是环境的重要组成部分，也是地球表面具有肥力、能生长植物的疏松表层。它由岩石风化而成的矿物质、动植物残骸腐解产生的有机质，以及水分、空气等组成。

1. 土壤的组成

土壤是由固、液、气三相物质组成的复合物。固体部分主要由矿物质和有机质组成，约占土壤的50%，其中矿物质一般占固体部分的95%；液体部分主要是土壤溶液，约占土壤的25%，包括水分、溶解在水中的盐类、有机-无机化合物、有机化合物，以及最细小的胶体物质；土壤气体部分主要是指土壤中的空气，土壤中的空气基本上来自于大气，也有一部分是土壤中进行的生物化学过程产生的。改良土壤，首先就是改造土壤的固相组成，调节三相比例，使之适合作物生长的需求。

2. 土壤的物理性质

土壤的物理性质是指土壤固、液、气三相体系中所产生的各种物理现象和过程，各种性质和过程是相互联系和制约的，其中以土壤质地、土壤结构和土壤水分居主导地位，它们的变化常引起土壤其他物理性质和过程的变化。

（1）土壤质地：指土壤中不同大小直径的矿物颗粒的组合状况，通俗点说，土壤质地就是土壤的沙黏性。

按土壤中各粒级的构成情况，可以把土壤质地分为3类9级（卡钦斯基的土壤质地分类制），即砂土类（粗砂土、细砂土）、壤土类（砂壤土、轻壤土、中壤土、重壤土）、黏土类（轻黏土、中黏土、重黏土）。各类土壤的特性如下。

1）砂土类：土粒以砂粒（粒径1~0.05mm）为主，占50%以上。土粒间孔隙大，大孔隙多，小孔隙少。土质疏松，易耕作；透水性强，保水性差；保肥能力差。在这种土壤上生长的作物，容易出现前期猛长，后期脱肥早衰的现象，施肥管理宜勤少施。这类土壤对块茎类作物的生长有利，也适宜种植生长期短且耐瘠薄的植物，如芝麻、花生、西瓜等。

2）黏土类：土粒以细粉粒（粒径小于0.001mm）为主，占30%以上。总孔隙度大而土粒间孔隙小，土质黏重，干时紧实板结，湿时泥泞，不耐旱也不耐涝，适耕期短，湿犁成片，耙时成线，耕作困难。通气透水差，易积水，有机质分解慢，保水保肥强。其上的作物常有缺苗现象，幼根生长慢，表现为“发老苗不发小苗”。这类土壤适宜种植小麦、玉米、水稻、枇杷等。

3）壤土类：介于砂土和黏土之间，土粒以粗粉粒（粒径0.5~0.01mm）为主，占40%以上，细粉粒少于30%。土粒适中，通气透水良好，有较好的保水保肥能力，供肥性能好，耐旱耐涝，适耕期长，耕性良好，表现为发小苗也发老苗，是耕地中的“当家地”和高产田。这类土壤适于种植各种作物。

（2）土壤结构：指土壤固相颗粒的排列形式、孔隙度，以及团聚体的大小、多少和其稳定度。良好的土壤结构是土壤肥力的基础，土壤结构越好，土壤肥沃度越高。常见的土壤结构类型包括：块状、片状、柱状、团粒结构。团粒结构是各种结构中最为理想的一种，其水、肥、气、热的状况处于最佳的相互协调状态，为作物的生长发育提供了良好的生存条件，有利于根系活动和吸取水分、养分。

（3）土壤水分：主要来自降雨、降雪和灌水，若地下水位较高，地下水也可上升补充土壤水分。土壤水分本身或通过土壤空气和土壤温度可影响养分的生物转化、矿化、氧化与还原等，因而与土壤养分的有效性存在很大关系。土壤水分还能调节土壤温度，对于防高温和防霜冻有一定的作用。所以，可通过控制和改善土壤的水分状况，如提高土壤蓄水保墒能力，进行合理灌溉，以提高作物产量。

3. 土壤的化学性质

土壤的酸碱度影响营养元素的有效性，从而影响作物生长，当土壤酸碱度不适宜时，需要对其进行调节。例如，对酸性土壤施用石灰，对碱性土壤施用石膏、硫黄等来改良。土壤对酸碱度变化具有抵抗能力，这是土壤的缓冲性能或缓冲作用，土壤的缓冲作用可以稳定土壤溶液的反应，使酸碱度的变化保持在一定的范围内，不至于因土壤环境的改变而产生剧烈的变化。这样就为植物生长与微生物的活动，创造了一个良好而稳定的土壤环境条件。

4. 土壤的生物性质

土壤的生物特性是土壤中的动物、植物和微生物活动所造成的一种生物化学和生物物理特征。土壤中的微生物对作物有着重要的作用：①参与土壤有机质的矿化和腐殖质化，同时通过同化作用合成多糖类和其他复杂有机物质；②参与土壤中营养元素的循环；③某些微生物具有固氮作用，有些微生物在作物根际与植物共生，为植物直接提供氮素、磷素和其他矿质元素的营养，以及各种有机营养，提高作物的产量。

二、土壤环境质量及其主要影响因素

（一）土壤环境质量及分类、分级

土壤环境质量是指土壤环境（或土壤生态系统）的组成、结构、功能特性及其所处状态的综合体现与定性、定量的表述。它包括在自然环境因素影响下的自然过程及其所形成的土壤环境的组成、结构、功能特性、环境地球化学背景值与元素背景值、净化功能、自我调节功能与抗逆性能、土壤环境容量等相对稳定但仍在不断交化中的环境基本属性，以及在人类活动影响下的土壤环境污染和土壤生态状态的变化。

（1）土壤环境质量的分类。根据土壤的应用功能和保护目标，土壤环境质量可划分为以下三类。

Ⅰ类：主要适用于国家规定的自然保护区（原有背景重金属含量高的除外）、集中式生活饮用水源地、茶园、牧场和其他保护地区的土壤，土壤质量基本上保持自然背景水平。

Ⅱ类：主要适用于一般农田蔬菜地、茶园、果园、牧场等土壤，土壤质量基本上不对植物和环境造成危害和污染。

Ⅲ类：主要适用于林地土壤及污染物容量较大的高背景值土壤和矿产附近等地的农田土壤（蔬菜除外）。土壤质量基本上不对植物和环境造成危害和污染。

（2）标准分级。

一级标准：为保护区域自然生态，维持自然背景的土壤环境质量的限制值。

二级标准：为保障农业生产，维护人体健康的土壤限制值。

三级标准：为保障农林业生产和植物正常生长的土壤临界值。

（3）各类土壤环境质量的级别规定为：Ⅰ类土壤环境质量执行一级标准；Ⅱ类土壤环境质量执行二级标准；Ⅲ类土壤环境质量执行三级标准。

（二）影响土壤环境质量的主要因素

影响土壤环境质量的因素很多，这里仅从建设项目对土壤环境的影响分析，主要包括：土壤污染和土壤退化、破坏两个方面。

建设项目影响土壤环境污染的因素，主要包括：建设项目类型、污染物性质、污染源特点、污染源排放强度、污染途径、土壤所在区域的环境条件，以及土壤类型和特性等方面。

土壤退化、破坏的主要影响因素包括自然因素和人为因素。纯粹由自然因素引起的土壤沙化、盐渍化、沼泽化和土壤侵蚀，主要在干旱、洪涝、狂风、暴雨、火山、地震等自然灾害爆发的情况下发生，在正常的自然条件下，土壤退化、破坏现象难以出现或不明显。人为因素能引起严重的土壤退化和破坏，主要原因在于人类对土壤自然体及其与环境条件关系的认识水平有限，在利用土壤及其环境条件时存在盲目性。例如，过度放牧、盲目发展、灌溉、露天采矿等。

（三）土壤环境影响

1. 土壤环境影响的类型

土壤是人类生存环境中不可分割的组成部分，人类自身的一切活动无不对土壤产生各种不同的影响，按其影响结果、产生时段、方式和性质可分为多种类别。

（1）按影响结果划分。按影响结果，土壤环境影响可分为土壤污染、土壤退化和土壤资源破坏。

1）土壤污染是指建设项目在开发建设和投产使用过程，或服务期满后排出和残留的有毒害物质，对土壤环境产生的化学性、物理性和生物性污染危害。典型的土壤污染包括土壤重金属污染、化学农药污染、化肥污染、土壤酸化等。这种污染一般是可逆的，如进入到土壤环境中的有机物，经过自然净化作用和适当的人工处理，可以将它们从土壤中消除，恢复到污染前的水平。但严重的重金属污染由于恢复费用昂贵、技术难度大，污染后土地被迫废弃，也可以认为是不可逆的。

2）土壤退化是指由建设项目导致的土壤中各组分之间，或土壤与其他环境要素之间的正常的自然物质、能量循环过程遭到破坏，引起的土壤肥力和承载力等的下降现象。这种污染一般是可逆的。

3）土壤资源破坏是指由建设项目或由其诱发的自然活动（如泥石流、洪崩）导致土壤被占用、淹没和破坏，还包括由于土壤过度侵蚀或重金属严重污染而使土壤完全丧失原有功能而被废弃的情况。这种污染具有土壤资源被彻底破坏和不可逆等特点。

（2）按影响时段划分。按建设项目的不同建设时段，土壤环境影响可划分为建设阶段（也称为施工阶段）和服务期满后的影响。

1）建设阶段的影响是指建设项目在施工期间的各种活动对土壤环境产生的影响，例如，厂房、道路交通施工，建筑材料和生产设备的运输、装卸、储存等活动导致对土壤的占压、开挖或利用方式的改变；施工开挖导致植被破坏，进而引起土壤侵蚀；拆迁安置过程中产生的土壤挖压、破坏等。

2）运行阶段的影响是指建设项目投产运行和使用期间产生的影响。例如，化工、冶金、造纸等项目在生产过程中排放的废气、废水和固体废弃物对土壤造成的污染，以及部分水利、交通、矿山开发项目在使用生产过程中引起土壤的退化和破坏。

3）服务期满后的影响是指建设项目使用寿命结束后仍继续对土壤环境产生的影响，这类影响仅适用于部分特定的建设项目。例如，矿山开发类项目，当其生产终了之后，遗留的矿井、采矿场、排土场、尾矿场对土壤环境的影响并不会终结，可能继续导致土壤的退化和破坏。

此外，按影响时段的长短，土壤环境影响可划分为短期或突变影响和长期或缓慢影响。一般项目建设阶段的影响为短期影响，项目竣工后影响即可消除；而项目运行期和服务期满后的影响，往往是长期、缓慢影响。

（3）按影响方式划分。

按影响方式，土壤环境影响可分为直接影响和间接影响。

1）直接影响是指影响因子产生后直接作用于被影响的对象，并呈现出明显因果关系的影响。例如，建设项目排污导致土壤受到污染。

2）间接影响是指影响因子产生后需经过中间转化过程才能作用于被影响对象的影响。例如，项目排污使污染物进入土壤，随后通过食物链进入人体危害人群健康，就是典型的间接影响，这也是土壤污染在影响方式上区别于大气、水体污染的显著特征。

（4）按影响性质划分。按影响性质，土壤环境影响可分为可逆影响、不可逆影响、累积影响和协同影响。

1）可逆影响是指施加影响的活动停止后，土壤可迅速或逐渐恢复到原来状态的影响。例如，土壤有机物污染均属于可逆影响。

2）不可逆影响是指施加影响的活动一旦发生，土壤就很难或不可能恢复到原先状态的影响。例如，程度严重的土壤侵蚀、土壤重金属污染等，均属于不可逆影响。

3）累积影响指排放到土壤环境中的某些污染物，如重金属、持久性有机污染物等，对土壤产生的，需要经过长期的累积，直到超过一定的临界值后才表现出其危害效应的影响。例如，某些重金属在土壤中的污染积累作用对作物的致死影响。

4）协同影响指两种或两种以上的污染物同时作用于土壤时产生的影响要大于各种污染物独立存在时影响的总和。例如，一些研究证明，重金属铜对土壤吸附钾几乎没有影响，但铅、铜、锌和镉共存时，其相互作用可大大削弱土壤对钾的吸附，增加土壤中钾的释放，从而加剧土壤中钾肥的流失，在一定程度上导致土壤退化。

2. 开发活动对土壤环境的影响

土壤系统是在成千上万年的地球演变过程中形成的，它受自然和人类活动的双重影响，特别是近百年来人类的影响是巨大的。

(1) 人工改变局地小气候。人工降雨、改变风向、农田灌溉补水和排水等对土壤的影响是有利的；但人类大量排放温室气体，导致全球变暖趋势加剧、气温升高，进而使土壤过分曝晒和风蚀影响加大则是不利的。

(2) 改变植被和生物分布状况。合理控制土地上的动植物种群，松土犁田增加土壤中的氧，施加粪肥和各种有机肥，休耕和有效控制、去除有害的昆虫和杂草等对土壤的影响是有利的；过度放牧和种植而减少土壤有机物含量，施用化学农药杀虫、除草，用含有害污染物的废水灌溉则会产生不利影响。

(3) 改变地形。土地平整并重铺植被，营造梯田，在裸土上覆盖或铺砌植被等对土壤的影响是有利的；湿地排水、开矿、地下水过量开采引起地面沉降和土壤侵蚀加速，以及开山、挖地、生产建筑材料则会产生不利影响。

(4) 改变成土母质。在土壤中加入水产和食品加工厂的贝壳粉、动物骨骸，清水冲洗盐渍土等对土壤的影响是有利的；将含有害元素矿石和碱性粉煤灰混入土壤，农业收割带走的矿物营养超过了补给量等则会产生不利影响。

(5) 改变土壤自然演化的时间。通过水流的沉积作用将上游的肥沃母质带到下游，对下游土壤是有利的；过度放牧和种植作物会快速移走成土母质中的矿物营养，造成土壤退化，将固体废物堆积于土壤表面则会产生不利影响。

第二节　土壤环境影响评价的等级划分、工作内容、范围和程序

一、土壤环境影响评价等级划分

中国土壤环境影响评价尚无推荐的行业导则，可从以下几方面来确定土壤环境影响评价的工作等级。

(1) 项目占地面积、地形条件和土壤类型。可能被破坏的植被种类、面积以及对当地生态系统影响的程度。

(2) 侵入土壤的污染物种类及数量。对土壤和植物的毒性及其在土壤环境中降解的难易程度，以及受影响的土壤面积。

(3) 土壤环境容量，即土壤容纳拟建项目所产生的污染物的能力。

(4) 项目所在地土壤环境功能区划要求。

二、土壤环境影响评价的工作内容

土壤环境影响评价的基本工作内容包括以下几个方面。

(1) 收集和分析拟建项目工程分析的成果，以及与土壤侵蚀和污染有关的地表水、水、大气和生物等专题评价资料。

(2) 调查、监测拟建项目所在区的土壤环境资料，包括土壤类型、性态，土壤中污染物的背景和基线值；植物的产量、生长状况及体内污染物的基线值；与土壤污染物相关的环境标准和卫生标准，以及土壤利用现状。

(3) 调查、监测评价区内现有土壤污染源的排污情况。

(4) 描述土壤环境现状，包括现有的土壤侵蚀和污染状况，进行土壤环境现状评价。

(5) 根据进入土壤环境中污染物的种类、数量及方式，区域环境特点，土壤理化特性，以及污染物在土壤环境中的迁移、转化和累积规律，分析污染物累积趋势，预测土壤环境质量的变化和发展。

(6) 预测项目建设可能造成的土壤退化及破坏和损失情况。

(7) 评价拟建项目对土壤环境影响的重大性，并提出消除和减轻负面影响的对策措施及跟踪监测计划。

(8) 如果由于时间限制或特殊原因，不能详细、准确地收集到评价区土壤的背景值和基线值，以及植物体内污染物含量等资料，可采用类比调查方法；必要时应做盆栽、小区乃至田间试验，确定植物体内的污染物含量或者开展污染物在土壤中累积过程的模拟试验，以确定各种系数值。

一般情况下，一级评价项目的内容应包括以上各个方面，三级评价项目可利用现有资料和参照类比项目从简，二级评价项目的工作内容类似于一级评价项目，但工作深度可视具体情况适当降低。

三、土壤环境影响评价的范围与程序

1. 土壤环境影响评价的范围

土壤环境影响评价的范围包括拟建项目对土壤环境有影响的直接作用区域和间接作用区域，一般应包括项目的大气环境质量评价范围、地表水及其灌区的范围、固体废物堆放场及其附近区域。在实际工作中应考虑以下因素。

(1) 拟建项目施工期可能破坏原有植被和地貌的范围。

(2) 可能受拟建项目排放的废水污染的区域（例如，废水排放渠道经过的土地）。

(3) 因拟建项目排放到大气中的气态和颗粒态有毒污染物的干、湿沉降而导致的受污染较重的区域。

(4) 拟建项目排放的固体废物，尤其是危险废物的堆放和填埋场及其影响区域。

2. 土壤环境影响评价的程序

土壤环境影响评价的技术工作程序与其他要素评价程序类似，大致可划分为 4 个阶段：准备阶段，土壤环境质量现状调查、监测及评价阶段，建设项目对土壤环境质量影响的预测、评价与减缓对策拟定阶段，报告书编写阶段。

第三节　土壤环境现状调查与评价

土壤及其环境现状的调查与评价是土壤环境影响预测、分析、影响评价的主要依据和

基础。

一、土壤环境现状调查

1. 区域自然环境特征调查

区域自然环境特征的调查主要应采用资料收集的方法，从有关管理、研究和行业信息中心及图书馆和情报所收集所需的资料。对于没有资料可查的项目，则需进行一定的现场考察和监测。主要内容包括以下几点。

（1）地质：主要包括区域地层概况、地壳构造的基本形式（岩层、断层及断裂等），以及与其相应的地貌表现、物理与化学风化情况、当地已探明或已开采的矿产资源情况。当评价对象为矿山及其他与地质条件密切相关的建设项目时，应对与项目建设有直接关系的地质构造，如断层、断裂、坍塌、地面沉陷等，进行较为详细的叙述。一些有特别危害的地质现象，如地震，也应加以说明，必要时，应附图辅助说明。

（2）地形地貌：主要包括建设项目所在地区的海拔高度、地形特征（如坡度、坡长等）、周围的地貌类型（如山地、平原、沟谷、丘陵、海岸等），岩溶地貌、冰川地貌、风成地貌等地貌的情况，以及崩塌、滑坡、泥石流、冻土等有危害的地貌现象及其发展情况。

（3）气象与气候：主要包括评价区域内的风向和风速、气温、湿度、降水、蒸发等，以及气候类型（如干旱、湿润等）和天气特征（如梅雨、寒潮、冰雹、台风、飓风等）。

（4）水文状况：主要包括地面水和地下水两个方面，其中，地面水调查应涵盖该区域的水系分布情况、河流湖泊水文及其时空变化情况；地下水调查则应包括区域水文地质状况及其地下水类型、水化学状况等。

（5）植被状况：主要包括区域植被类型、结构、分布及其特点，以及植被覆盖度和生长情况等。

当然，不同的评价项目侧重点不尽相同，在实际调查时，可根据具体要求增、减一些项目。

2. 区域土壤类型特征调查

在母质、生物、气候、地形和时间这 5 个既相互独立又彼此联系的自然因素共同作用下，形成了自身特性各不相同的土壤类型，它们彼此在土体构型、内在性质和肥力水平上相差甚远。因此，对土壤类型特征的调查有助于较全面地掌握和了解土壤的特点。其调查内容如下。

（1）成土因素：包括成土母质、生物、气候、地形和时间等因素。

（2）土壤类型和分布：包括土类名称、各类型土壤的分布面积及其所占比例、分布规律等。

（3）土壤组成：包括土壤矿物质、土壤有机质，N、P、K 三要素和主要微量元素的含量。

（4）土壤理化特性：主要包括土壤结构和质地、pH 值、氧化还原电位、离子交换容量及盐基饱和度等。

对土壤类型特征的调查应采用资料收集与现场调查相结合的方法。

3. 区域社会经济状况调查

区域社会经济状况能较好地反映出该区域内人类活动的特点，区域的社会经济结构不同，其污染类型和程度也可能不同。区域社会经济状况调查主要采用资料收集的方法进行，主要包括以下内容。

（1）人口状况：包括人口数量、密度、分布状况、职业和年龄结构等。

（2）经济状况：包括产业结构、各产业生产总值及人均产值、国民收入状况等。

（3）文教卫生状况：包括文教卫生主要设施、居民受教育程度、健康状况、有无地方病及发病率。

（4）交通状况：了解区域内部及与外界联系的主要交通方式、交通干线、流通量等。

二、土壤环境质量现状评价

（一）土壤环境污染现状评价

1. 土壤污染源调查

调查评价区内的污染源、污染物及污染途径，包括评价区内土壤的各种工业、农业、交通和生活污染源特征及其污染物排放特点，并通过调查、分析确定主要污染源和主要污染物。

2. 土壤环境污染现状调查

土壤环境污染现状调查通常采用现场监测方式进行，主要包括采样点的选择，土壤样品的采集、制备和分析等方面的内容。

3. 评价因子的选择

评价因子的选取是否合理，关系到评价结论的科学性和可靠程度，应根据土壤污染物的类型和评价的目的要求来选择评价因子。一般情况下，选取的基本因子包括重金属及其他有毒物质（汞、镉、铅、锌、铜、铬、镍、砷、氟、氰等）和有机毒物（酚、DDT、六六六、石油、3,4-苯并芘、三氯乙醛及多氯联苯等）。

4. 评价标准的选择

判断土壤环境是否已经受到污染以及污染的程度如何、需要一些评价标准。由于土壤受外界干扰的因素很多，评价标准不能统一划定。可结合土壤评价目的和要求及实际情况，选用土壤环境背景值、土壤临界含量或介于两者之间的其他标准作为评价标准。

5. 评价模式与指数分级

与大气、水质的现状评价方法相似，土壤环境污染现状评价也常采用指数法进行，主要包括单因子评价和多因子综合评价两种模式。

（1）单因子评价。单因子评价是指分别计算各项污染物的污染指数。污染指数的计算包括两种方法。

1）将土壤污染物实测值和评价标准相比计算土壤污染指数，即

$$P_i=\rho_i/s_i \tag{6-1}$$

式中：P_i为土壤中污染物 i 的污染指数；ρ_i为土壤中污染物 i 的实测浓度，mg/kg；s_i为污染物 i 的评价标准，mg/kg。

2）根据土壤和作物中污染物浓度积累的相关数量计算污染指数，再根据计算出的污染指数判定污染等级。

首先，根据前面的评价标准，确定土壤初始污染值（即土壤环境背景值）X_a、土壤轻度污染值 X_c和土壤重度污染值 X_e。

然后，计算污染指数，根据 ρ_i（实测值范围）按相应的公式计算。

① 当 $\rho_i \ll X_a$ 时，计算公式为

$$P_i = \rho_i / X_a \tag{6-2}$$

② 当 $X_a < \rho_i \ll X_c$ 时，计算公式为

$$P_i = 1 + \frac{\rho_i - X_a}{X_c - X_a} \tag{6-3}$$

③ 当 $X_c < \rho_i \ll X_e$ 时，计算公式为

$$P_i = 2 + \frac{\rho_i - X_c}{X_e - X_c} \tag{6-4}$$

④ 当 $\rho_i > X_e$ 时，计算公式为

$$P_i = 3 + \frac{\rho_i - X_e}{X_e - X_c} \tag{6-5}$$

最后按如下标准划分污染等级：

清 洁 级：　　$P_i < 1$

轻污染级：　　$1 \leqslant P_i < 2$

中污染级：　　$2 \leqslant P_i < 3$

重污染级：　　$P_i \geqslant 3$

（2）多因子综合评价。多因子评价是综合考虑土壤中各污染因子的影响，计算出综合指数进行评价。计算方法一般包括以下 5 种。

1）叠加土壤中各污染物的污染指数作为综合污染指数，即

$$P = \sum_{i=1}^{n} P_i \tag{6-6}$$

式中：P 为土壤污染指数；n 为污染物种类数。

2）按内梅罗污染指数式计算土壤综合污染指数，即

$$P = \sqrt{\frac{\text{avr}(\rho_i / s_i)^2 + \max(\rho_i / s_i)^2}{2}} \tag{6-7}$$

3）以土壤中各污染物的污染指数和权重计算土壤综合污染指数，即

$$P = \sum_{i=1}^{n} W_i P_i \tag{6-8}$$

式中：W_i 为污染物 i 的权重。

4）以均方根的方法计算土壤综合污染指数，即

$$P = \sqrt{\frac{1}{n} \sum_{i=1}^{n} P_i^2} \tag{6-9}$$

5）选取各个污染指数中的最大值作为综合污染指数：这种计算方法认为各种污染物造成的污染影响同等重要，即

$$P = \max(P_1 + P_2 + \cdots + P_n) \tag{6-10}$$

（3）土壤环境质量分级。用不同方法计算得到的土壤综合污染指数，必须进行土壤环境

质量分级，才能更加清楚地反映区域土壤环境质量。一般情况下，$P\leqslant 1$，表示未受污染；$P>1$，表示已受污染；P 越大，表示受到的污染越严重。具体可按以下两种方法进行土壤环境质量的详细分级。

1）根据综合污染指数 P 值划分土壤环境质量级别，根据各地具体的 P 值变幅，结合作物受害程度和污染物积累状况，再划分轻度污染、中度污染和重度污染。

2）根据系统分级法划分土壤环境质量级别，首先对土壤中各污染物的浓度进行分级，然后将土壤污染物浓度分级标准转换为污染指数，将各污染物指数加权综合为土壤质量指数分级标准，据此划分土壤环境质量级别。

（4）土壤质量评价图的编制。土壤质量评价图能够非常直观形象地反映区域土壤环境质量状况，可直接为土壤保护、综合治理规划服务，并可在环境质量评价量化中发挥作用。通常，评价工作等级为一、二级时需要绘制评价图。

评价图的编制方法一般包括符号法和网格法两种，可按具体需要选择。

（二）土壤退化现状评价

1. 土壤沙化现状评价

土壤沙化是风蚀过程和风沙堆积过程共同作用的结果，一般发生在干旱荒漠及半干旱和半湿润地区（主要发生在河流沿岸地带）。建设项目虽然可能促进土壤沙化的发展，但必须有一定的外在条件，例如，气候气象、河流水文、植被等。因此，在评价土壤沙化现状时，必须对这些相关的环境条件进行详细的调查。调查的主要内容包括沙漠特征、气候、河流水文、植被，以及农、牧业生产情况。

评价因子一般选取植被覆盖率、流沙占耕地面积的比例、土壤质地，以及能反映沙漠化的景观特征等。

评价标准可根据评价区的有关调查研究，或咨询有关专家、技术人员的意见拟定。

评价指数计算采用分级评分法。

2. 土壤盐渍化现状评价

土壤盐渍化是指可溶性盐分在土壤表层积累的现象或过程。引起土壤盐渍化的环境条件和盐渍化的程度，是现状调查和评价的核心内容。

土壤盐渍化一般发生在干旱、半干旱和半湿润地区以及部分滨海地带。其主要调查内容包括灌溉状况、地下水情况、土壤含盐量情况和农业生产情况等。

评价因子一般选取表层土壤全盐量或 CO_3^{2-}、HCO_3^-、SO_4^{2-}、Cl^-、Ca^{2+}、Mg^{2+}、K^+、Na^+等可溶性盐的主要离子含量。

评价标准一般根据土壤全盐量，或各离子组成的总量拟定标准，在以氯化物为主的滨海地区，也可以 Cl^- 含量拟定标准。

评价指数计算采用分级评分法。

3. 土壤沼泽化现状评价

土壤沼泽化是指土壤长期处于地下水浸泡下，土壤剖面中下部某些层次发生 Mn、Fe 还原而成青灰色斑纹层或育泥层（也称潜育层），或有基质层转化为腐泥层或泥潭层的现象或过程。

土壤沼泽化一般发生在地势低洼、排水不畅、地下水位较高的地区，主要调查内容包括地形、地下水、排水系统和土壤利用等。

评价因子一般选取土壤剖面中潜育层出现的高度；评价标准根据土壤潜育化程度拟订；评价指数计算采用分级评分法。

4. 土壤侵蚀现状评价

土壤侵蚀是指土壤在水力、重力等外力作用被搬运移走土壤物质的过程。

土壤侵蚀主要发生在中国黄河中上游黄土高原地区、长江中上游丘陵地区和东北平原微有起伏的漫岗地形区。其主要调查内容包括地形地貌、气象气候条件、水文条件、植被条件和耕作栽培方式等。

评价因子一般选用土壤侵蚀量或以未侵蚀土壤为对照，选取已侵蚀土壤剖面的发生层厚度等。

评价指数计算采用分级评分法。

（三）土壤破坏现状评价

土壤破坏是指土壤资源被非农、林、牧业长期占用，或土壤极端退化而失去肥力的现象。

（1）土壤破坏现状调查。土壤破坏除自然灾害因素外，还涉及土地利用问题。因此在进行土壤破坏现状调查时，应重点注意土地利用类型现状、变化趋势及各类型面积的消长关系，以及人均占有量等。

（2）评价因子可选取区域耕地、林地、园地和草地在一定时段（1~5 年或多年平均）内被自然灾害破坏或被建设项目占用的土壤面积或平均破坏率。

（3）评价标准可按评价区内耕地、林地、园地和草地损失的土壤面积拟定。具体数据，应根据当地具体情况，咨询有关部门、专家确定。

（4）评价土壤损失面积指数计算采用分级评分表。

第四节 土壤环境影响预测与评价

一、土壤环境影响预测

（一）土壤中污染物运动及其变化趋势预测

1. 污染物在土壤中累积和污染趋势预测的一般方法和步骤

（1）计算土壤污染物的输入量。输入土壤的污染物由两部分构成：评价区内已存在的污染物和建设项目新增的污染物。在计算污染物的输入量时，除必须进行污染物现状调查外，还应根据工程分析、大气及地面水等专题评价资料对输入土壤的污染物数量进行核算，并弄清形态和污染途径。

（2）计算土壤污染物的输出量。土壤中的污染物可通过土壤侵蚀、作物收割、淋溶等物理途径和化学沉淀、光解等化学途径，以及微生物降解途径输出土壤，减轻污染物在土壤中的积累，降低其污染趋势。计算输出量时，应全面考虑各种输出途径的贡献、避免遗漏。

（3）计算土壤污染物的残留率。土壤污染物的输出途径十分复杂，直接计算输出量往往比较困难。通常的做法是找到与评价区在土壤侵蚀、作物吸收、淋溶和降解等方面条件相似的地区或地块，进行现场模拟试验，求取污染物通过上述各种途径输出后的残留率。

（4）预测土壤污染趋势。根据土壤中污染物输入、输出量的比较，或者根据土壤中污染物输入量和残留率的乘积来说明土壤污染状况及污染程度。也可以通过比较污染物输入量和土壤环境容量来说明污染物累积状况和变化趋势。

2. 土壤中农药残留量预测

农药进入土壤后，在各种因素作用下，会产生降解和转化，其最终残留量可按下式计算

$$R = C_{\mathrm{e}}^{-kt} \tag{6-11}$$

式中：R 为农药残留量，mg/kg；C 为农药施用量，mg/kg；k 为常数；t 为时间。

由式（6-11）可以看出，连续施用农药，土壤中的农药累积量会不断增加，但不会无限增加，达到一定值后趋于平衡。

假如一次施用农药时土壤中农药的浓度为 C_0，一年后的残留量为 R，则农药残留率 f 可以表示为

$$f = \frac{R}{C_0} \tag{6-12}$$

如果每年一次连续施用农药，则数年后农药在土壤中的残留总量可以表示为

$$R_n = (1 + f^0 + f^1 + f^2 + \cdots + f^{n+1})\ C_0 \tag{6-13}$$

式中：R_n为残留总量，mg/kg；f 为残留率,%；C_0为一次施用农药在土壤中的浓度，mg/kg；n 为连续施用农药的年数。

当 $n \to \infty$ 时，则有

$$R_{\mathrm{a}} = \left(\frac{1}{1 - f}\right) C_0 \tag{6-14}$$

式中：R_{a} 为农药在土壤中达到平衡时的残留量。

式（6-14）可以计算农药在土壤中达到平衡时的残留量。

3. 土壤中重金属污染物累积预测

通过各种途径进入土壤的重金属，由于土壤吸附、分配和阻留等作用，总有部分会残留、累积在土壤中。根据重金属的这种输入、累积特点，一般可采用以下公式进行重金属累积量预测

$$W = K(B + E) \tag{6-15}$$

式中：W 为污染物在土壤中的年累积量，mg/kg；K 为污染物在土壤中的年残留率,%；B 为区域土壤背景值，mg/kg；E 为污染物的年输入量，mg/kg。

若污染年限为 n，每年的 K 和 E 值不变，则 n 年内污染物在土壤中的累积量为

$$W_n = BK^n + EK\frac{1 - K^n}{1 - K} \tag{6-16}$$

式（6-16）主要用于污水灌溉和污泥施用状况下土壤中污染物累积情况的预测。利用式（6-16），既可以计算出重金属、石油类等污染物在土壤环境中的长期积累量，也可以借助有关调查资料和土壤环境质量标准，计算土壤污染物达到土壤环境质量标准时所需的污染年限，还可以求出污水灌溉的安全污水浓度及施用污泥中污染物的最高容许浓度。

由式（6-16）可知，年残留率 K 对重金属在土壤中累积量的影响很大。在不同地区，由于土壤特性各异，K 值也不完全相同。因此，不同地区应根据盆栽和小区模拟试验，力求准确地求出年残留率。下面以盆栽试验法为例，简要说明 K 值的确定方法。

首先，在盆中加入一定量某区域的土壤，厚度约 20cm，并测定出土壤中模拟污染物的

背景值，随后向盆内土壤中加入一定量的模拟污染物。然后，种上作物，以淋灌模拟天然降雨，灌溉用水及施用的肥料均不应含有模拟污染物，倘若含有，需应测定其含量并计入输入量中。经过一年时间，抽样测定试验土壤中模拟污染物的含量，扣除背景值后得到残留含量，然后按下式计算得到年残留率 K

$$K=\frac{\text{残留含量}}{\text{年输入量}}\times 100\% \tag{6-17}$$

在土壤污染物输入量难以获得，又缺少本地区盆栽试验资料的情况下，预测土壤于一定年限内污染物的累积量及土壤可污灌的年限，可采用以下各式计算

$$W = N_W \times X + W_0 \tag{6-18}$$

$$n = \frac{S_i - W_0}{X} \tag{6-19}$$

$$X = \frac{W_0 - B}{N_0} \tag{6-20}$$

式中：W 为预测年限内的土壤污染物累积量，mg/kg；N_W为预测污水灌溉年限；X 为土壤中污染物的平均年增值，mg/kg；W_0为土壤中污染物的当年累积量，mg/kg；n 为土壤可污灌（安全）年限；S_i为土壤环境标准值，mg/kg；B 为土壤环境背景值，mg/kg；N_0为土壤已污染年限。

4. 土壤环境容量计算

土壤环境容量，一般是指土壤受纳污染物而不会产生明显的不良生态效应的最大数量，计算公式为

$$Q = (C_R - B) \times 2250 \tag{6-21}$$

式中：Q 为土壤环境容量，g/hm^2；C_R为土壤临界含量，mg/kg；B 为区域土壤背景值，mg/kg；2250 为每公顷土地耕作层的土壤质量，t/hm^2。

式（6-21）中，在一定区域的土壤及其环境条件之下，B 值是一定的，土壤环境容量的大小和土壤临界含量（污染物容许含量）密切相关，因此，制定适宜的土壤临界含量极为重要。计算土壤环境容量，再结合土壤污染物输入量，可以反映土壤污染程度，说明土壤达到严重污染的时间，并可从总量控制方面找到有效防治对策。

（二）土壤退化趋势预测

土壤退化趋势预测主要预测建设项目开发引起土壤沙化、土壤盐渍化、土壤沼泽化、土壤侵蚀等土壤退化现象的发生和程度、发展速率及其危害。预测方法一般采用类比分析或建立预测模型估算。

建设项目引起土壤侵蚀的途径是多方面的，如施工阶段，施工开挖会导致土壤裸露而引起侵蚀；项目建成后，因土壤植被条件变化，地表径流条件因此而改变，也会造成土壤侵蚀。目前，国内外提出的土壤侵蚀模型很多，应用最广泛的是由美国学者 Wischmeier 和 Smith 提出的通用土壤侵蚀方程（Universal Soil Loss Equation，简称 USLE）。此方程适用于土壤侵蚀、面蚀（或片蚀）和细沟侵蚀量的推算，但不适用于切沟侵蚀、河岸侵蚀、耕地侵蚀和流域性侵蚀的预测。

通用土壤侵蚀方程的基本形式为

$$A=R\times K\times L\times S\times C\times P \tag{6-22}$$

式中：A 为土壤侵蚀量，t/(hm^2 · a)；R 为降雨侵蚀潜力系数；K 为土壤侵蚀度系数，t/(hm^2 · a)；L 为坡长系数；S 为坡度系数；C 为耕种管理系数；P 为土壤保持措施系数。

1. 土壤侵蚀量（A）

土壤侵蚀量，也称土壤流失量，一般用侵蚀模数表示。目前中国普遍采用的侵蚀模数分级标准见表 6-1。

表 6-1 中国水利部指定的通用水土流失侵蚀模数分级标准

级别	年平均侵蚀模数（$t\cdot km^{-2}\cdot a^{-1}$）	级别	年平均侵蚀模数（$t\cdot km^{-2}\cdot a^{-1}$）
轻度侵蚀	<2500	极强度侵蚀	8000~15 000
中度侵蚀	2500~5000	剧烈侵蚀	>15 000
强度侵蚀	2500~8000		

2. 降雨侵蚀潜力系数（R）

降雨侵蚀潜力系数等于在预测期内全部降雨侵蚀指数的总和。

（1）对于一次暴雨而言，R 的计算公式为

$$R=\sum\left[\frac{(2.29+1.15\lg x_i)}{D_i}\right]\times I \tag{6-23}$$

式中：D_i 为时间 i 时的降雨量，mm；I 为连续 30min 内的最大降雨强度，mm/h；x_i 为时间 i 时的降雨强度，mm/h；下标 i 为降雨持续时间，h。

（2）对于一年的降雨来说，可采用 Wischmeier 经验公式计算，即

$$R=\sum_{i=1}^{12}1.735\times 10^{\left[1.5\lg\left(\frac{P_i}{P}\right)-0.8188\right]} \tag{6-24}$$

式中：P 为年降雨量，mm；P_i 为各月平均降雨量，mm。

3. 土壤可侵蚀性系数（K）

土壤可侵蚀性系数也称土壤侵蚀度，其定义为一块长 22.13m，坡度 9%，经过多年连续种植过的休耕地上每单位降雨量的侵蚀率。该值可反映出土壤对侵蚀的敏感性及降水所产生的径流量与径流速率的大小。不同的土壤有不同的 K 值，通常可根据土壤类型和有机质含量查表 6-2 确定。

表 6-2 土壤可侵蚀性系数 K

土壤类型	有机物含量		
	<0.5%	2%	4%
砂	0.05	0.03	0.02
细砂	0.16	0.14	0.10
特细砂土	0.42	0.36	0.28
壤性砂土	0.12	0.10	0.08
壤性细砂土	0.24	0.20	0.16
壤性特细砂土	0.44	0.38	0.30

续表

土壤类型	有机物含量		
	<0.5%	2%	4%
砂壤土	0.27	0.24	0.19
细砂壤土	0.35	0.30	0.24
很细砂壤土	0.47	0.41	0.33
壤土	0.38	0.34	0.29
粉砂壤土	0.48	0.42	0.33
粉砂	0.60	0.52	0.42
砂性黏壤土	0.27	0.25	0.21
黏壤土	0.28	0.25	0.21
粉砂黏壤土	0.37	0.32	0.26
砂性黏土	0.14	0.13	0.12
粉砂黏土	0.25	0.23	0.19
黏土	0.13~0.29		

4. 坡长系数（L）和坡度系数（S）

（1）坡长系数 L 通常采用下式计算

$$L = \left(\frac{\tau}{72.6}\right)^{m} \tag{6-25}$$

式中：τ 为斜坡长度，m；m 为坡长指数，一般取 0.5。但当坡度大于 10%时，建议采用 0.6，而对于坡度小于 0.5%的缓坡，可降低到 0.3。

（2）坡度系数 S 通常按下式计算

$$S = \frac{0.43 + 0.30S_i + 0.043S_i^2}{6.613} \tag{6-26}$$

式中：S_i 为坡度,%。

一般将坡长系数和坡度系数放在一起综合考虑，它们的乘积通常称作地形因子。

5. 耕种管理系数（C）

耕种管理系数也称植被覆盖因子或作物种植系数，反映地表覆盖情况，如植被类型、作物和种植类型等对土壤侵蚀的影响。表 6-3 为不同地面植被覆盖率的 C 值，表 6-4 列出了各种农作物和种植方式下的 C 值。

表 6-3 地面不同植被的 C 值

植被	覆盖率（%）					
	稀少	20	40	60	80	100
草地	0.45	0.24	0.15	0.09	0.043	0.011
灌木	0.40	0.22	0.14	0.085	0.040	0.011
乔灌混交	0.39	0.20	0.11	0.06	0.027	0.007

续表

植被	覆盖率（%）					
	稀少	20	40	60	80	100
茂密森林	0.10	0.08	0.06	0.02	0.004	0.001
裸土	1.0					

表 6-4　典型农作物的 C 值

作物	种植方式	C 值
裸土		1.0
草和豆科植物	全年平均	0.004~0.01
苜蓿属植物	全年平均	0.015~0.025
胡枝子	全年平均	0.01~0.02
谷物连作	休耕期清除残根	0.60~0.85
	种子田，残根已清除	0.70~0.90
	残根生长作物已清除	0.60~0.85
	残根或残梗已清除	0.25~0.40
	种子田保留残根	0.45~0.75
	保留生长作物残留物	0.25~0.50
棉花连作	未翻耕的休耕地	0.30~0.45
	苗地	0.50~0.80
	生长作物	0.45~0.55
	残根、残梗	0.20~0.50
青草覆盖		0.01
土地被烧裸		1.00
种子和施肥	18~20 个月的建设周期	0.60
种子、施肥和干草覆盖	18~20 个月的建设周期	0.30

6. 实际侵蚀控制系数（P）

实际侵蚀控制系数也称为水土保持因子，反映不同的土地管理技术或措施，如构筑梯田、平整、夯实土地对侵蚀的影响。不同管理技术对 P 值的影响见表 6-5。

表 6-5　实际侵蚀控制系数

实际情况	土地坡度（%）	P
无措施		1.00
等高耕作	1.1~2.0	0.60
	2.1~7.0	0.50
	7.1~12.0	0.60
	12.1~18.0	0.80
	18.1~24.0	0.90

续表

实际情况	土地坡度（%）	P
等高耕作，带状播种	1.1~2.0	0.45
	2.1~7.0	0.40
	7.1~12.0	0.45
	12.1~18.0	0.60
	18.1~24.0	0.70
隔坡梯田	1.1~2.0	0.45
	2.1~7.0	0.40
	7.1~12.0	0.45
	12.1~18.0	0.60
	18.1~24.0	0.70
顺坡直行耕作		1.00

土壤通用侵蚀方程既可用于土壤侵蚀量的预测，也可以用来推算项目建设前后侵蚀速率的差异，反映项目建设对土壤侵蚀的影响。例如，对于给定区域和土壤，R、K 为常数，L、S 通常也是恒定的。因此，一个项目的年侵蚀速率可由下式进行估算

$$A_1 = A_0 \frac{C_1 P_1}{C_0 P_0} \tag{6-27}$$

式中：A_0，A_1为项目建设前、后的侵蚀速率，kg/（m^2·a）；C_0，C_1为项目建设前、后的耕种管理系数；P_0，P_1为项目建设前、后的实际侵蚀控制系数。

（三）土壤资源破坏和损失预测

开发建设项目的实施，不可避免地要占用、破坏和淹没部分土壤；在一些生态脆弱的地区，建设项目引起的极度土壤侵蚀会造成土地功能丧失而被放弃；极为严重的土壤污染也会使土壤丧失生产功能而转作他用，这些都会导致土壤资源的破坏和损失。

土壤资源的破坏和损失往往是和土地利用类型的变化联系在一起的，因此，在土壤环境影响评价中，常将土地利用类型的变化作为预测的重要内容，并以此来推算土壤资源的损失和破坏。

土壤资源破坏和损失的预测，一般采用类比调查方法进行，分以下两步进行。

（1）土地利用类型现状调查。依照全国土地利用类型划分规定，通过资料收集与现场踏勘、实测相结合的方式，调查评价区内的耕地、园地、林地、草地、城镇用地、交通用地、水域及未利用土地等各种利用类型及其面积分布，并将调查结果绘制成土地利用类型图。

（2）对建设项目造成的土地利用类型变化及由此引起的土壤损失和破坏进行预测。重点说明因项目建设而占用、淹没和破坏的土地资源的面积，如项目基建和配套设施占地、水库淹没占地、移民搬迁占地等；因表层土壤过度侵蚀造成的土地废弃面积；因地貌改变，如地表塌陷、沟谷堆填、坡度改变等造成的损失和破坏面积；因严重污染而废弃或改作他用的耕地面积等。

以大型水利工程项目为例，水库、库区周围及其下游地带土地利用类型的改变，以及由此引起的土壤资源损失是该类项目环境影响预测的重点，主要内容包括：水库淹没、浸渍的

土地面积；水库四周塌岸的土地面积；修建大坝工程建筑、交通设施占用的土地面积；新兴或搬迁城镇、居民点建设占用的土地面积。

二、土壤环境影响评价

（一）评价拟建项目对土壤环境影响的重大性和可接受性

1. 将影响预测的结果与法规和标准进行比较

（1）拟建项目造成的土壤侵蚀或水土流失是否明显违反了国家的有关法规。例如，某矿山建设项目造成的水土流失十分严重，而水土保持方案不足以显著防治土壤流失，则可判定该项目的负面影响重大，在环境保护，至少是土壤环境保护方面是不可行的。

（2）影响预测值与背景值叠加后是否超过土壤环境质量标准。例如，某拟建化工厂排放有毒废水使土壤中的重金属含量超过土壤环境质量标准，则可判断该项目废水排放对土壤环境的污染影响是重大的。

（3）利用分级型土壤指数，计算对应土壤基线值和叠加拟建项目影响后的指数值，以判断土壤级别是否降低。如果土质级别降低（例如基线值为轻度污染，受拟建项目影响后为中度污染），则表明该项目的影响重大；如果仍维持原级别，则表示影响不十分显著。

2. 与当地历史上已有污染源和（或）土壤侵蚀源进行比较

请专家判断拟建项目所造成的新增污染和增加侵蚀程度影响的重大性。例如，土壤专家一般认为在现有的土壤侵蚀条件下，如果一个大型工程的兴建将使土壤侵蚀率提高的值不超过1100t/($km^2\cdot a$)，则是允许的。在做这类判断时，必须考虑区域内多个项目的累积效应。

3. 拟建项目环境可行性的确定

根据土壤环境影响预测与影响重大性的分析，指出工程在建设过程和投产后可能遭受到污染或破坏的土壤面积和经济损失状况。通过费用—效益分析和环境整体性考虑，判断土壤环境影响的可接受性，由此确定该拟建项目的环境可行性。

（二）避免、消除和减轻负面影响的对策和措施

1. 提出拟建工程应采用的控制土壤污染的措施

（1）工程建设项目应首先通过清洁生产或废物减量化措施减少或消除废水、废气和固体废物的产生量和排放量，同时在生产中不用或少用在土壤中容易积累的化学原料；其次，采取末端治理控制手段，控制废水和废气中污染物的浓度，保证不造成土壤中重金属、持久性污染物（如多环芳烃、多氯联苯、有机氯等）及其他高毒性化学品（如酚类、石油类等）的累积。

（2）危险废物堆放场和城市垃圾等固体废物填埋场应有严格的隔水层设计和施工，确保工程质量，使渗滤液影响减至最小；同时做好渗滤液收集和处理工程，防止土壤和地下水受到污染。

（3）提出针对可能受污染土壤的监测方案。

2. 提出防止和控制土壤侵蚀的对策和措施

针对拟建项目的特征及当地条件，可从以下几个方面提出防止与控制土壤侵蚀的对策和措施。

（1）对于一般建设项目，在施工期，应对施工破坏植被，造成的裸露地块及时覆盖砂、石，种植速生草种，并进行经常性管理，以减少土壤侵蚀；在建设期及运行期，应适时采取水土保持措施。例如，在建设期，施工弃土应堆置在安全的场地上，防止侵蚀和流失；如果

弃土中含有污染物，应防止流失、污染下层土壤和附近河流；在工程竣工后，这些弃土应尽可能迅速回填。

(2) 对于农副业建设项目，应通过休耕、轮作以减少土壤侵蚀。

(3) 对于牧区建设项目，应合理设计放牧强度，降低过度放牧，保持草场的可持续利用。

(4) 对水土保持有较大影响的项目，需要请有资质单位制定水土保持方案，并在项目建设和运行期间，严格依照水土保持方案实施。

(5) 加强土壤与作物或植物的监测和管理。在建设项目周围地区采取措施加快森林和植被的生长。

3. 方案选址

任何开发行动或拟建项目通常都有多个选址方案，应从整体布局上进行比较，从中选择出对土壤环境负面影响最小，占用农、牧、林业土地最少的方案。

第五节　污染场地的土壤修复

由于历史上缺乏必要的城市规划，中国很多工业企业位于城市中心区内。20 世纪 90 年代以来，中国社会经济发展迅速，城市化进程加快，产业结构调整深化，导致土地资源紧缺，许多城市开始将主城区的工业企业迁移出城，产生大量存在环境风险的场地（国外又称为“棕地”，Brown Field)。这些污染场地的存在带来了双重问题：一方面是环境和健康风险，另一方面是阻碍了城市建设和经济发展。中国的污染场地主要由历史上一批老工业企业产生。

中国在快速城市化和污染土地开发过程中，发生了一些严重的污染事件。其中，一些事件经过媒体报道，引起了公众的广发关注。例如，2004 年，北京市宋家庄地铁工程施工工人的中毒事件，成为中国重视工业污染场地的环境修复与再开发的开端。该事件后，环境保护部于 2004 年 6 月 1 日印发了《关于切实做好企业搬迁过程中环境污染防治工作的通知》(环办〔2004〕47 号)，要求关闭或破产企业在结束原有生产经营活动，改变原土地使用性质时，必须对原址土地进行调查监测，报环保部门审查，并制定土壤功能修复实施方案。对于已经开发和正在开发的外迁工业区域，要对施工范围内的污染源进行调查，确定清理工作计划和土壤功能恢复实施方案，尽快消除土壤环境污染。

实际上，改革开放以来，来华投资的企业大多都采用美国的场地环境调查与评价技术规范，对其购入的企业或土地进行场地环境调查与评价，以识别场地环境状况，规避污染责任。自 2004 年宋家庄地铁事件之后，中国的环境保护研究机构在各地开始涉足污染场地领域的研究与实践。并根据污染场地开发利用过程中环境管理和土壤修复的需要，分别制定出台了相关的地方法规和配套技术标准。

在污染场地标准方面，中国可参照的有关标准有 1995 年颁布的《土壤环境质量标准》(GB 15618—1995)，1993 年颁布的《地下水质量标准》(GB/T 14848—1993)，2004 年颁布的《土壤环境监测技术规范》(HJ/T 166—2004)，2007 年颁布的《展览会用地土壤环境质量评价标准（暂行)》(HJ 350—2007) 等。这些标准有的已经严重滞后于实践，有的不是专门针对污染场地。这使中国的场地环境评价和修复工作陷入被动状态。对于测试方法，也存在两个方面的问题，一是没有国标方法，这导致测试方法在引用和使用上存在困难和结果差异；二是某些测试方法不能满足当前场地评价的要求。

当然，自2004年前后，国内研究院所开始配合城市规划进行场地评价工作以来，经过多年来的实践和总结，中国逐渐形成了独立的场地评价标准体系。中国的场地评价已经从借鉴学习阶段进入自主研发和系统化的阶段。2014年，中国的场地环境保护系列标准陆续完成并发布。这些标准包括《场地环境调查技术规范》《场地环境监测技术导则》《污染场地土壤修复技术导则》和《污染场地风险评估技术导则》。

一、污染场地的基本概念

场地（site）：指某一地块范围内的土壤、地下水、地表水，以及地块内所有构筑物、设施和生物的总和。

污染场地（contaminated site）：对潜在污染场地进行调查和风险评估后，确认污染危害超过人体健康或生态环境可接受风险水平的场地，又称污染地块。污染场地也可定义为因堆积、储存、处理、处置或其他方式（如迁移）承载了有害物质的，对人体健康和环境产生危害或具有潜在风险的空间区域。具体来说，该空间区域中有害物质的承载体包括场地土壤、场地地下水、场地地表水、场地环境空气、场地残余废弃污染物（如生产设备和建筑物）等。

土壤修复（soil remediation）：采用物理、化学或生物的方法固定、转移、吸收、降解或转化场地土壤中的污染物，使其含量降低到可接受水平，或将有毒有害的污染物转化为无害物质的过程。

场地修复目标（site remediation goal）：由场地环境调查和风险评估确定的目标污染物对人体健康和生态受体不产生直接或潜在危害，或不具有环境风险的污染修复终点。

修复可行性研究（feasibility study for remediation）：从技术、条件、成本效益等方面对可供选择的修复技术进行评估和论证，提出技术可行、经济可行的修复方案。

修复模式（remediation strategy）：对污染场地进行修复的总体思路，包括原地修复、异地修复、异地处置、自然修复、污染阻隔、居民防护和制度控制等，又称修复策略。

二、污染场地修复的基本原则和工作程序

1. 基本原则

（1）科学性原则。采用科学的方法，综合考虑污染场地修复目标、土壤修复技术的处理效果、修复时间、修复成本、修复工程的环境影响等因素，制定修复方案。

（2）可行性原则。制定的污染场地土壤修复方案要合理可行，要在前期工作的基础上，针对污染场地的污染性质、程度、范围，以及对人体健康或生态环境造成的危害，合理选择土壤修复技术，因地制宜制定修复方案，使修复目标可达，修复工程切实可行。

（3）安全性原则。制定污染场地土壤修复方案要确保污染场地修复工程实施安全，防止对施工人员、周边人群健康及生态环境产生危害和二次污染。

2. 工作程序

污染场地土壤修复方案编制的工作程序如图6-1所示，分为以下三个阶段。

（1）选择修复模式。在分析前期污染场地环境调查和风险评估资料的基础上，根据污染场地特征条件、目标污染物、修复目标、修复范围和修复时间长短，选择确定污染场地修复的总体思路。

（2）筛选修复技术。根据污染场地的具体情况，按照确定的修复模式，筛选实用的土壤修复技术，开展必要的实验室小试和现场中试，或对土壤修复技术应用案例进行分析，从适用条件、对本场地土壤修复的效果、成本和环境安全性等方面进行评估。

（3）制定修复方案。根据确定的修复技术，制定土壤修复技术路线，确定土壤修复技术的工艺参数，估算污染场地土壤修复的工程量，提出初步修复方案。从主要技术指标、修复工程费用及二次污染防治措施等方面进行方案可行性比选，确定经济、实用和可行的修复方案。

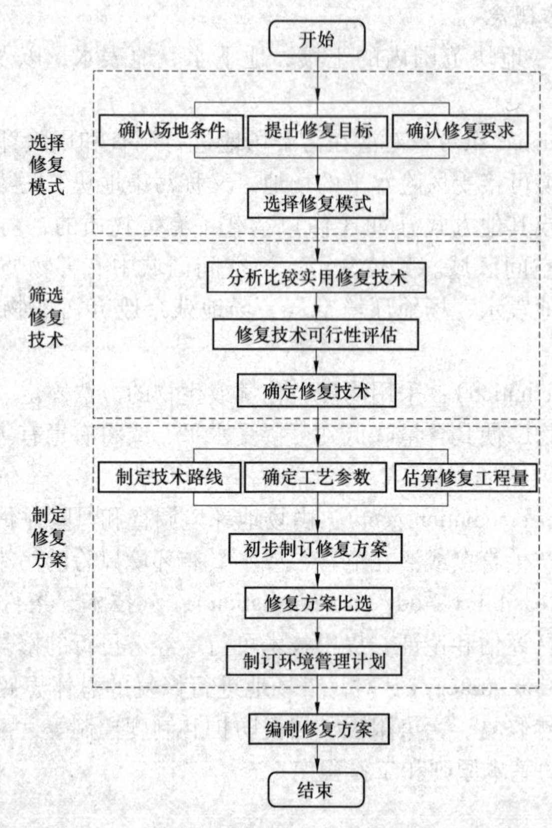

图 6-1　污染场地土壤修复方案编制的工作程序

三、选择修复模式

1. 确认场地条件

（1）核实场地相关资料。审阅前期按照《场地环境调查技术导则》（HJ 25.1—2014）和《场地环境监测技术导则》（HJ 25.2—2014）完成的场地环境调查报告，以及按照《污染场地风险评价技术导则》（HJ 25.3—2014）完成的污染场地风险评估报告等相关资料，核实场地相关资料的完整性和有效性，重点核实前期场地信息和资料是否能反映场地目前的实际情况。

（2）现场考察场地状况。考察场地目前现状情况，特别关注与前期场地环境调查和风险评估时相比发生的重大变化，以及周边环境保护敏感目标的变化情况。现场考察场地修复工程施工条件，特别关注场地用电、用水、施工道路、安全保卫等情况，为修复方案的工程施工区布局提供基础信息。

(3) 补充相关技术资料。通过核查场地已有资料和现场考察场地状况，如发现已有资料不能满足修复方案编制的基础信息要求，应适当补充相关资料。必要时应适当开展补充监测，甚至进行补充性场地环境调查和风险评估，相关技术要求参考《场地环境调查技术导则》(HJ 25.1—2014)、《场地环境监测技术导则》(HJ 25.2—2014) 和《污染物场地风险评价技术导则》(HJ 25.3—2014)。

2. 提出修复目标

通过对前期获得的场地环境调查和风险评估资料进行分析，结合必要的补充调查，确认污染场地土壤修复的目标污染物、修复目标值和修复范围。

(1) 确认目标污染物。确认前期场地环境调查和风险评估提出的土壤修复目标污染物，分析其与场地特征污染物的关联性和与相关标准的符合程度。

(2) 提出修复目标值。分析比较按照《污染物场地风险评价技术导则》(HJ 25.3—2014) 计算的土壤风险控制值和场地所在区域土壤中目标污染物的背景含量和国家有关标准中规定的限值，合理提出土壤目标污染物的修复目标值。

(3) 确认修复范围。确认前期场地环境调查与风险评估提出的土壤修复范围是否清楚，包括四周边界和污染土层深度分布，特别要关注污染土层异常分布情况，例如，非连续性自上而下分布。依据土壤目标污染物的修复目标值，分析和评估需要修复的土壤量。

3. 确认修复要求

与场地利益相关方进行沟通，确认对土壤修复的要求，例如，修复时间、预期经费投入等。

4. 选择修复模式

根据污染场地的特征条件、修复目标和修复要求，选择确定污染场地修复的总体思路。永久性处理修复优先于处置，即显著地减少污染物的数量、毒性和迁移性。鼓励采用绿色的、可持续的和资源化修复。

四、筛选修复技术

1. 分析比较实用修复技术

结合污染场地污染特征、土壤特性和选择的修复模式，从技术成熟度、适合的目标污染物和土壤类型、修复的效果、时间和成本等方面分析比较现有的土壤修复技术的优缺点，重点分析各修复技术工程应用的实用性。可以采用列表描述修复技术原理、适用条件、主要技术指标、经济指标和技术应用的优缺点等方面，从而进行比较分析，也可以采用权重打分的方法。通过比较分析，提出一种或多种备选修复技术进行下一步可行性评估。

2. 修复技术可行性评估

(1) 实验室小试。可以采用实验室小试进行土壤修复技术可行性评估。实验室小试应采集污染场地的污染土壤进行试验，针对试验修复技术的关键环节和关键参数，制定实验室试验方案。

(2) 现场中试。如果对土壤修复技术的适用性不确定，则应在污染场地开展现场中试，验证试验修复技术的实际效果，同时考虑工程管理和二次污染防范等。中试试验应尽量兼顾到场地中的不同区域、不同污染浓度和不同土壤类型，获得土壤修复工程设计所需要的参数。

(3) 应用案例分析。土壤修复技术可行性评估也可以采用与污染场地修复技术相同或类似的应用案例分析进行，必要时可现场考察和评估应用案例的实际工程。

3. 确定修复技术

在分析比较土壤修复技术优缺点和开展技术可行性试验的基础上，从技术的成熟度、适用条件、对污染场地土壤修复的效果、成本、时间和环境安全性等方面对各备选修复技术进行综合比较，确定修复技术，以进行下一步的制定修复方案阶段。

五、制定修复方案

1. 制定土壤修复技术路线

根据确定的场地修复模式和土壤修复技术，制定土壤修复技术路线，可以采用一种修复技术制定，也可以采用多种修复技术进行优化组合集成。修复技术路线应反映污染场地修复的总体思路和修复方式、修复工艺流程和具体步骤，还应包括场地土壤修复过程中受污染水体、气体和固体废物等的无害化处理处置等。

2. 确定土壤修复技术的工艺参数

土壤修复技术的工艺参数应通过实验室小试和/或现场中试获得。工艺参数包括但不限于修复材料投加量或比例、设备影响半径、设备处理能力、处理需要时间、处理条件、能耗、设备占地面积或作业区面积等。

3. 估算污染场地土壤修复的工程量

根据技术路线，按照确定的单一修复技术或修复技术组合的方案，结合工艺流程和参数，估算每个修复方案的修复工程量。根据修复方案的不同，修复工程量可能是调查和评估阶段确定的土壤处理和处置所需工程量，也可能是方案涉及的工程量，还应考虑土壤修复过程中受污染水体、气体和固体废物等的无害化处理处置的工程量。

4. 修复方案的比选

从确定的单一修复技术及多种修复技术组合方案的主要技术指标、工程费用估算和二次污染防治措施等方面进行比选，最后确定最佳修复方案。

（1）主要技术指标。结合场地土壤特征和修复目标，从符合法律法规、长期和短期效果、修复时间、成本和修复工程的环境影响等方面，比较不同修复方案主要技术指标的合理性。

（2）修复工程费用。根据场地修复工程量，估算并比较不同修复方案所产生的修复费用，包括直接费用和间接费用。直接费用主要包括修复工程主体设备、材料、工程实施等费用，间接费用包括修复工程监测、工程监理、质量控制、健康安全防护和二次污染防范措施等费用。

（3）二次污染防范措施。污染场地修复工程的实施，应首先分析工程实施的环境影响，并应根据土壤修复工艺过程和施工设备清洗等环节产生的废水、废气、固体废物，噪声和扬尘等环境影响，制定相关的收集、处理和处置技术方案，提出二次污染防范措施。综合比较不同修复方案二次污染防范措施的有效性和可实施性。

5. 制订环境管理计划

污染场地土壤修复工程环境管理计划包括修复工程环境监测计划和环境应急安全计划。

（1）修复工程环境监测计划。修复工程环境监测计划包括修复工程环境监理、二次污染监控和修复工程验收中的环境监测。应根据确定的最佳修复方案，结合场地污染特征和场地所处环境条件，有针对性地制订修复工程环境监测计划。相关技术要求按照《场地环境监测技术导则》(HJ 25.2—2014)执行。

(2)环境应急安全计划。为确保场地修复过程中施工人员与周边居民的安全，应制订周密的场地修复工程环境应急安全计划，内容包括安全问题识别、需要采取的预防措施、突发事故时的应急措施、必须配备的安全防护装备和安全防护培训等。

六、编制修复方案

修复方案要全面和准确地反映出全部工作内容。报告中的文字应简洁、准确，并尽量采用图、表和照片等形式描述各种关键技术信息，以利于施工方制定污染场地土壤修复工程施工方案。修复方案应根据污染场地的环境特征和污染场地修复工程的特点进行编制。

思考题

1. 土壤由哪些部分组成？土壤的性质有哪些？
2. 影响土壤环境质量的主要因素是什么？
3. 土壤环境影响类型有哪些？
4. 简述土壤环境影响评价的工作内容。
5. 土壤环境质量现状评价包括哪些部分？
6. 土壤退化现状评价包括哪些部分？
7. 污染物在土壤中累积和污染趋势预测的一般方法和步骤是什么？
8. 如何进行土壤退化趋势预测？
9. 土壤资源破坏和损失的预测一般分哪些步骤进行？
10. 污染场地土壤修复的基本原则是什么？

第七章 声环境影响评价

第一节 声环境影响评价概述

一、环境噪声和噪声源

声音是由物质振动产生的。物理学上的噪声指不规则的声音，从环境角度看，噪声是人们不需要的声音。振动的一切物体称为声源，产生噪声的声源称为噪声源。声源、介质、接收器称为声音的三要素。噪声是物理污染（又称能量污染），是感觉公害，受害程度取决于受害人的生理、心理及所处的环境等因素。

环境噪声污染是指所产生的环境噪声超过国家规定的环境噪声排放标准，并干扰他人正常生活、工作和学习的现象。

噪声按产生的机理可划分为机械噪声、空气动力性噪声和电磁性噪声三大类；按其随时间的变化可分为稳态噪声和非稳态噪声两大类；按噪声的来源又可分为交通噪声、工业噪声、社会生活噪声、施工噪声和自然噪声五类。

噪声源按形态可分为点声源、线声源与面声源三类。

二、噪声的评价量

1. A 声级、等效连续 A 声级

A 声级是为了模拟人耳对声音的反应，在噪声测量仪器中安装一个滤波器，这个滤波器通常称为计权网络。当声音进入网络时，中、低频的声音就按比例衰减通过，而 1000Hz 以上的高频声音则无衰减地通过。由于计权网络是把可听声频按 A、B、C、D 等特定网络进行频率计权的，所以就把由 A 网络计权的声压级称为 A 声级；由 B 网络计权的声压级称为 B 声级，依此类推，以下则为 C 声级、D 声级等，单位分别记为 dB（A）、dB（B）、dB（C）、dB（D）。

实践证明，A 声级与人耳对噪声强度和频率的感觉最相近，因此，A 声级是应用最广的评价量。D 声级在飞机噪声影响评价中仍常使用，而 B 声级现在已基本不再使用。

A 声级适于评价一个连续的稳态噪声，但是，如果在某一受声点观测到的 A 声级是随时间变化的，例如，交通噪声随车流量和种类变化，又如一台间歇工作的机器，在某段时间内的 A 声级有时高有时低，在这种情况下，用某一瞬时的 A 声级去评价一段时间内的 A 声级是不确切的。因此，便引入了等效连续 A 声级作为评价量，即考虑了某一段时间内的噪声随时间变化的特性，用能量平均的方法并以一个 A 声级值去表示该段时间内的噪声大小。

等效连续 A 声级可表示为

$$L_{eq} = 10\lg\left(\frac{1}{T}\int_0^T 10^{0.1L_t}\mathrm{d}t\right) \tag{7-1}$$

式中：L_{eq}为在 T 段时间内的等效连续 A 声级，dB；L_t为 t 时刻的瞬时 A 声级，dB；T 为连续取样的总时间。

由于 A 声级的测量，实际上是采取等间隔取样的，所以等效连续 A 声级又可按式（7-2）

表示

$$L_{eq}=10\lg\left(\frac{1}{N}\sum_{i=1}^{N}10^{0.1L_i}\right)\tag{7-2}$$

式中：L_i为第 i 次读取的 A 声级，dB；N 为取样总数。

如果 $N=100$，则

$$L_{eq}=10\lg\left(\sum_{i=1}^{100}10^{0.1L_i}\right)-20$$

如果 $N=200$，则

$$L_{eq}=10\lg\left(\sum_{i=1}^{100}10^{0.1L_i}\right)-23$$

等效连续 A 声级的应用领域较广，在中国多用此评价量去评价工业噪声、公路噪声、铁路噪声、港口与航道噪声及施工噪声等。

2. 统计噪声级

统计噪声级是指某点噪声级有较大波动时，用于描述该点噪声变化状况的统计物理量，一般用 L_{10}，L_{50}，L_{90}表示。L_{10}表示在取样时间内 10%的时间超过的噪声级，相当于噪声平均峰值；L_{50}表示在取样时间内 50%的时间超过的噪声级，相当于噪声的平均值；L_{90}表示在取样时间内 90%的时间超过的噪声级，相当于噪声的背景值。

其计算方法是：将测得的 100 个或 200 个数据按大小顺序排列，总数为 100 个的第 10 个数据或总数为 200 个的第 20 个数据即为 L_{10}，总数为 100 个的第 50 个数据或总数为 200 个的第 100 个数据即为 L_{50}。同理，总数为 100 个的第 90 个数据或总数为 200 个的第 180 个数据即为 L_{90}。

美国常用 L_{10}作为公路噪声评价量，日本则用 L_{50}。

英国等欧洲国家对于公路交通噪声常用交通噪声指数（TNI）和噪声污染级（PNL）作为评价量，计算公式分别为

$$TNI=4L_{10}-3L_{90}-30\tag{7-3}$$

$$PNL=L_{50}+d+\frac{d^2}{60}\tag{7-4}$$

$$d=L_{10}-L_{90}$$

3. 中国使用的声环境影响评价量

（1）声环境质量评价量。根据《声环境质量标准》（GB 3096—2008），声环境功能区的环境质量评价量为昼间等效声级（L_d）、夜间等效声级（L_n），突发噪声的评价量为最大 A 声级（L_{max}）。根据《机场周围飞机噪声环境标准》（GB 9660—88），机场周围区域受飞机通过（起飞、降落、低空飞越）噪声环境影响的评价量为计权等效连续感觉噪声级（L_{WECPN}）。

（2）声源源强表达量。A 声功率级（L_{AW}），或中心频率为 63Hz~8kHz 8 个倍频带的声功率级（L_W）；距离声源 r 处的 A 声级［$L_A(r)$］或中心频率为 63Hz~8kHz 8 个倍频带的声压级［$L_P(r)$］；等效感觉噪声级（L_{EPN}）。

（3）厂界、场界、边界噪声评价量。根据《工业企业厂界环境噪声排放标准》（GB 12348—2008）、《建筑施工厂界噪声限值》（GB 12523—2011），工业企业厂界、建筑施工场界噪声评价量为昼间等效声级（L_d）、夜间等效声级（L_n）、室内噪声倍频带声压级，频发、偶发噪声的评价量为最大A声级（L_{max}）。根据《铁路边界噪声限值及其测量方法》（GB 12525—90）、《城市轨道交通车站站台声学要求和测量方法》（GB 14227—2006），铁路边界、城市轨道交通车站站台噪声评价量为昼间等效声级（L_d）、夜间等效声级（L_n）。根据《社会生活环境噪声排放标准》（GB 22337—2008），社会生活噪声源边界噪声评价量为昼间等效声级（L_d）、夜间等效声级（L_n），室内噪声倍频带声压级、非稳态噪声的评价量为最大A声级（L_{max}）。

三、评价标准

见第一章第四节。

第二节 噪声的衰减和反射效应

噪声在大气中传播将产生几何发散、反射、衍射、折射等现象，并在传播过程中引起衰减，噪声从声源传播到受声点，因受传播距离、空气吸收、阻挡物的反射与屏障等影响，会使其衰减。

一、噪声衰减计算式

1. 计算倍频带衰减

现场监测常用63~8000Hz间8个倍频带，所取得的倍频带数据以L_{oct}表示，可采用式（7-5）计算倍频带声压级衰减变化。式（7-5）常用于噪声户外传播声级衰减。计算分以下两步。

（1）计算预测点的倍频带声压级，即

$$L_{oct}(r) = L_{oct_{ref}}(r_0) - (A_{oct_{div}} + A_{oct_{bar}} + A_{oct_{atm}} + A_{oct_{exc}}) \tag{7-5}$$

式中：L_{oct}（r）为距声源r处的倍频带声压级；$L_{oct_{ref}}$（r_0）为参考位置r_0处的倍频带声压级；$A_{oct_{div}}$为声波几何发散引起的衰减量；$A_{oct_{bar}}$为声屏障引起的衰减量；$A_{oct_{atm}}$为空气吸收引起的衰减量；$A_{oct_{exc}}$为附加衰减量。

（2）根据各倍频带声压级合成计算出预测点的A声级：设各个倍频带声压级为L_{pi}，且$L_{pi}=L_{oct}$（r），则A声级为

$$L_A = 10\lg\left[\sum_{i=1}^{n} 10^{0.1(L_{pi}-\Delta L_i)}\right] \tag{7-6}$$

式中：ΔL_i为第i个倍频带的A计权网络修正值，dB；n为总倍频带数。

63~16000Hz范围内的A计权网络修正值见表7-1。

表7-1 A计权网络修正值

频率（Hz）	63	125	250	500	1000	2000	4000	8000	16000
ΔL_i（dB）	-26.2	-16.1	-8.6	-3.2	0	1.2	1.0	-1.1	-6.6

2. 计算 A 声级衰减

常用于各种噪声的预测计算

$$L_A(r)=L_{A_{ref}}(r_0)-(A_{div}+A_{bar}+A_{atm}+A_{exc}) \tag{7-7}$$

式中：L_A（r）为距声源 r 处的 A 声级；$L_{A_{ref}}$（r_0）为参考位置 r_0处的 A 声级；A_{div}为声波几何发散引起的 A 声级衰减量；A_{bar}为声屏障引起的 A 声级衰减量；A_{atm}为空气吸收引起的 A 声级衰减量；A_{exc}为附加衰减量。

二、噪声随传播距离的衰减

噪声在传播过程中由于距离增加而引起的几何发散衰减与噪声固有的频率无关。

1. 点声源

（1）点声源随传播距离增加引起的衰减值为

$$A_{div}=10\lg\frac{1}{4\pi r^2} \tag{7-8}$$

式中：A_{div}为距离增加产生的衰减值，dB；r 为点声源至受声点的距离，m。

（2）在距离点声源 r_1处至 r_2处的衰减值为

$$A_{div}=20\lg\frac{r_1}{r_2} \tag{7-9}$$

当 $r_2=2r_1$时，$A_{div}=-6$dB，即点声源声传播距离增加一倍，衰减值是 6dB。

2. 线声源随传播距离增加的几何发散衰减

线声源随传播距离增加引起的衰减值为

$$A_{div}=10\lg\frac{1}{2\pi rl} \tag{7-10}$$

式中：A_{div}为随传播距离的衰减值，dB；r 为线声源至受声点的垂直距离，m；l 为线声源的长度，m。

（1）当$\frac{r}{l}<\frac{1}{10}$时，可视为无限长线声源。此时，在距离线声源 r_1处至 r_2处的衰减值为

$$A_{div}=10\lg\frac{r_1}{r_2}$$

（2）当 $r_2=2r_1$时，$A_{div}=-3$dB，即线声源声传播距离增加一倍，衰减值是 3dB。

（3）当$\frac{r}{l}>1$ 时，可视为点声源。

3. 面声源随传播距离的增加引起的衰减

面声源随传播距离的增加引起的衰减值与面源的形状有关，设面声源短边是 a，长边是 b，随着距离的增加，引起的衰减值与距离 r 的关系如下。

（1）当 $r<\frac{a}{\pi}$时，在 r 处，$A_{div}=0$dB。

（2）当$\frac{b}{\pi}>r>\frac{a}{\pi}$时，在 r 处，距离 r 每增加一倍，$A_{div}=-$（0~3）dB。

（3）当 $b>r>\frac{b}{\pi}$时，在 r 处，距离 r 每增加一倍，$A_{div}=-$（3~6）dB。

（4）当 $r>b$ 时，在 r 处，距离 r 每增加一倍，$A_{div}=-6dB$。

三、空气吸收衰减

空气吸收声波而引起声衰减与声波频率、大气压、温度、湿度有关，被空气吸收的衰减值可由式（7-11）计算

$$A_{atm}=\alpha\times r \quad 或 \quad A_{oct,\ atm}=\frac{\alpha(r-r_0)}{100} \tag{7-11}$$

式中：A_{atm}为空气吸收造成的衰减值，dB；α 为每 100m 空气的吸声系数（见表 7-2），其值与空气的温度、湿度有关；r 为声波传播的距离（预测点距声源的距离），m；r_0为参考位置距声源的距离，m。

当 $r<200$m 时，A_{atm}近似为 0。

如果声源位于硬平面上，则

$$A_{atm}=6\times10^{-6}\times f\times r \tag{7-12}$$

式中：f 为噪声的倍频带几何平均频率，Hz。

表 7-2 空气的吸声系数（单位：dB/100m）

温度（℃）	1/3 倍频带中心频率（Hz）	相对湿度（%）								
		20	30	40	50	60	70	80	90	100
5	125	0.051	0.044	0.039	0.036	0.033	0.031	0.030	0.029	0.028
	250	0.115	0.096	0.086	0.079	0.074	0.070	0.066	0.063	0.061
	500	0.339	0.235	0.205	0.189	0.177	0.166	0.157	0.151	0.146
	1000	1.142	0.743	0.549	0.466	0.426	0.404	0.385	0.369	0.355
	2000	3.801	2.524	1.859	1.472	1.218	1.061	0.973	0.912	0.877
	4000	8.352	8.000	6.249	4.930	4.097	3.469	3.044	2.697	2.454
	8000	12.548	16.957	17.348	15.886	13.599	11.556	10.144	9.059	8.122
10	125	0.049	0.042	0.038	0.035	0.032	0.031	0.029	0.028	0.027
	250	0.109	0.093	0.083	0.077	0.072	0.068	0.065	0.062	0.059
	500	0.273	0.222	0.200	0.184	0.171	0.162	0.154	0.148	0.142
	1000	0.882	0.585	0.484	0.445	0.418	0.395	0.375	0.358	0.345
	2000	3.020	1.957	1.445	1.172	1.044	0.970	0.926	0.891	0.859
	4000	9.096	6.576	4.902	3.853	3.210	2.759	2.462	2.282	2.155
	8000	17.906	18.875	16.068	12.810	10.733	9.195	8.027	7.202	6.512
15	125	0.048	0.041	0.037	0.034	0.032	0.030	0.029	0.027	0.026
	250	0.106	0.090	0.081	0.075	0.070	0.066	0.063	0.060	0.058
	500	0.250	0.216	0.193	0.178	0.167	0.157	0.150	0.143	0.138
	1000	0.697	0.523	0.472	0.435	0.406	0.382	0.365	0.351	0.338
	2000	2.405	1.554	1.206	1.070	1.004	0.953	0.910	0.873	0.839
	4000	8.072	5.278	3.884	3.106	2.653	2.418	2.265	2.181	2.107
	8000	20.830	17.350	12.918	10.398	8.627	7.463	6.600	6.017	5.582

续表

温度（℃）	1/3倍频带中心频率（Hz）	相对湿度（%）								
		20	30	40	50	60	70	80	90	100
20	125	0.047	0.040	0.036	0.033	0.031	0.029	0.028	0.026	0.025
	250	0.102	0.088	0.079	0.073	0.068	0.064	0.061	0.059	0.056
	500	0.246	0.211	0.190	0.175	0.164	0.155	0.148	0.141	0.136
	1000	0.606	0.513	0.462	0.422	0.397	0.376	0.358	0.343	0.331
	2000	1.859	1.289	1.126	1.042	0.979	0.924	0.876	0.843	0.814
	4000	6.302	4.119	3.116	2.653	2.435	2.314	2.217	2.136	2.062
	8000	20.445	13.761	10.310	8.324	7.019	6.224	5.779	5.496	5.297
25	125	0.045	0.039	0.035	0.032	0.030	0.027	0.025	0.024	0.023
	250	0.102	0.088	0.079	0.072	0.068	0.064	0.061	0.057	0.054
	500	0.238	0.205	0.184	0.170	0.159	0.150	0.143	0.137	0.132
	1000	0.579	0.501	0.448	0.414	0.388	0.367	0.350	0.336	0.323
	2000	1.561	1.223	1.117	1.032	0.960	0.911	0.872	0.838	0.807
	4000	5.088	3.399	2.791	2.555	2.407	2.288	2.186	2.095	2.017
	8000	16.939	11.233	8.486	7.008	6.249	5.836	5.608	5.419	5.253

四、声屏障引起的衰减

1. 墙壁的屏障效应

室内混响声对建筑物的墙壁隔声影响十分明显，其总隔声量 TL 可按式（7-13）进行计算

$$TL = L_{P1} - L_{P2} + 10\lg\left(\frac{1}{4} + \frac{S}{A}\right) \tag{7-13}$$

所以，受墙壁阻挡的噪声衰减值为

$$A_{b1} = TL - 10\lg\left(\frac{1}{4} + \frac{S}{A}\right) \tag{7-14}$$

式中：A_{b1} 为墙壁阻隔产生的衰减值，dB；L_{P1} 为室内混响噪声级，dB；L_{P2} 为室外1m处的噪声级，dB；S 为阻挡面积，m^2；A 为受声室内吸声量，m^2。

若用不同的门窗组合墙时，则总隔声量应按式（7-15）计算

$$TL = 10\lg\left(\frac{1}{\bar{\tau}}\right) \tag{7-15}$$

$$\bar{\tau} = \frac{1}{S}\sum_{i=1}^{n}\tau_i S_i = \frac{\tau_1 S_1 + \tau_2 S_2 + \cdots + \tau_n S_n}{S_1 + S_2 + \cdots + S_n} \tag{7-16}$$

式中：$\bar{\tau}$ 为组合墙的平均透声系数，无量纲；S 为组合墙的总表面积，m^2。

2. 户外建筑物的声屏障效应

声屏障的隔声效应与声源和接收点及屏障的位置、高度、长度、结构性质有关；可以根

据它们之间的距离、声音的频率（一般情况下，铁路和公路的屏障用500Hz）算出菲涅耳数，然后，由图7-1中的曲线查出相对应的衰减值dB，声屏障衰减最大不超过24dB。

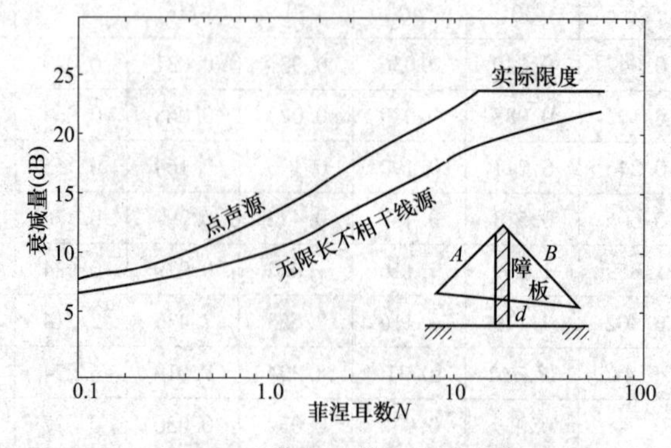

图7-1 障板及其声衰减曲线

菲涅耳数N的计算公式为

$$N = \frac{2(A + B - d)}{\lambda} \tag{7-17}$$

式中：A为声源与屏障顶端的距离；B为接收点与屏障顶端的距离；d为声源与接收点间的距离；λ为波长。

3. 植物的吸收屏障效应

声波通过高于声线1m以上的密集植物丛时，会因植物的阻挡而产生声衰减。在一般情况下，对频率为1000Hz的声音，松树林带的声衰减值为3dB/10m；杉树林带的声衰减值为2.8dB/10m；槐树林带的声衰减值为3.5dB/10m；高30cm的草地的声衰减值为0.7dB/10m。一般阔叶林带的声衰减值见表7-3。

表7-3 阔叶林地带的声衰减值

频率（Hz）	250	500	1000	2000	4000	8000
声衰减值（dB/10m）	1	2	3	4	4.5	5

五、附加衰减

附加衰减包括声波在传播过程中由于云、雾、温度梯度、风而引起的声能量衰减，以及地面的反射和吸收，或近地面的气象条件等因素所引起的衰减。在环境影响评价中，一般不考虑风、云、雾及温度梯度所引起的附加衰减，但是遇到下列情况时则必须考虑地面效应的影响。

（1）预测点距声源50m以上。

（2）声源距地面高度和预测点距地面高度的平均值小于3m。

（3）声源与预测点之间的地坪被草地、灌木等覆盖。

地面效应引起的附加衰减量可按式（7-18）计算

$$A_{exc} = 5\lg(r/r_0) \tag{7-18}$$

应当注意，在实际应用中，不管传播距离多远，地面效应引起的附加衰减量上限为10dB；在声屏障和地面效应同时存在的条件下，其衰减量之和的上限值为25dB。

六、反射效应

当点源与预测点位于反射体（如平整、光滑、坚硬的固体表面）附近时，到达预测点的声级是直达声与反射声叠加的结果，从而使预测点的声级增高 ΔL_r（见图 7-2）。

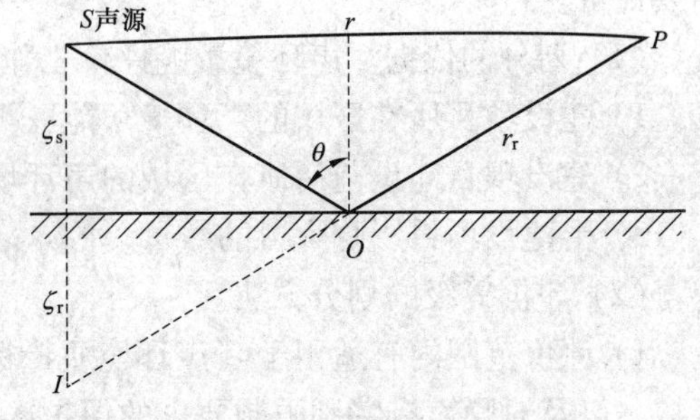

图 7-2　反射体的影响

由图 7-2 可以看出，被 O 点反射而到达 P 点的声波相当于从虚声源 I 辐射的声波，即 $\overline{SP}=r$，$\overline{OP}=r_r$。经验表明，声源辐射的声波一般都是宽频带的，而且满足 $r-r_r \gg \lambda$。因反射而引起声级的增高 ΔL_r 的值，可按以下关系确定（$\alpha=r/r_r$）。

（1）当 $\alpha \approx 1$ 时，$\Delta L_r=3\text{dB}$。

（2）当 $\alpha \approx 1.4$ 时，$\Delta L_r=2\text{dB}$。

（3）当 $\alpha \approx 2$ 时，$\Delta L_r=1\text{dB}$。

（4）当 $\alpha>2.5r$ 时，$\Delta L_r=0\text{dB}$。

第三节　声环境影响评价的技术工作程序和要求

一、技术工作程序

《声环境评价技术导则》（HJ/T 24—2009）规定的技术工作程序如图 7-3 所示。

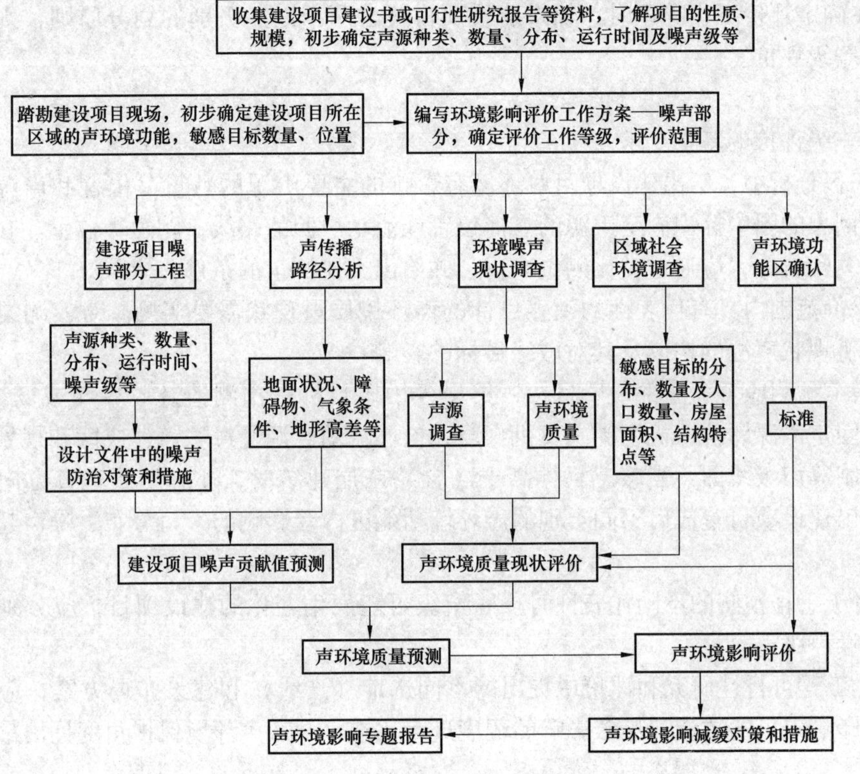

图 7-3　声环境影响评价工作程序

二、评价工作等级的划分和工作要求

1. 评价工作等级的划分

声环境影响评价工作等级一般分为三级，一级为详细评价，二级为一般性评价，三级为简要评价。

（1）划分的依据。声环境影响评价工作等级划分依据包括以下内容。

1）建设项目所在区域的声环境功能区类别。

2）建设项目建设前后所在区域的声环境质量变化程度。

3）受建设项目影响人口的数量。

（2）评价等级的划分方法。

1）评价范围内有适用于《声环境质量标准》（GB 3096—2008）规定的 0 类声环境功能区域，以及对噪声有特别限制要求的保护区等敏感目标，或建设项目建设前后评价范围内敏感目标的噪声级增高量达 5dB（A）以上［不含 5dB（A）］，或受影响人口数量显著增多时，按一级评价。

2）建设项目所处的声环境功能区为《声环境质量标准》（GB 3096—2008）规定的 1 类、2 类地区，或建设项目建设前后评价范围内敏感目标的噪声级增高量达 3～5dB（A）［含 5dB（A）］，或受噪声影响人口数量增加较多时，按二级评价。

3）建设项目所处的声环境功能区为 GB 3096 规定的 3 类、4 类地区，或建设项目建设前后评价范围内敏感目标的噪声级增高量在 3dB（A）以下［不含 3dB（A）］，且受影响人口数量变化不大时，按三级评价。

4）在确定评价工作等级时，如果建设项目符合两个以上级别的划分原则，则按较高级别的评价等级评价。

2. 各等级评价工作的基本要求

（1）一级评价的基本要求。

1）工程分析中，给出建设项目对环境有影响的主要声源的数量、位置和声源源强，并在标有比例尺的图中标识固定声源的具体位置或流动声源的路线、跑道等位置。在缺少声源源强的相关资料时，应通过类比测量取得，并给出类比测量的条件。

2）评价范围内具有代表性的敏感目标的声环境质量现状需要实测。对实测结果进行评价，并分析现状声源的构成及其对敏感目标的影响。

3）噪声预测应覆盖全部敏感目标，给出各敏感目标的预测值及厂界（或场界、边界）噪声值。固定声源评价、机场周围飞机噪声评价、流动声源经过城镇建成区和规划区路段的评价应绘制等声级线图，当敏感目标高于（含）三层建筑时，还应绘制垂直方向的等声级线图。给出建设项目建成后不同类别的声环境功能区内受影响的人口分布、噪声超标的范围和程度。

4）对于工程预测的不同代表性时段噪声级可能发生变化的建设项目，应分别预测其不同时段的噪声级。

5）对工程可行性研究和评价中提出的不同选址（选线）和建设布局方案，应根据不同方案噪声影响人口的数量和噪声影响的程度进行比选，并从声环境保护角度提出最终的推荐方案。

6）针对建设项目的工程特点和所在区域的环境特征提出噪声防治措施，并进行经济、技术可行性论证，明确防治措施的最终降噪效果和达标分析。

（2）二级评价的基本要求。

1）工程分析中，给出建设项目对环境有影响的主要声源的数量、位置和声源源强，并在标有比例尺的图中标识固定声源的具体位置或流动声源的路线、跑道等位置。在缺少声源源强的相关资料时，应通过类比测量取得，并给出类比测量的条件。

2）评价范围内具有代表性的敏感目标的声环境质量现状以实测为主，可适当利用评价范围内已有的声环境质量监测资料，并对声环境质量现状进行评价。

3）噪声预测应覆盖全部敏感目标，给出各敏感目标的预测值及厂界（或场界、边界）噪声值，根据评价需要绘制等声级线图。给出建设项目建成后不同类别的声环境功能区内受影响人口的分布、噪声超标的范围和程度。

4）对于工程预测的不同代表性时段噪声级可能发生变化的建设项目，应分别预测其不同时段的噪声级。

5）从声环境保护角度对工程可行性研究和评价中提出的不同选址（选线）和建设布局方案的环境合理性进行分析。

6）针对建设项目的工程特点和所在区域的环境特征提出噪声防治措施，并进行经济、技术可行性论证，给出防治措施的最终降噪效果和达标分析。

（3）三级评价的基本要求。

1）工程分析中，给出建设项目对环境有影响的主要声源的数量、位置和声源源强，并在标有比例尺的图中标识固定声源的具体位置或流动声源的路线、跑道等位置。在缺少声源源强的相关资料时，应通过类比测量取得，并给出类比测量的条件。

2）重点调查评价范围内主要敏感目标的声环境质量现状，可利用评价范围内已有的声环境质量监测资料，若无现状监测资料时应进行实测，并对声环境质量现状进行评价。

3）噪声预测应给出建设项目建成后各敏感目标的预测值及厂界（或场界、边界）噪声值，分析敏感目标受影响的范围和程度。

4）针对建设项目的工程特点和所在区域的环境特征提出噪声防治措施，并进行达标分析。

三、评价工作范围

声环境影响评价范围依据评价工作等级确定。

（1）以固定声源为主的建设项目（例如，工厂、港口、施工工地、铁路站场等）。

1）满足一级评价的要求，一般以建设项目边界向外200m为评价范围。

2）二级、三级评价范围可根据建设项目所在区域和相邻区域的声环境功能区类别及敏感目标等实际情况适当缩小。

3）如果依据建设项目声源计算得到的贡献值到200m处，仍不能满足相应功能区标准值时，则应将评价范围扩大到满足标准值的距离。

（2）城市道路、公路、铁路、城市轨道交通地上线路和水运线路等建设项目。

1）满足一级评价的要求，一般以道路中心线外两侧200m以内为评价范围。

2）二级、三级评价范围可根据建设项目所在区域和相邻区域的声环境功能区类别及敏感目标等实际情况适当缩小。

3）如果依据建设项目声源计算得到的贡献值到200m处，仍不能满足相应功能区标准值时，则应将评价范围扩大到满足标准值的距离。

（3）机场周围飞机噪声评价范围应根据飞行量计算到 L_{WECPN} 为 70dB 的区域。

1）满足一级评价的要求，一般以主要航迹离跑道两端各 5~12km、侧向各 1~2km 的范围为评价范围。

2）二级、三级评价范围可根据建设项目所处区域的声环境功能区类别及敏感目标等实际情况适当缩小。

第四节　声环境现状调查和评价

一、现状调查

1. 现状调查内容

（1）影响声波传播的环境要素。

1）调查建设项目所在区域的主要气象特征：年平均风速和主导风向，年平均气温，年平均相对湿度等。

2）收集评价范围内 1∶2000~1∶50000 的地理地形图，说明评价范围内声源和敏感目标之间的地貌特征、地形高差及影响声波传播的环境要素。

（2）声环境功能区划。调查评价范围内不同区域的声环境功能区划情况，调查各声环境功能区的声环境质量现状。

（3）敏感目标。调查评价范围内的敏感目标的名称、规模、人口的分布等情况，并以图、表相结合的方式说明敏感目标与建设项目的关系（如方位、距离、高差等）。

（4）现状声源。

1）建设项目所在区域的声环境功能区的声环境质量现状超过相应标准要求或噪声值相对较高时，需对区域内的主要声源的名称、数量、位置、影响的噪声级等相关情况进行调查。

2）在进行厂界（或场界、边界）噪声的改、扩建项目时，应说明现有建设项目厂界（或场界、边界）噪声的超标、达标情况及超标原因。

2. 调查方法

环境现状调查的基本方法包括：①收集资料法；②现场调查法；③现场测量法。评价时，应根据评价工作等级的要求确定需要采用的具体方法。

3. 监测布点

（1）布点应覆盖整个评价范围，包括厂界（或场界、边界）和敏感目标。当敏感目标高于（含）三层建筑时，还应选取有代表性的不同楼层设置测点。

（2）评价范围内没有明显的声源（例如，工业噪声、交通运输噪声、建设施工噪声、社会生活噪声等），且声级较低时，可选择有代表性的区域布设测点。

（3）评价范围内有明显的声源，并对敏感目标的声环境质量存在影响，或建设项目为改、扩建工程，应根据声源种类采取不同的监测布点原则。

1）当声源为固定声源时，现状测点应重点布设在可能既受到现有声源影响，又受到建设项目声源影响的敏感目标处，以及有代表性的敏感目标处；为满足预测需要，也可在距离现有声源不同距离处设置衰减测点。

2）当声源为流动声源，且呈现线声源特点时，现状测点的位置选取应兼顾敏感目标的分布状况、工程特点及线声源噪声影响随距离衰减的特点，布设在具有代表性的敏感目标处。为满足预测需要，也可选取若干线声源的垂线，在垂线上距声源不同距离处布设监测点。其余敏感目标的现状声级可通过具有代表性的敏感目标实测噪声的验证并结合计算求得。

3）对于改、扩建机场工程，测点一般布设在主要敏感目标处，测点数量可根据机场飞行量及周围敏感目标的具体情况确定，现有单条跑道、两条跑道或三条跑道的机场可分别布设3~9个、9~14个或12~18个飞机噪声测点，跑道增多可进一步增加测点。其余敏感目标的现状飞机噪声声级可通过测点飞机噪声声级的验证和计算求得。

二、现状评价

（1）以图、表结合的方式给出评价范围内的声环境功能区及其划分情况，以及现有敏感目标的分布情况。

（2）分析评价范围内现有主要声源的种类、数量及相应的噪声级、噪声特性等，明确主要声源的分布，评价厂界（或场界、边界）的超、达标情况。

（3）分别评价不同类别的声环境功能区内各敏感目标的超、达标情况，说明其受到现有主要声源的影响状况。

（4）给出不同类别的声环境功能区噪声超标范围内的人口数量及分布情况。

第五节　声环境影响预测及评价

一、预测需要的基础资料

1. 声源资料

建设项目的声源资料主要包括：声源的种类、数量、空间位置、噪声级、频率特性、发声持续时间和对敏感目标的作用时间段等。

2. 影响声波传播的各类参量

影响声波传播的各类参量应通过资料收集和现场调查取得，各类参量如下。

（1）建设项目所处区域的年平均风速和主导风向，年平均气温，年平均相对湿度。

（2）声源和预测点间的地形、高差。

（3）声源和预测点间障碍物（例如，建筑物、围墙等；若声源位于室内，则还包括门、窗等）的位置及长、宽、高等数据。

（4）声源和预测点间树林、灌木等的分布情况，地面覆盖情况（例如，草地、水面、混凝土地面、土质地面等）。

3. 获取声源资料的途径

（1）声源的种类与数量、各声源的发声持续时间及空间位置由设计单位提供或从工程设计书中获得。

（2）获得噪声源数据有两个途径：类比测量法（即测定类似项目的对应数据作为依据）和引用已有的数据。

4. 预测范围及预测点

（1）噪声预测范围应与评价范围相同，也可稍大于评价范围。

（2）建设项目厂界（或场界、边界）和评价范围内的敏感目标应作为预测点。

二、预测步骤

（1）建立坐标系，确定各声源坐标和预测点坐标，并根据声源性质及预测点与声源之间的距离等情况，把声源简化成点声源、线声源或面声源。

（2）根据已获得的声源源强数据和各声源到预测点的声波传播条件资料，计算出噪声从各声源传播到预测点的声衰减量，由此计算出各声源单独作用在预测点时产生的 A 声级（L_{Ai}）或等效感觉噪声级（L_{EPN}）。

（3）计算声源在预测点产生的等效声级贡献值（L_{eqg}）计算公式如下

$$L_{eqg} = 10\lg\left[\frac{\sum_{i=1}^{n} t_i 10^{0.1L_{Ai}}}{T}\right] \tag{7-19}$$

式中：L_{eqg}为建设项目声源在预测点的等效声级贡献值，dB（A）；L_{Ai}为声源在预测点产生的 A 声级，dB（A）；t_i为 i 声源在 T 时段内的运行时间，s；T 为预测计算的时间段，s。

（4）计算预测点的预测等效声级（L_{eq}），计算公式如下

$$L_{eq} = 10\lg(10^{0.1L_{eqg}} + 10^{0.1L_{eqb}}) \tag{7-20}$$

式中：L_{eqb}为预测点的背景值，dB（A）。

三、声环境影响预测模型

1. 工业噪声预测计算模型

（1）单个室外的点声源在预测点产生的声级计算基本公式。若已知声源的倍频带声功率级（63Hz~8kHz 标称频带中心频率的 8 个倍频带），预测点位置的倍频带声压级可按式（7-21）计算

$$L_P(r) = L_W + D_c - A \tag{7-21}$$

$$A = A_{div} + A_{atm} + A_{gr} + A_{bar} + A_{misc}$$

式中：L_W为倍频带声功率级，dB。D_c为指向性校正，dB。它描述点声源的等效连续声压级与产生声功率级 L_W的全向点声源在规定方向的级的偏差程度；指向性校正等于点声源的指向性指数 D_I加上计到小于 4π 球面度（sr）立体角内的声传播指数 D_ψ；对辐射到自由空间的全向点声源 D_c=0dB。A 为倍频带衰减，dB。A_{div}为几何发散引起的倍频带衰减，dB。A_{atm}为大气吸收引起的倍频带衰减，dB。A_{gr}为地面效应引起的倍频带衰减，dB。A_{bar}为声屏障引起的倍频带衰减，dB。A_{misc}为其他多方面效应引起的倍频带衰减，dB。

若已知靠近声源处某点的倍频带声压级 L_P（r_0）时，相同方向预测点位置的倍频带声压级 L_P（r）可按式（7-22）计算

$$L_P(r) = L_P(r_0) - A \tag{7-22}$$

预测点的 A 声级 L_A（r），可利用 8 个倍频带的声压级按式（7-23）计算

$$L_A(r) = 10\lg\left\{\sum_{i=1}^{8} 10^{[0.1L_{Pi}(r) - \Delta L_i]}\right\} \tag{7-23}$$

式中：L_{Pi}（r）为预测点（r）处，第 i 倍频带声压级，dB；ΔL_i为 i 倍频带 A 计权网络修正值，dB。

中心频率为63~16000Hz倍频带的A计权网络修正值见表7-1。

在不能取得声源倍频带声功率级或倍频带声压级，只能获得A声功率级或某点的A声级时，可按式（7-24）和式（7-25）做近似计算

$$L_A(r) = L_{AW} + D_c - A \tag{7-24}$$

或

$$L_A(r) = L_A(r_0) - A \tag{7-25}$$

可选择对A声级影响最大的倍频带计算，一般可选中心频率为500Hz的倍频带做估算。

（2）室内声源等效室外声源声功率级计算方法。

如图7-4所示，声源位于室内，室内声源可采用等效室外声源声功率级法进行计算。设靠近开口处（或窗户）室内、室外某倍频带的声压级分别为L_{P1}和L_{P2}。若声源所在室内声场为近似扩散声场，则室外的倍频带声压级可按式（7-26）近似求出

$$L_{P2} = L_{P1} - (TL + 6) \tag{7-26}$$

式中：TL为隔墙（或窗户）倍频带的隔声量，dB。

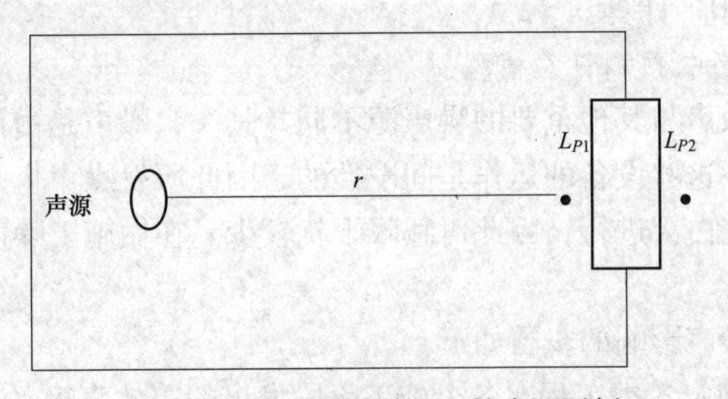

图7-4　室内声源等效为室外声源图例

也可按式（7-27）计算某一室内声源靠近围护结构处产生的倍频带声压级

$$L_{P1} = L_W + 10\lg\left(\frac{Q}{4\pi r^2} + \frac{4}{R}\right) \tag{7-27}$$

式中：Q为指向性因数。通常情况下，对于无指向性声源，当声源位于房间中心时，$Q=1$；当声源位于一面墙的中心时，$Q=2$；当声源位于两面墙夹角处时；$Q=4$，当声源位于三面墙夹角处时，$Q=8$。R为房间常数，$R=Sa/(1-a)$，S为房间内表面面积，m^2；a为平均吸声系数。r为声源到靠近围护结构某点处的距离，m。

然后按式（7-28）计算出所有室内声源在围护结构处产生的i倍频带叠加声压级

$$L_{P1i}(T) = 10\lg\left(\sum_{j=1}^{N} 10^{0.1L_{P1ij}}\right) \tag{7-28}$$

式中：$L_{P1i}(T)$为靠近围护结构处室内N个声源i倍频带的叠加声压级，dB；L_{P1ij}为室内j声源i倍频带的声压级，dB；N为室内声源总数。

当室内声场近似为扩散声场时，可按式（7-29）计算出靠近室外围护结构处的声压级

$$L_{P2i}(T) = L_{P1i}(T) - (TL_i + 6) \tag{7-29}$$

式中：$L_{P2i}(T)$为靠近围护结构处室外N个声源i倍频带的叠加声压级，dB；TL_i为围护结构处倍频带的隔声量，dB。

然后按式（7-30）将室外声源的声压级和透过面积换算成等效的室外声源，计算出中心位置位于透声面积（S）处的等效声源的倍频带声功率级，即

$$L_W = L_{P2}(T) + 10\lg S \tag{7-30}$$

然后按室外声源预测方法计算预测点处的A声级。

如果预测点在靠近声源处，但不能满足点声源条件时，则需按线声源或面声源模式计算。

（3）噪声贡献值计算。设第 i 个室外声源在预测点产生的A声级为 L_{Ai}，在 T 时间内该声源工作时间为 t_i；第 j 个等效室外声源在预测点产生的A声级为 L_{Aj}，在 T 时间内该声源工作时间为 t_j，则拟建工程声源对预测点产生的贡献值（L_{eqg}）可按式（7-31）计算

$$L_{eqg} = 10\lg\left[\frac{1}{T}\sum_{i=1}^{N} t_i 10^{0.1L_{Ai}} + \sum_{j=1}^{M} t_j 10^{0.1L_{Aj}}\right] \tag{7-31}$$

式中：T 为用于计算等效声级的时间，s；N 为室外声源个数；t_i 为在 T 时间内 i 声源工作时间，s；M 为等效室外声源个数；t_j 为在 T 时间内 j 声源工作时间，s。

预测值按式（7-20）计算。

2. 工程施工噪声影响预测计算模型

施工过程产生的噪声与其他重要的噪声源不同，其一，噪声是由许多不同种类的施工机械设备发出的；其二，这些设备的运作是间歇性的，因此所发噪声也是间歇性和短暂的；其三，法规规定施工应在白天进行，因此对睡眠干扰较少。在做施工噪声影响评价时应充分考虑上述特点。

预测和评价施工噪声影响的步骤如下。

（1）应用表7-4确定各类工程在各个施工阶段发出的等效声级（L_{eq}）。

表7-4　施工场地上的声源等效声级（dB）的典型范围

工程类型	住房建设		办公建筑、旅馆、学校、医院、公用建筑		工业小区、停车场、宗教、娱乐、商店、服务中心		公共工程、道路与公路、下水道和管沟	
施工阶段	Ⅰ[①]	Ⅱ[②]	Ⅰ	Ⅱ	Ⅰ	Ⅱ	Ⅰ	Ⅱ
场地清理	83	83	84	84	84	83	84	84
开挖	88	75	89	79	89	71	88	78
基础	81	81	78	78	77	77	88	88
上层建筑	81	65	87	75	84	72	79	78
完工	88	72	89	75	89	74	84	84

① Ⅰ：所有重要的施工设备都在现场；

② Ⅱ：只有极少数必需的设备在现场。

（2）用式（7-32）确定整个施工过程中场地上的 L_{eq}

$$L_{eq} = 10\lg\frac{1}{T}\sum_{i=1}^{N} T_i (10)^{L_i/10} \tag{7-32}$$

式中：T 为从开始阶段（$i=1$）到施工结束（$i=N$）的总延续时间；N 为施工阶段数；T_i 为第 i 阶段延续的总时间；L_i 为第 i 阶段的 L_{eq}（见表7-4）。

（3）在离施工场地 x 距离处的 L_{eq}（x）的修正系数

$$L_{eq}(x) = L_{eq} - \text{ADJ} \tag{7-33}$$

$$ADJ = -20\lg\left(\frac{x}{0.328} + 250\right) + 48 \tag{7-34}$$

式中：x 为离场地边界的距离，m。

3. 公路（道路）交通运输噪声预测计算模型

按照《环境影响评价技术导则声环境》（HJ 2.4—2009）中模型进行预测。该模型将车型按表 7-5 分成大、中、小三种类型。

表 7-5　　车型分类

车型	总质量（GVM）
小	≤3.5t，M1，M2，N1
中	3.5~12t，M2，M3，N2
大	>12t，N3

注　M1，M2，M3，N1，N2，N3 和 GB 1495 划定方法一致。摩托车、拖拉机等应另外归类。

（1）第 i 类车等效声级的预测模型为

$$L_{eq}(h)_i = (\overline{L_{0E}})_i + 10\lg\left(\frac{N_i}{V_i T}\right) + 10\lg\left(\frac{7.5}{r}\right) + 10\lg\left(\frac{\psi_1 + \psi_2}{\pi}\right) + \Delta L - 16 \tag{7-35}$$

式中：$L_{eq}(h)_i$ 为第 i 类车的小时等效声级，dB（A）；$(\overline{L_{0E}})_i$ 为第 i 类车速度为 V_i（km/h），水平距离为 7.5m 处的能量平均 A 声级，dB（A）；N_i 为昼间，夜间通过某个预测点的第 i 类车平均小时车流量，辆/h；V_i 为第 i 类车的平均车速，km/h；T 为计算等效声级的时间，1h；r 为从车道中心线到预测点的距离［式（7-34）适用于 $r>7.5$m 预测点的噪声预测］，m；ψ_1、ψ_2 为预测点到有限长路段两端的张角（见图 7-5），弧度。

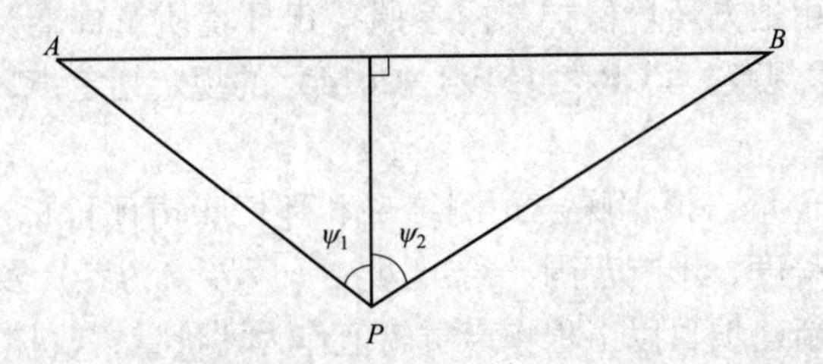

图 7-5　有限路段的修正函数（A~B 为路段，P 为预测点）

ΔL 为由其他因素引起的修正量，dB（A），计算方法为

$$\Delta L = \Delta L_1 - \Delta L_2 + \Delta L_3 \tag{7-36}$$

$$\Delta L_1 = \Delta L_{坡度} + \Delta L_{路面} \tag{7-37}$$

$$\Delta L_2 = \Delta L_{atm} + \Delta L_{gr} + \Delta L_{bar} + \Delta L_{misc} \tag{7-38}$$

式中：ΔL_1 为线路因素引起的修正量，dB（A）；ΔL_2 为声波传播途径中引起的衰减量，dB（A）；ΔL_3 为由反射等引起的修正量，dB（A）；$\Delta L_{坡度}$ 为公路纵坡修正量，dB（A）；$\Delta L_{路面}$ 为公路路面材料引起的修正量，dB（A）。

（2）总车流等效声级为

$$L_{eq}(T) = 10\lg\left[10^{0.1L_{eq}(h)大} + 10^{0.1L_{eq}(h)中} + 10^{0.1L_{eq}(h)小}\right] \tag{7-39}$$

如果某个预测点受多条线路交通噪声影响（例如，高架桥周边预测点受桥上和桥下多条车道的影响，路边高层建筑预测点受地面多条车道的影响），则应分别计算每条车道对该预测点的声级，经叠加后得到贡献值。

上述公路（道路）交通运输噪声预测计算模型中各参数的确定方法见《环境影响评价技术导则　声环境》（HJ 2.4—2009）附录A。

4. 飞机噪声预测计算模型

机场周围噪声的预测评价量应为计权等效（有效）连续感觉噪声级（L_{WECPN}），计算公式如下

$$L_{WECPN} = \overline{L_{EPN}} + 10\lg(N_1 + 3N_2 + 10N_3) - 39.4 \quad (7\text{-}40)$$

$$\overline{L_{EPN}} = 10\lg\left(\frac{1}{N_1 + N_2 + N_3}\sum_i \sum_j 10^{0.1L_{EPNij}}\right) \quad (7\text{-}41)$$

式中：N_1为07：00~19：00对某预测点产生噪声影响的飞行架次；N_2为19：00~22：00对某预测点产生噪声影响的飞行架次；N_3为22：00~07：00对某预测点产生噪声影响的飞行架次；L_{EPNij}为j航路第i架次飞机对某预测点引起的等效感觉噪声级，dB。

第六节　声环境影响评价和噪声防治对策

一、声环境影响评价

1. 评价标准的确定

应根据声源的类别和建设项目所处的声环境功能区等确定声环境影响评价标准，没有划分声环境功能区的区域由地方环境保护部门参照《声环境质量标准》（GB 3096—2008）和《声环境功能区划分技术规范》（GB/T 15190—2014）的规定划定声环境功能区。

2. 评价的主要内容

（1）评价方法和评价量。根据噪声预测结果和环境噪声评价标准，评价建设项目在施工、运行期噪声的影响程度、影响范围，给出边界（厂界、场界）及敏感目标的达标分析。进行边界噪声评价时，新建项目以工程噪声贡献值作为评价量；改扩建项目以工程噪声贡献值与受到现有工程影响的边界噪声值叠加后的预测值作为评价量。进行敏感目标噪声环境影响评价时，以敏感目标所受的噪声贡献值与背景噪声值叠加后的预测值作为评价量。对于改扩建的公路、铁路等建设项目，如果预测噪声贡献值时已包括了现有声源的影响，则以预测的噪声贡献值作为评价量。

（2）影响范围、影响程度分析。给出评价范围内不同声级范围覆盖下的面积，主要建筑物的类型、名称、数量及位置，影响的户数、人口数。

（3）噪声超标原因分析。分析建设项目边界（厂界、场界）及敏感目标噪声超标的原因，明确引起超标的主要声源。对于通过城镇建成区和规划区的路段，还应分析建设项目与敏感目标间的距离是否符合城市规划部门提出的防噪声距离。

（4）对策建议。分析建设项目的选址（选线）、规划布局和设备选型等的合理性，评价噪声防治对策的适用性和防治效果，提出需要增加的噪声防治对策、噪声污染管理、噪声监测及跟踪评价等方面的建议，并进行技术、经济可行性论证。

二、噪声防治对策

1. 噪声防治措施的一般要求

（1）工业（工矿企业和事业单位）建设项目噪声防治措施应针对建设项目投产后噪声影响的最大预测值制定，以满足厂界（或场界、边界）和厂界外敏感目标（或声环境功能区）的达标要求。

（2）交通运输类建设项目（例如，公路、铁路、城市轨道交通、机场项目等）的噪声防治措施应针对建设项目不同代表性时段的噪声影响预测值分期制定，以满足声环境功能区及敏感目标功能要求。其中，铁路建设项目的噪声防治措施还应同时满足铁路边界噪声排放标准要求。

2. 防治途径

（1）规划防治对策。主要指从建设项目的选址（选线）、规划布局、总图布置和设备布局等方面进行调整，提出减少噪声影响的建议。例如，采用“闹静分开”和“合理布局”的设计原则，使高噪声设备尽可能远离噪声敏感区；建议建设项目重新选址（选线）或提出城乡规划中有关防止噪声的建议等。

（2）技术防治措施。

1）声源上降低噪声的措施主要包括：①改进机械设计，例如，在设计和制造过程中选用发声小的材料来制造机件，改进设备结构和形状、改进传动装置，以及选用已有的低噪声设备等；②采取声学控制措施，如对声源采用消声、隔声、隔振和减振等措施；③维持设备处于良好的运转状态；④改革工艺、设施结构和操作方法等。

2）噪声传播途径上降低噪声措施主要包括：①在噪声传播途径上增设吸声、声屏障等设施；②利用自然地形物（例如，利用位于声源和噪声敏感区之间的山丘、土坡、地堑、围墙等）降低噪声；③将声源设置于地下或半地下的室内等；④合理布置声源，使声源远离敏感目标等。

3）敏感目标自身防护措施主要包括：①受声者自身增设吸声、隔声等设施；②合理布局噪声敏感区中的建筑物功能和合理调整建筑物平面布局。

（3）管理措施。主要包括提出环境噪声管理方案（例如，制定合理的施工方案、优化飞行程序等），制定噪声监测方案，提出降噪、减噪设施的使用运行、维护保养等方面的管理要求，提出跟踪评价要求等。

第七节 声环境影响评价案例分析

一、项目概况

某电厂建设项目位于长兴县某乡，建设两台660MW机组，预计2014年投产，主体工程包括：

锅炉：2×660t/h，超临界、一次中间再热、变压运行燃煤直流锅炉；

汽轮机：2×660MW，超临界、一次中间再热、单轴、四排气凝汽式汽轮机；

发电机：2×660MW，水—氢—氢冷却、静态励磁汽轮发电机。

循环水供水系统采用冷却塔二次循环供水系统。

1. 环境敏感区和保护目标

环境敏感区和保护目标对于项目的环境影响评价至关重要，尤其是特别需要关注的环境敏感目标。应附图标注项目厂址和灰场周围的环境状况，标出环境敏感点、保护目标和项目之间的距离和相对位置，厂址周围的主要环境敏感区和保护目标，见表 7-6。

表 7-6　　主要环境敏感区和保护目标

<table>
<tr><th colspan="2">环境敏感区
和保护目标</th><th>方位</th><th>距离</th><th>区域功能</th><th>规模</th><th>备注</th></tr>
<tr><td rowspan="2">厂区</td><td>史家门村</td><td>SE</td><td>150</td><td>居民区</td><td>48 户，184 人</td><td rowspan="3">《声环境质量标准》
（GB 3096—2008）
2 类区</td></tr>
<tr><td>杨吴村</td><td>S</td><td>110</td><td>居民区</td><td>35 户，145 人</td></tr>
<tr><td>运灰道路</td><td>高家庄</td><td>W</td><td>100</td><td>居民区</td><td>72 户，302 人</td></tr>
</table>

2. 评价等级、评价范围、评价因子和评价标准

按照《环境影响评价技术导则　声环境》（HJ 2.4—2009）要求及项目所在区域环境特点正确确定。

（1）评价等级：预测建设项目建设前后评价范围内敏感目标噪声级增高量达 3 ~ 5dB（A），评价等级定为二级。

（2）评价范围：厂界外 200m。

（3）评价因子：等效连续 A 声级。

（4）评价标准：根据项目所处区域的特点，合理划定项目具体的执行标准。环评标准应以批复的当地环境功能区划为依据，未划定功能区的，应请当地环保主管部门确认。

质量标准：电厂南侧临近长湖航道，区域执行《声环境质量标准》（GB 3096—2008）中的 4a 类区标准。其他区域执行 2 类区标准。

排放标准：南侧厂界执行《工业企业厂界环境噪声排放标准》（GB 12348—2008）中的 4 类标准，其他厂界执行该标准的 2 类标准。

二、工程分析

根据工程建设内容，分析主要噪声源的噪声水平、安装位置、拟采取的防治措施等，见表 7-7。

表 7-7　　主要噪声源设备噪声水平及防治措施

设备	设备台数	安装位置	采取措施前单个声源噪声级 dB（A）	拟采取措施	降噪量 dB（A）	采取措施后噪声级 dB（A）
冷却塔	2	室外	82	消声导流	20	62
引风机	4	室外	90	消声器	20	70
送风机	4	室外	95	消声器	25	70
发电机	2	汽机房	90~95	隔声罩、厂房隔声	30	65
汽轮机	2	汽机房	90~95	隔声罩、厂房隔声	30	65
励磁机	2	汽机房	90~95	隔声罩、厂房隔声	30	65
磨煤机	10+2	锅炉房	105	隔声罩、厂房隔声	35	70

续表

设备	设备台数	安装位置	采取措施前单个声源噪声级 dB（A）	拟采取措施	降噪量 dB（A）	采取措施后噪声级 dB（A）
空压机	4	空压机房	90	消声器、厂房隔声	25	65
变压器	2	室外	70		25	70
脱硫系统风机	4	风机房	95	厂房隔声	25	70
汽动给水泵	4	汽机房	95	厂房隔声	25	70
真空泵	4		95	厂房隔声	25	70
浆液泵	16	泵房	85	厂房隔声	15	70
锅炉排气	1		110~130	消声器	30	80~100

注 锅炉排气为偶发噪声；采取措施前设备噪声级的测量除送风机、引风机是在进风口前3m，变压器在距离中心点2m之外，其余均是在设备前1m处；采取措施后设备在各类厂房（泵房）内的设备噪声级测量按厂房外1m处噪声级要求。

三、拟建项目所在区域声环境现状

环境监测站于2012年1月4日和1月5日对本工程厂址区8个监测点和厂区周边的村庄进行了昼间和夜间噪声监测。监测结果表明：厂址区域和周边村庄噪声现状昼间、夜间均达到《声环境质量标准》（GB 3096—2008）中的2类标准。

在监测过程中，要注意优化监测布点，若评价范围外较近距离内有环境敏感区或保护目标，应适当扩大评价范围或将其作为关注点，在监测布点时应予以考虑。

四、声环境影响预测及评价

1. 预测模式和方法

采用“第五节　噪声环境影响预测”中的“工业噪声预测计算模型”对室内外声源的影响进行预测计算。

2. 预测结果

（1）经过计算，本工程建成运行后，昼间，南厂界噪声满足《工业企业厂界环境噪声排放标准》（GB 12348—2008）中的4类标准，其余厂界噪声满足2类标准；夜间，主厂房附近的西厂界超标，最大超标4.3dB（A），最大超标距离40m，其余厂界均满足相应的标准要求。

项目西厂界外侧200m范围内为电厂扩建用地，噪声超标范围内无声环境敏感区。该地区政府已出文将厂址以西、以北200m范围内设定为噪声防护区，在此防护区内不再规划建设居民住宅、学校和医院等噪声敏感建筑物。

（2）对冷却塔加装消声导流装置并采取噪声防治措施后，本工程建成运行后厂区附近的居民区噪声能满足《声环境质量标准》（GB 3096—2008）中的2类区标准。

计算噪声敏感区的噪声值要注意噪声贡献值和背景值的叠加，评价时采用声环境质量标准。

3. 防治措施评价

（1）采用低噪声设备，送风机进口装消声器，空压机、循环水泵室内布置，空压机外壳装设隔声罩，汽轮机、励磁机外壳装设隔声罩，氧化风机安装隔声罩，并在风机吸风口安装消声器，设隔音值班室、控制室等，冷却塔外加消声导流装置。以上噪声防治措施降噪效果明显。

（2）锅炉排汽安装消声器，消声量不低于30dB（A），控制其噪声等级在100dB（A）以内。电厂应尽量减少夜间排汽次数，系统吹管前应提前公示，并安排在白天进行，吹管排口应朝向噪声不敏感区。

五、总结

电厂项目声环境影响评价的关注点主要包括：厂内关注主厂房噪声、脱硫系统噪声、水泵噪声、风机噪声、锅炉吹管噪声、排气噪声和冷却塔淋水噪声等；场外主要关注运煤、运灰交通噪声影响等。冷却方式与噪声影响的关系最大，例如，直接空冷平台的噪声比湿冷却塔的噪声更难于治理，而简介空冷塔（干冷却塔）则根本不需要考虑其噪声问题。此外，应特别关注室外噪声源的布置与场外声环境敏感区的位置关系。

思考题

1. 简述环境噪声和环境噪声污染的概念。

2.《声环境质量标准》（GB 3096—2008）中将城市声环境质量分为哪几类功能区？每类的要求如何？

3. 试制做一张划分环境噪声评价等级和相应工作内容及范围的表格。

4. 简述国内环境噪声影响评价的基本内容。

5. 消除和减轻拟建项目噪声的主要对策有哪些？

第八章　固体废物环境影响评价

第一节　固体废物环境影响评价概述

一、固体废物的定义与分类

1. 固体废物的定义

根据《中华人民共和国固体废物污染环境防治法》的规定，固体废物是指在生产、生活和其他活动中产生的丧失原有利用价值或者虽未丧失利用价值但被抛弃或者放弃的固态、半固态和置于容器中的气态的物品、物质以及法律、行政法规规定纳入固体废物管理的物品、物质。不能排入水体的液态废物和不能排入大气的置于容器中的气态废物，由于多具有较大的危害性，一般归入固体废物管理体系。固体废物来源十分广泛，种类也十分庞杂。

2. 固体废物的分类

固体废物来自人类活动的许多环节，主要包括生产过程和生活活动的一些环节。固体废物种类繁多，按其污染特性可分为一般废物和危险废物；按废物来源又可分为城市固体废物、工业固体废物和农业固体废物。

（1）城市固体废物。城市固体废物是指居民生活、商业活动、市政建设与维护、机关办公等过程产生的固体物，一般分为以下几类。

1）生活垃圾：指在日常生活中或者为日常生活提供服务的活动中产生的固体废物，以及法律、行政法规规定视为生活垃圾的固体废物。主要包括厨余废物、庭院废物、废纸、废塑料、废织物、废金属、废玻璃陶瓷碎片、砖瓦渣土及废家具、废旧电器等。

2）城建渣土：包括废砖瓦、碎石、渣土、混凝土碎块（板）等。

3）商业固体废物：包括废纸，各种废旧的包装材料，丢弃的主、副食品等。

4）粪便：工业先进国家城市居民产生的粪便，大都通过下水道输入污水处理厂处理。中国部分地区城市下水处理设施配套不足，粪便需要收集、清运，是城市固体废物的组成部分。

（2）工业固体废物。工业固体废物是指在工业生产活动中产生的固体废物，主要包括以下几类。

1）冶金工业固体废物：主要包括各种金属冶炼或加工过程中所产生的各种废渣，例如，高炉炼铁产生的高炉渣，平炉、转炉、电炉炼钢产生的钢渣，铜镍铅锌等有色金属冶炼过程产生的有色金属渣，铁合金渣及提炼氧化铝时产生的赤泥等。

2）能源工业固体废物：主要包括燃煤电厂产生的粉煤灰、炉渣、烟道灰、采煤及洗煤过程中产生的煤矸石等。

3）石油化学工业固体废物：主要包括石油及加工工业产生的油泥、焦油页岩渣、废催化剂、废有机溶剂等，化学工业生产过程中产生的硫铁矿渣、酸渣碱渣、盐泥、釜底泥、精（蒸）馏残渣，以及医药和农药生产过程中产生的医药废物、废药品、废农药等。

4）矿业固体废物：矿业固体废物主要包括采矿废石和尾矿。废石是指各种金属、非金属矿山开采过程中从主矿上剥离下来的各种围岩，尾矿是指在选矿过程中提取精矿以后剩下的尾渣。

5）轻工业固体废物：主要包括食品工业、造纸印刷工业、纺织印染工业、皮革工业等工业加工过程中产生的污泥、动物残物、废酸、废碱及其他废物。

6）其他工业固体废物：主要包括机加工过程产生的金属碎屑、电镀污泥、建筑废料，以及其他工业加工过程产生的废渣等。

工业固体废物按其特性又可以分为一般工业固体废物和危险废物。一般固体废物指未列入《国家危险废物名录》或者根据国家规定的危险废物鉴别标准认定其不具有危险特性的工业固体废物，例如，粉煤灰、煤矸石和炉渣等。一般固体废物又分为Ⅰ类和Ⅱ类两类。

3. 农业固体废物

农业固体废物来自农业生产、畜禽饲养、农副产品加工所产生的废物，例如，农作物秸秆、农用薄膜及畜禽排泄物等。按照《农业固体废物污染控制技术导则》（HJ 588—2010）将农业固体废物分为农业植物性废物、畜禽养殖废物和农用薄膜三类。

4. 危险废物

危险废物泛指除放射性废物以外，因具有毒性、易燃性、反应性、腐蚀性、爆炸性、传染性而可能对人类的生活环境和人体健康产生危害的废物。《中华人民共和国固体废物污染环境防治法》中规定："危险废物是指列入国家危险废物名录或者根据国家规定的危险废物鉴别标准和鉴别方法认定的具有危险特性的固体废物。"根据环境保护部联合国家发展和改革委员会、公安部发布，自 2016 年 8 月 1 日起施行的《国家危险废物名录》（2016 年版），以下简称《名录》，在中国，危险废物共分为 46 大类别 479 种。国家规定，"凡《名录》所列废物类别高于鉴别标准的属危险废物，列入国家危险废物管理范围；低于鉴别标准的，不列入国家危险废物管理。"由于危险废物的种类和性质千差万别，污染特性差异极大，采用单一的管理手段难以达到有效控制污染的目的，2016 版《名录》在修订时，新增了《危险废物豁免管理清单》（以下简称《清单》）。列入《清单》的危险废物可以豁免危险废物特定环节的部分管理要求。现行的危险废物鉴别执行《危险废物鉴别标准》（GB 5085—2007），其中包括 7 项鉴别标准，分别为《危险废物鉴别标准　腐蚀性鉴别》（GB 5085.1—2007）、《危险废物鉴别标准　急性毒性初筛》（GB 5085.2—2007）和《危险废物鉴别标准　浸出毒性鉴别》（GB 5085.3—2007）等。

二、固体废物的特点

1. 资源和废物的相对性

固体废物具有鲜明的时间和空间特征，是在错误时间放在错误地点的资源。从时间方面讲，它仅仅是在目前的科学技术和经济条件下无法加以利用，但随着时间的推移，科学技术的发展及人们需求的变化，今天的废物可能成为明天的资源。从空间角度看，废物仅仅是对于某一过程或某一方面没有使用价值，而并非在一切过程或一切方面都没有使用价值。一种过程的废物，往往可以成为另一种过程的原料。固体废物，一般具有某些工业原材料所具有的化学、物理特性，且较废水、废气容易收集、运输、加工处理，因而可以回收利用。

2. 富集多种污染成分的终态，污染环境的"源头"

废水和废气既是水体、大气和土壤环境的污染源，又是接受其所含污染物的环境。固体废物则不同，它们往往是许多污染成分的终极状态。一些有害气体或飘尘，经过治理，最终富集成为固体废物；一些有害溶质和悬浮物，经过治理，最终被分离出来成为污泥或残渣；

一些含重金属的可燃固体废物，经过焚烧处理，有害金属浓集于灰烬中。这些“终态”物质中的有害成分，在长期的自然因素作用下，又会转入大气、水体和土壤，故又成为大气、水体和土壤环境的污染“源头”。

3. 危害具有潜在性、长期性和灾难性

固体废物对环境的污染不同于废水、废气和噪声。固体废物呆滞性大，扩散性小，它对环境的影响主要是通过水、气和土壤进行的。固态的危险废物具有呆滞性和不可稀释性，一旦造成环境污染，有时很难补救恢复。其中污染成分的迁移转化，例如，浸出液在土壤中的迁移，是一个比较缓慢的过程，其危害可能在数年以至数十年后才能发现。从某种意义上讲，固体废物，特别是危险废物对环境造成的危害可能要比废水、废气造成的危害严重得多。

三、固体废物对环境的污染

1. 对大气环境的影响

堆放的固体废物中的细微颗粒、粉尘等可随风飞扬，从而对大气环境造成污染。一些有机固体废物，在适宜的湿度和温度下被微生物分解，能释放出有害气体，可在不同程度上产生毒气或恶臭，造成地区性空气污染。

采用焚烧法处理固体废物，如果对废气处理不妥当，则会成为大气污染的污染源。中国的部分企业，采用焚烧法处理塑料排出 Cl_2、HCl 和大量粉尘，也造成严重的大气污染。而一些工业和民用锅炉，由于收尘效率不高造成的大气污染更是屡见不鲜。

2. 对水环境的影响

固体废物弃置于水体，将使水质直接受到污染，严重危害水生生物的生存条件，并影响水资源的充分利用。此外，向水体倾倒固体废物还将缩减江、河、湖的有效面积，使其排洪和灌溉能力降低。在陆地堆积的或简单填埋的固体废物，经过雨水的浸渍和废物本身的分解，将会产生含有害化学物质的渗滤液，会对附近地区的地表及地下水系造成污染。

3. 对土壤环境的影响

废物堆放，其中有害组分容易污染土壤。土壤是许多细菌、真菌等微生物聚居的场所。这些微生物与其周围环境构成一个生态系统，在大自然的物质循环中，担负着碳循环和氮循环的一部分重要任务。工业固体废物特别是有害固体废物，经过风化、雨雪淋溶、地表径流的侵蚀，产生高温和有毒液体渗入土壤，能杀害土壤中的微生物，改变土壤的性质和土壤结构、破坏土壤的腐解能力，导致草木不生。

固体废物虽然通常不是环境介质，但常常成为多种污染成分存在的终态而长期存在于环境中，在一定条件下会发生化学、物理或生物转化，对周围环境造成一定影响。如果处理、处置管理不当，污染成分就会通过水、气、土壤、食物链等途径污染环境，危害人体健康。

第二节　固体废物环境影响评价的主要内容及特点

一、固体废物环境影响评价的类型与内容

1. 类型

固体废物环境影响评价主要分为两大类。

第一类是对一般工程项目产生的固体废物，从产生、收集、运输、处理到最终处置的环

境影响评价。其中包括以下两类。

(1) 第Ⅰ类一般工业固体废物及Ⅰ类场。按照《固体废物浸出毒性浸出方法》规定方法进行浸出试验而获得的浸出液中，任何一种污染物的浓度均未超过《污水综合排放标准》中最高允许排放浓度，且pH值在6~9范围内的一般工业固体废物，称作第Ⅰ类一般工业固体废物。堆放第Ⅰ类一般工业固体废物的储存、处置场为第一类场，简称Ⅰ类场。

(2) 第Ⅱ类一般工业固体废物及Ⅱ类场。按照《固体废物浸出毒性浸出方法》规定方法进行浸出试验而获得的浸出液中，有一种或一种以上的污染物浓度超过《污水综合排放标准》最高允许排放浓度，或者是pH值在6~9范围之外的一般工业固体废物，称作第Ⅱ类一般工业固体废物。堆放第Ⅱ类一般工业固体废物的储存、处置场为第二类场，简称Ⅱ类场。

第二类是对处理、处置固体废物设施建设项目的环境影响评价。

2. 内容

(1) 对第一类，即一般工程项目的环境影响评价，其内容主要包括以下三部分。

1) 污染源调查。根据调查结果，要给出包括固体废物的名称、组分、性态、数量等内容的调查清单，同时应按一般工业固体废物和危险废物分别列出。

2) 污染防治措施的论证。根据工艺过程、各个产出环节提出防治措施，并对防治措施的经济技术可行性加以论证。

3) 给出最终处置措施方案，如综合利用、填埋、焚烧等，并应包括对固体废物收集、储运、预处理等全过程的环境影响及污染防治措施。

(2) 对第二类，即对处理、处置固体废物设施的环境影响评价内容，则是根据处理处置的工艺特点，依据《环境影响评价技术导则》，执行相应的污染控制标准进行环境影响评价，例如，一般工业废物储存、处置场；危险废物储存场所；生活垃圾填埋场；生活垃圾焚烧厂、危险废物填埋场、危险废物焚烧厂，等等。在这些工程项目污染物控制标准中，对厂（场）址选择，污染控制项目，污染物排放限制等都有相应的具体规定，是环境影响评价必须严格予以执行的，下面会以生活垃圾填埋场为例，全面介绍环评方法。

二、固体废物环境影响评价的特点

1. 固体废物环境影响评价必须要重视储存和运输过程

由于对固体废物污染实行的由产生、收集、储存、运输、预处理直至处置的“全过程”控制管理，因此在环评中必须包括所建项目涉及的各个过程。特别是为了保证固体废物处理、处置设施的安全稳定运行，必须建立一个完整的收、储、运体系，因此在环境影响评价中这个体系是与处理、处置设施构成一个整体的。例如，这一体系中必然涉及运输设备、运输方式、运输距离、运输路径等，运输可能对路线周围环境敏感目标造成影响，如何规避运输风险也是环评的主要任务之一。

2. 固体废物环境影响评价没有固定的评价模式

对于废水、废气、噪声等的环境影响评价都有固定的数学模式或物理模型，而固体废物的环境影响评价则不同，它没有固定的评价模式。由于固体废物对环境的危害是通过水体、大气、土壤等介质体现出来的，这就决定了固体废物环境影响评价对水体、大气、土壤等环境影响评价的依赖性。

第三节 生活垃圾填埋场的环境影响评价

一、生活垃圾填埋场对环境的主要影响

1. 生活垃圾填埋场的主要污染源

生活垃圾填埋场的主要污染源是渗滤液和填埋气体。

（1）渗滤液。城市生活垃圾填埋场渗滤液是一种高污染符合且表现出很强的综合污染特征、成分复杂的高浓度有机废水。其性质在一个相当大的范围内变动。一般来说，渗滤液的水质随填埋场使用年限的延长将发生变化。垃圾填埋场渗滤液通常可根据填埋场“年龄”分为以下两大类。

1）“年轻”填埋场（填埋时间在5年以下）渗滤液，其水质特点是：pH值较低，BOD_5及COD浓度较高，色度大，且BOD_5/COD的比值较高，同时各类重金属离子浓度也较高（因为pH值较低）。

2）“年老”的填埋场（填埋时间一般在5年以上）渗滤液，其主要水质特点是：pH值接近中性或弱碱性（一般在6~8），BOD_5和COD浓度较低，且BOD_5/COD的比值较低，而NH_4^+-N的浓度高，重金属离子浓度则开始下降（因为此阶段pH值开始上升，不利于重金属离子的溶出），渗滤液的可生化性差。

（2）填埋场释放的气体。由主要气体和微量气体两部分组成。城市生活垃圾填埋场产生的气体主要为甲烷和二氧化碳，此外还含有少量的一氧化碳、氢、硫化氢、氨、氮和氧等。接受工业废物的城市生活垃圾填埋场释放的气体中还可能含有微量挥发性有毒气体。城市生活垃圾填埋场释放气体的典型组成（体积分数）为：甲烷45%~50%，二氧化碳40%~60%，氮2%~5%，氧气0.1%~1.0%，硫化物0%~1.0%，氢气0%~0.2%，一氧化碳0%~0.2%，微量组分0.01%~0.6%；气体的典型温度达43~49℃，相对密度为1.02~1.06，为水蒸气所饱和，高位热值在15630~19537kJ/m^3。

填埋场释放气体中的微量气体量很少，但成分却很多。国外通过对大量填埋场释放气体取样分析，发现了多达116种有机成分，其中许多可以归为挥发性有机组分（VOC_S）。

2. 生活垃圾填埋场的主要环境影响

生活垃圾填埋场的环境影响包括多个方面。运行中的生活填埋场，对环境的影响主要包括：①填埋场渗滤液泄漏或处理不当对地下水及地表水的污染；②填埋场产生气体排放对大气污染、公众健康的危害，以及可能发生的爆炸对公众安全的威胁；③填埋场的存在对周围景观的不利影响；④填埋作业及垃圾堆体对周围地质环境的影响，例如，造成滑坡、崩塌、泥石流等；⑤填埋机械噪声对公众的影响；⑥填埋场滋生的害虫、昆虫、啮齿动物，以及在填埋场觅食的鸟类和其他动物可能传播疾病；⑦填埋垃圾中的塑料袋、纸张，以及尘土等在未覆土压实情况下可能飘出场外，造成环境污染和景观破坏；⑧流经填埋场区的地表径流可能受到污染。

封场后的填埋场对环境的影响减小，但在填埋场植被恢复过程中种植于填埋场顶部覆盖层上的植物可能受到污染。

二、生活垃圾填埋场环境影响评价的主要工作内容

根据垃圾填埋场的建设及其排污特点，环境评价工作具有多而全的特征，主要工作内容

见表8-1。

表8-1 填埋场环境影响评价的主要工作内容

评价项目	评价内容
场址选择评价	场址评价是填埋场环境影响评价的基本内容，主要是评价拟选场地是否符合选址标准。其方法是根据场地自然条件，采用选址标准逐项进行评判。评价的重点是场地的水文地质条件、工程地质条件、土壤自净能力等
自然、环境质量现状评价	主要评价拟选场地及其周围的空气、地面水、地下水、噪声等自然环境的质量状况。其方法一般是根据监测值与各种标准，采用单因子和多因子综合评判法
工程污染因素分析	主要是分析填埋场建设过程中和建成投产后可能产生的主要污染源及其污染物，以及它们产生的数量、种类、排放方式等。其方法一般采用计算、类比、经验统计等。污染源一般包括渗滤液、释放气、恶臭、噪声等
施工期影响评价	要评价施工期场地内排放的生活污水，各类施工机械产生的机械噪声、振动，以及二次扬尘对周围地区产生的环境影响
水环境影响预测与评价	主要是评价填埋场衬里结构的安全性及渗滤液排出对周围水环境影响。 （1）正常排放对地表水的影响。经预测并利用相应标准评价渗滤液经处理达到排放标准后排出，是否会对受纳水体产生影响或影响程度如何。 （2）正常渗漏对地下水的影响。主要评价衬里破裂后渗滤液下渗对地下水的影响，包括渗透方向、渗透速度、迁移距离、土壤的自净能力及效果等
大气环境影响预测及评价	主要评价填埋场释放的气体及恶臭对环境的影响。 （1）释放气体。主要是根据排气系统的结构，预测和评价排气系统的可靠性、排气利用的可能性及排气对环境的影响。预测模式可采用地面模式。 （2）恶臭。主要是评价垃圾运输、场地施工、填埋操作、封场各阶段可能对环境的影响。根据垃圾的种类，预测各阶段臭气产生的位置种类、浓度极其影响范围
噪声环境影响预测及评价	主要是评价垃圾运输、场地施工、垃圾填埋操作、封场各阶段各种机械的振动和噪声对环境的影响。噪声评价可根据各种机械的特点采用噪声声级预测，然后再结合功能区标准值，判断其是否满足噪声控制标准，是否会对最近的居民区产生影响
污染防治措施	（1）渗滤液的治理和控制措施，以及填埋衬里破裂补救措施。 （2）释放气体的导排或综合利用措施及防臭措施。 （3）减振防噪措施
环境经济损益评价	计算评价污染防治措施的投资及所产生的经济、社会、环境效益
其他评价项目	（1）结合填埋场周围的土地、生态情况，对土壤、生态、景观等进行评价。 （2）对洪涝特征年产生的过量渗滤液，以及垃圾释放气体因物理、化学条件异变而产生垃圾爆炸等进行风险事故评价

三、生活垃圾填埋场大气污染物排放强度计算

对生活垃圾填埋场的大气环境影响评价的难点是确定大气污染物排放强度。城市生活垃圾填埋场在污染物排放强度的计算中采取下述方法：首先，根据垃圾中的主要元素含量确定概念化分子式，求出垃圾的理论产气量；然后，综合考虑生物降解度和对细胞物质的修正，

求出垃圾的理论产气量；之后，综合考虑生物降解度和对细胞物质的修正，求出垃圾的潜在产气量；在此基础上分别取修正系数为60%和50%计算实际产气量；最后，根据实际产气量计算垃圾的产气速率，利用实际回收系数修正得出污染物源强。

1. 理论产气量的计算

填埋场的理论产气量是填埋场中填埋的可降解有机物在下列假设条件下的产气量。

（1）有机物完全降解矿化。

（2）基质和营养物质均衡，满足微生物的代谢需要。

（3）降解产物除CH_4和CO_2之外，无其他含碳化合物，碳元素没有用于微生物的细胞合成。

根据上述假设，填埋场有机物的生物厌氧降解过程可以用式（8-1）表示

$$C_aH_bO_cN_dS_e + \frac{4a - b - 2c - 3d + e}{4}H_2O = \frac{4a + b - 2c - 3d - e}{8}CH_4 + \frac{4a - b + 2c + 3d + e}{8}CO_2 + dNH_3 + eH_2S \tag{8-1}$$

式中：$C_aH_bO_cN_dS_e$为降解有机物的概念化分子式；a，b，c，d，e为由有机物中C，H，O，N，S的含量比例。

2. 实际产气量的计算

填埋场的实际产气量由于受到多重因素的影响，要比理论产气量小得多。例如，食品和纸类等有机物通常被视为可降解有机物，但其中少数物质在填埋场环境中存在惰性，很难降解，如木质素等；而且，木质素的存在还将降低有机物中纤维素和半纤维素的降解。再如，理论产量假设了除CH_4和CO_2之外，无其他含碳化合物产生，而实际上，部分有机物被微生物生长繁殖所消耗，形成细胞物质。除此之外，填埋场的实际环境条件也对产气量存在重要影响，例如，温度，含水率，营养物质，有机物未完成降解、产生渗滤液造成有机物损失，填埋场的作业方式等。因此，填埋场的实际产气量是在理论产气量中去掉微生物消耗部分、去掉难降解部分和因各种因素造成产气量损失或者产气量降低部分之后的产气量。

生物降解度是在填埋场环境条件下，有机物中可生物降解部分的含量。据有关资料报道，植物厨渣、动物厨渣、纸的生物降解度分别为66.7%、77.1%、52.0%。取细胞物质的修正系数为5%，因各种因素造成实际产气量降低了40%，即实际产气量的修正系数为60%。

3. 产气速率的计算

填埋场气体的产气速率是在单位时间内产生的填埋场气体总量，单位通常为m^3/a。一般采用一阶产气速率动力学模型（即Scholl—Canyon模型）进行填埋场产气速率的计算，即

$$q(t) = kY_0e^{-kt} \tag{8-2}$$

式中：$q(t)$为单位气体产生速率，$m^3/(t \cdot a)$；k为产气速率常数，1/a；Y_0为垃圾的实际产气量，m^3/t。

式（8-2）是1年内的单位产气速率。对于运行期为N年的城市生活垃圾填埋场，产气速率可通过叠加得到，即

$$R(t) = \sum_{i=1}^{M} Wq_i(t) = kWQ_0\sum_{i=1}^{M}\exp\{-k[t-(i-1)]\} \tag{8-3}$$

式中：t 为时间（从填埋场开始填埋垃圾时刻算起），a。$R(t)$ 为 t 时刻填埋场的产气速率，m^3/a。W 为每年填埋的垃圾质量，t。k 为降解速率常数，1/a。Q_0 为 $t=0$ 的实际产气量，m^3/t。$Q_0=Q_{实际}$。M 为年数。若填埋场运行年数为 N 年，则当 $t<N$ 时，$M=t$；当 $t \geq N$ 时，$M=N$。

当垃圾中存在多种可降解有机物时，还要把不同可降解有机物的产气速率叠加起来，得到填埋场垃圾总的产气速率。

有机物的降解速率常数可以通过其降解反应的半衰期 $t_{1/2}$ 加以确定，即

$$k = \ln 2/t_{1/2} \tag{8-4}$$

实验结果表明，动植物厨渣 $t_{1/2}$ 的区间为 1~4 年，这里取为 2 年。纸类 $t_{1/2}$ 的区间为 10~25 年，这里取为 20 年。由此确定动植物厨渣和纸类的降解速率常数分别为 0.346/a 和 0.0346/a。

4. 污染物排放强度

在扣除回收利用的填埋气体或收集后焚烧处理的填埋气体后，剩余的就是直接释放进入大气的填埋气体，根据气体排放速率及气体中污染物的浓度，就可以确定该填埋气体中污染物的排放强度。

填埋场恶臭气体的预测和评价通常选择的 H_2S、NH_3 和 CO 的含量分别为 0.1%~1.0%，0.1%~1.0%和 0.0%~0.2%。因此，在预测评价中，考虑到中国城市生活垃圾中的有机成分较少，NH_3 含量取为 0.4%，H_2S 含量与 NH_3 相当，也取为 0.4%，CO 取高限为 0.2%。

四、渗滤液对地下水污染的预测

填埋场渗滤液对地下水的影响评价较为复杂，一般情况下，除了需要大量的资料外还需要通过复杂的数学模型进行计算分析。这里主要根据降雨和填埋场垃圾的含水量估算渗滤液的产生量；从土壤的自净、吸附、弥散能力，以及有机物自身降解能力等方面，定性和定量地预测填埋场渗滤液可能对地下水产生的影响。

1. 渗滤液的产生量

渗滤液的产生量受垃圾含水量、填埋场区降雨情况及填埋作业区大小的影响很大；同时也受到场区蒸发量、风力的影响和场地地面情况、种植情况等因素的影响。最简单的估算方法是假设整个填埋场的剖面含水率在所考虑的周期内等于或超过其相应田间持水率，用水量平衡法进行计算，即

$$Q = (W_p - R - E)A + Q_L \tag{8-5}$$

式中：Q 为渗滤液的年产生量，m^3/a；W_p 为年降水量，m；R 为年地表径流量，$R=C \times W_p$；E 为年蒸发量，m；A 为填埋场地表面积，m^2；Q_L 为垃圾产水量，m^3。

降雨的地表径流系数 C 与土壤条件、地表植被条件和地形条件等因素有关。Sahato（1971 年）等人给出了计算填埋场渗滤液产生量的地表径流系数，见表 8-2。

表 8-2 降雨的地表径流系数

地表条件	坡度（%）	地表径流系数 C		
		亚沙土	亚黏土	黏土
草地（表面有植被覆盖）	0~5（平坦）	0.10	0.30	0.40
	5~10（起伏）	0.16	0.36	0.55
	10~30（陡坡）	0.22	0.42	0.60

续表

地表条件	坡度（%）	地表径流系数 C		
		亚沙土	亚黏土	黏土
裸露土层（表面物质被覆盖）	0~5（平坦）	0.30	0.50	0.60
	5~10（起伏）	0.40	0.60	0.70
	10~30（陡坡）	0.52	0.72	0.82

2. 渗滤液的渗漏量

对于一般的废物堆放场、未设置衬层的填埋场，或者虽然底部为黏土层，渗透系数和厚度满足标准但无渗滤液收排系统的简单填埋场，渗滤液的产生量就是渗滤液通过包气带土层进入地下水的渗漏量。

对于设有衬层、排水系统的填埋场，该填埋场底部下渗的渗滤液渗漏量 Q 为

$$Q_{渗滤液} = AK_s \frac{d + h_{max}}{d} \tag{8-6}$$

式中：$Q_{渗滤液}$为通过填埋场底部下渗的渗滤液渗漏量，cm^3/s；A 为填埋场底部衬层面积，cm^2；K_s为衬层的渗透系数，cm/s；d 为衬层的厚度，cm；h_{max}为填埋场底部最大积水深度，cm。

最大积水深度 h_{max}可用式（8-7）计算

$$h_{max} = L\sqrt{C}\left(\frac{\tan^2\alpha}{C} + 1 - \frac{\tan\alpha}{C}\sqrt{\tan^2\alpha + C}\right) \tag{8-7}$$

$$C = q_{渗透液}/K_s \tag{8-8}$$

式中：L 为两个集水管间的距离，cm；α 为衬层与水面夹角；$q_{渗透液}$为进入填埋场废物层的水通量（见图 8-1），cm/s；K_s为横向渗透系数，cm/s。

显然，虽然填埋场衬层的渗透系数大小是影响渗滤液向下渗漏速率的重要因素，但并不是唯一因素，还必须评价渗滤液收排系统的设计是否有足够高的收排效率，能有效排出填埋场底部的渗滤液，尽可能减少渗滤液积水深度。

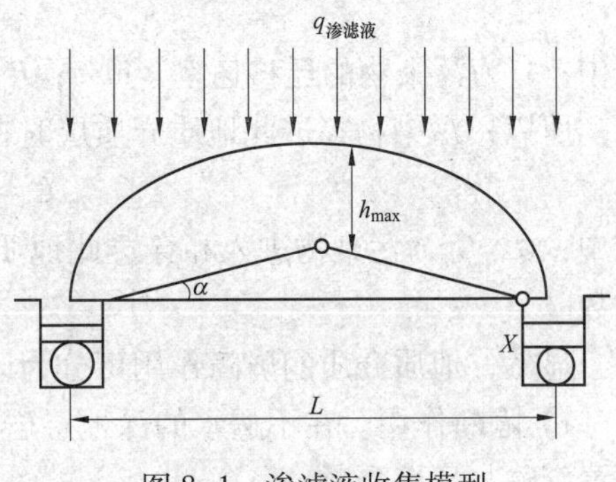

图 8-1　渗滤液收集模型

就填埋场衬层的渗透系数的取值来说，即使对于采用渗透系数分别为 10^{-12}cm/s 和 10^{-7}cm/s 的高密度聚乙烯（HDPE）和黏土组成的复合衬层，也不能仅采用 10^{-12}作为衬层渗透系数取值进行评价。原因是高密度聚乙烯在运输、施工和填埋过程中不可避免会出现针孔和小孔，甚至发生破裂等。确定这种复合衬层渗透系数的最简单方法，是用高密度聚乙烯膜上破损面积所占比例乘以下面黏土衬层的渗透系数。

3. 防治地下水污染的工程屏障和地质屏障评价

固体废物，特别是危险废物和放射性废物最终处置的基本原则是合理地、最大限度地实行与自然和人类环境隔离，降低有毒有害物质释放进入地下水的速率和总量，将其在长期处置过程中对环境的影响减至最低程度。为达目的所依赖的天然环境地质条件，称为天然防护

屏障，所采取的工程措施则称为工程防护屏障。

不同废物有不同的安全处置期要求。通常，城市生活垃圾填埋场的安全处置期在30~40年，而危险废物填埋场的安全处置期则大于100年。

（1）填埋场工程屏障评价。填埋场衬层系统是防止废物填埋处置污染环境的关键工程屏障。根据渗滤液收集系统、防渗系统和保护层、过滤层的不同组合，填埋场的衬层系统存在不同结构，例如，单层衬层系统、复合衬层系统、双层衬层系统和多层衬层系统等。要求的安全填埋处置时间越长，所选用的衬层就应该越好。应重点评价填埋场所选用的衬层（类型、材料、结构）的防渗性能及其在废物填埋需要的安全处置期内的可靠性是否满足：封闭渗滤液于填埋场之中，使其进入渗滤液收集系统；控制填埋场气体的迁移，使填埋场气体得到有控制释放和收集；防止地下水进入填埋场中，增加渗滤液的产生量。

渗滤液穿透衬层的所需时间，通常是用于评价填埋场衬层工程屏障性能的重要指标，一般要求应大于30年，可采用式（8-9）计算

$$t = \frac{d}{V} \tag{8-9}$$

式中：d 为厚度，m；V 为地下水的运移速率，m/a。

（2）填埋场址地质屏障评价。一般来说，含水层中的强渗透性砂、砾、裂隙岩层等地质介质对有害物质具有一定的阻滞作用，但由于这些矿物质的表面吸附能力会因吸附量的增大而不断减弱。此外，由于地下水径流量的变化，对有害物质的阻滞作用不可能长时间存在，因而含水层介质不能被看作是良好的地质屏障。只有渗透性非常低的黏土、黏结性松散岩石和裂隙部发育的坚硬岩石具备足够的屏障作用。包气带的地质屏障作用的大小取决于介质对渗滤液中污染物的阻滞能力和该污染物在地质介质中的物理衰变、化学或生物降解作用。当污染物通过厚度为 L（m）的地质介质层时，其所需要的迁移时间（t^*）为

$$t^* = \frac{L}{V'} = \frac{L}{V/R_d} \tag{8-10}$$

式中：V'为污染物的迁移速率，m/a；R_d为污染物在地质介质中的滞留因子，无量纲。

所以，污染物穿透此地质介质层时在地下水中的浓度为

$$C = C_0 \exp(-kt^*) \tag{8-11}$$

式中：C、C_0为污染物进入和穿透此地质介质层前后的浓度；k 为污染物的降解或衰变速率常数。

显然，地质介质的屏障作用可分为以下三种不同类型。

1）隔断作用。在不透水的深地层岩石层内处置的废物，地质介质的屏障作用可以将所处置废物与环境隔断。

2）阻滞作用。对于在地质介质中只被吸附的污染物质，虽然其在此地质介质中的迁移速率小于地下水的运移速率，所需的迁移时间比地下水的运移时间长，但此地质介质层的作用仅是延长该污染物进入环境的时间，所处置废物中的污染物质，最终会大量进入到环境中。

3）去除作用。对于在地质介质中既被吸附，又会发生衰变或降解的污染物质，只要该污染物质在此地质介质层内有足够的停留时间，就可以使其穿透此介质后的浓度达到所要求的低浓度。

五、生活垃圾填埋场评价采用的标准

生活垃圾填埋场评价采用的主要标准是《生活垃圾填埋场污染控制标准》（GB 16889—2008），该标准规定了生活垃圾填埋场选址、设计、施工、填埋废物的入场条件、运行、封场、后期维护与管理的污染控制和监测等方面的要求。适用于生活垃圾填埋场建设、运行和封场后的维护和管理过程中的污染控制和监督管理。

其他相关的主要标准包括：《海水水质标准》（GB 3097—1997），《地表水环境质量标准》（GB 3838—2002），《地下水质量标准》（GB/T 14848—1993），《工业企业厂界环境噪声排放标准》（GB 12348—2008），《恶臭污染物排放标准》（GB 14554—1993），等等。

以上标准均按修订的最新版本执行。

第四节 危险废物处置设施建设项目的环境影响评价要求

由于危险废物处置存在潜在的风险，为了防止在危险废物处置过程中造成对环境的污染，国家环保总局于2004年4月15日发布了《危险废物和医疗废物处置设施项目环境影响评价技术原则》（以下简称《原则》），该《原则》在环评技术导则的基础上针对危险废物焚烧厂和危险废物填埋场，提出一些特殊的要求，主要归纳为以下几点。

（1）医疗废物处置设施建设项目环境影响评价必须编制环境影响报告书，并严格执行国家、地方相关法律、法规、标准的有关规定；

（2）根据处置设施的特点，进行环境影响因素识别和评价因子筛选，并确定评价重点。环境要素应按三级或三级以上等级进行评价。环境影响评价范围应根据处理方法和环境敏感程度合理确定，要包括事故状态下可能影响的范围。

（3）重点关注厂（场）址选择。由于危险废物及医疗废物的处置所具有的危险性和危害性，因此在环境影响评价中，首要关注的是厂（场）址的选择。处置设施选址除了要符合国家环评法规要求外，还要就社会环境、自然环境、场地环境、工程地质、水文地质、气候条件、应急救援等因素进行综合分析。结合《危险废物焚烧污染控制标准》（GB 18484—2001）、《危险废物填埋污染控制标准》（GB 18598—2001）、《危险废物贮存污染控制标准》（GB 18597—2001）和《医疗废物集中焚烧处置工程建设技术要求》中规定的对厂（场）址的选择要求，详细论证拟选厂（场）址的合理性。

例如，危险废物填埋场建设项目的场址选择应符合以下条件。

1）填埋场场址不应选在城市工农业发展规划区、农业保护区、自然保护区、风景名胜区、文物（考古）保护区、生活饮用水源保护区、供水远景规划区、矿产资源储备区和其他需要特别保护的区域内。

2）填埋场距飞机场、军事基地的距离应在3000m以上。

3）填埋场场界应位于居民区800m以外，并保证在当地气象条件下对附近居民区大气环境不产生影响。

4）位于水库等人工蓄水设施淹没区和保护区之外。

5）填埋场场址距地表水域的距离不应小于150m。

6）填埋场场址的地质条件应符合的要求包括：①充分满足填埋场基础层的要求；②场或其附近有充足的黏土资源以满足构筑防渗层的需要；③位于地下水饮用水水源地主要补给

区范围之外，且下游无集中供水井；④地下水位应在不透水层3m以下，否则，必须提高防渗设计标准并进行环境影响评价，取得主管部门同意；⑤地层岩性相对均匀、渗透率低；⑥地质结构相对简单、稳定，没有断层。

7）填埋场场址选择应避开的区域包括：破坏性地震及活动构造区；海啸及涌浪影响区；湿地和低洼汇水处；地应力高度集中、地面抬升或沉降速率快的地区；石灰熔洞发育带；废弃矿区或塌陷区；崩塌、岩堆、滑坡区；山洪、泥石流地区；活动沙丘区；尚未稳定的冲积扇及冲沟地区；高压缩性淤泥、泥炭及软土区，以及其他可能危及填埋场安全的区域。

8）填埋场场址必须有足够大的可使用面积以保证填埋场建成后具有10年或更长的使用期，在使用期内能充分容纳所产生的危险废物。

9）填埋场场址应选在交通方便，运输距离较短，建造和运行费用低，能保证填埋场正常运行的地区。

（4）要进行全时段的环境影响评价。处置的对象是危险废物或医疗废物，处置的方法包括焚烧法、安全填埋法、其他物化方法。无论使用何种技术处置何种对象，其设施建设项目都经历建设期、营运期和服务期满后。但是根据此类环评的特殊性，对于使用焚烧及其他物化技术的处置场，主要关注的是营运期，而对于填埋场则主要关注的是建设期、营运期和服务期满后全时段的环境影响。填埋场在建设期势必要永久占地和临时占地，植被将受到影响，可能造成生物资源或农业资源损失，甚至对生态环境敏感目标产生影响。而在服务期满后，需要提出填埋场封场、植被恢复的具体措施，并要求提出封场后30年内的管理和监测方案。这对保护生态环境可谓是重要问题。

（5）要进行全过程的环境影响评价。危险废物和医疗废物处置设施建设项目的环境影响评价应包括收集、运输、储存、预处理、处置全过程。由于各环节所产生的污染物及其对环境的影响有所不同，因此要确保制定的防治措施能够保证在处置过程中不造成二次污染，这是重要的环境影响评价内容。

（6）必须要有环境风险评价。环境风险评价的目的是分析和预测建设项目存在的潜在危险，预测项目营运期可能发生的突发性事件，以及由其引起的有毒有害和易燃易爆等物质的泄漏，造成对人身的损害和对环境的污染，从而提出合理可行的防范与减缓措施及应急预案，以使建设项目的事故率达到最小，使事故带来的损失及对环境的影响达到可接受的水平。

（7）充分重视环境管理与环境监测。为保证危险废物和医疗废物的处置设施安全有效运行，必须有健全的管理机构和完整的规章制度。环境影响评价报告书必须提出风险管理及应急救援制度、转移联单管理制度、处置过程安全操作规程、人员培训考核制度、档案管理制度、处置全过程管理制度，以及职业健康、安全、环境管理体系等。在环境监测方面，焚烧处置厂的重点是大气环境监测，而安全填埋场的重点则是地下水的监测。

第五节　固体废物污染控制及处理处置的常用技术方法

一、固体废物污染控制的主要原则

1.“三化”原则

（1）减量化：通过适当的技术，减少固体废物的排出量和容量。可通过选用合适的生产原料、采用清洁能源、利用二次资源、采用无废或低废工艺、提高产品质量和使用寿命，以及废物综合利用等途径实现。

（2）无害化：通过采用适当的工程技术对废物进行处理，达到不损害人体健康，不污染周围自然环境的目的。例如，使用卫生土地填埋、安全土地填埋及土地深埋技术等无害化处置技术。

（3）资源化：从固体废物中回收有用的物质和能源。固体废物资源化具有环境效益高、生产成本低、生产率高、能耗低等优势，应积极寻求废物开发利用的途径，既消除对环境的污染，又能实现物尽其用。

2.“全过程”原则

“全过程”原则指对固体废物的产生、收集、运输、综合利用、处理、储存和处置实行全面管理，在每一环节都将其作为污染源进行严格控制。

固体废弃物处理通常是指通过物理、化学、生物、物化及生化方法把固体废物转化为适于运输、储存、利用或处置的形态的过程。固体废弃物处理的目标是无害化、减量化、资源化。目前采用的主要方法包括压实、破碎、分选、固化、焚烧、生物处理等。

3.“分类管理”的原则

鉴于固体废物的成分、性质和危险性存在较大差异，因此，在管理上必须采取分别、分类管理的方法，针对不同的固体废物制定不同的对策和措施。

4.“污染者负责”的原则

产品的生产者、销售者、进口者和使用者对其产生的固体废物依法承担污染防治责任。所以，在对建设项目进行环境影响评价的过程中，固体废物的处理与处置措施是固体废物环境影响评价的主要内容和重点，而控制固体废物污染源则是评价的核心。不同的建设项目，其固体废物及其环保要求不同。

二、固体废物的处理方法

（1）压实技术。压实是一种通过对废物实行减容化，降低运输成本、延长填埋场寿命的预处理技术。压实是一种普遍采用的固体废弃物预处理方法。例如，汽车、易拉罐、塑料瓶等通常首先采用压实处理。适于采用压实减小体积处理方法的固体废弃物还包括垃圾、松散废物、纸带、纸箱及某些纤维制品等。对于那些可能使压实设备损坏的废弃物不宜采用压实处理，某些可能引起操作问题的废弃物，如焦油、污泥或液体物料，一般也不宜做压实处理。

（2）破碎技术。为了使进入焚烧炉、填埋场、堆肥系统等的废弃物的外形尺寸减小，预先必须对固体废弃物进行破碎处理。经过破碎处理的废物，由于消除了大的空隙，不仅使尺寸大小均匀，而且质地也均匀，在填埋过程中更容易压实。固体废弃物的破碎方法很多，主要包括冲击破碎、剪切破碎、挤压破碎、摩擦破碎等，此外还包括专用的低温破碎和湿式破碎等。

（3）分选技术。固体废物分选是实现固体废物资源化、减量化的重要手段。分选分两种，一种是通过分选将有用的充分选出来加以利用，将有害的充分分离出来；另一种是将不同粒度级别的废弃物加以分离。分选的基本原理是利用物料的某些性质方面的差异，将其分选开。例如，利用废弃物中的磁性和非磁性差别进行分离；利用粒径尺寸差别进行分离；利用比重差别进行分离等。根据不同性质，可以设计制造各种机械对固体废弃物进行分选。分选包括手工捡选、筛选、重力分选、磁力分选、涡电流分选、光学分选等。

（4）固化处理技术。固化技术是通过向废弃物中添加固化基材，使有害固体废弃物固定或包容在惰性固化基材中的一种无害化处理过程。理想的固化产物应具有良好的抗渗透性，良好的机械特性，以及抗浸出性、抗干（湿）、抗冻（融）特性。这样的固化产物可直接在安全土地填埋场处置，也可用作建筑的基础材料或道路的路基材料。固化处理根据固化基材的不同可以分为混凝土固化、沥青固化、玻璃固化、自胶质固化等。

（5）焚烧和热解技术。焚烧法是将固体废物高温分解和深度氧化的综合处理过程。其优点是把大量有害的废料分解变成无害的物质。由于固体废弃物中可燃物的比例逐渐增加，采用焚烧方法处理固体废弃物，利用其热能已成为必然的发展趋势。以此种方法处理固体废弃物，占地少，处理量大，在保护环境、提供能源等方面均可取得良好的效果。欧洲国家较早采用焚烧方法处理固体废弃物，焚烧厂多设在人口10万以上的大城市，并设有能量回收系统。日本由于土地紧张，焚烧法的使用逐渐增多。焚烧过程获得的热能可以用于发电。利用焚烧炉发出的热量，可以供居民取暖，用于维持温室室温等。但是焚烧法也存在缺点，例如，投资较大，焚烧过程排烟造成二次污染，设备锈蚀现象严重等。热解是将有机物在无氧或缺氧条件下高温（500~1000℃）加热，使之分解为气、液、固三类产物。与焚烧法相比，热解法是更有前途的处理方法。它的显著优点是基建投资少。

（6）生物处理技术。生物处理技术是利用微生物对有机固体废物的分解作用使其无害化。该种技术可以使有机固体废物转化为能源、食品、饲料和肥料，还可以用来从废品和废渣中提取金属，是固体废物资源化的有效技术方法。目前应用比较广泛的包括：堆肥化、沼气化、废纤维素糖化、废纤维饲料化、生物浸出等。

因技术原因或其他原因还无法利用或处理的固态废弃物，是终态固体废弃物。终态固体废弃物的处置，是控制固体废弃物污染的末端环节，是解决固体废弃物的归宿问题。处置的目的和技术要求是，使固体废弃物在环境中最大限度地与生物圈隔离，避免或减少其中的污染组成对环境的污染与危害。

终态固体废弃物的处置可分为海洋处置和陆地处置两大类。

（1）海洋处置。海洋处置主要分为海洋倾倒与远洋焚烧两种方法。海洋倾倒是将固体废弃物直接投入海洋的一种处置方法。它的根据是海洋是一个庞大的废弃物接受体，对污染物质有极大的稀释能力。进行海洋倾倒时，首先要根据有关法律规定，选择处置场地，然后再根据处置区的海洋学特性、海洋保护水质标准、处置废弃物的种类及倾倒方式进行技术可行性研究和经济分析，最后按照设计的倾倒方案进行投弃。远洋焚烧是利用焚烧船将固体废弃物进行船上焚烧的处置方法。废弃物焚烧后产生的废气通过净化装置与冷凝器，冷凝液排入海中，气体排入大气，残渣倾入海洋。这种技术适于处置易燃性废物，例如，含氯的有机废弃物。

（2）陆地处置。陆地处置的方法有多种，包括土地填埋、土地耕作、深井灌注等。土地填埋是从传统的堆放和填地处置发展起来的一项处置技术，它是目前处置固体废弃物的主要方法。按法律可分为卫生填埋和安全填埋。卫生土地填埋是处置一般固体废弃物使之不会对公众健康及安全造成危害的一种处置方法，主要用来处置城市垃圾。通常把运到土地填埋场的废弃物在限定的区域内铺撒成一定厚度的薄层，然后压实以减少废弃物的体积，每层操作之后用土壤覆盖，并压实。压实的废弃物和土壤覆盖层共同构成一个单元。具有同样高度的一系列相互衔接的单元构成一个升层。完整的卫生土地填埋场是由一个或多个升层组成的。在卫生填埋场地的选择、设计、建造、操作和封场过程中，应该考虑防止浸出液的渗漏、降解气体的释出控制、臭味和病原菌的消除、场地的开发利用等问题。安全土地填埋法是卫生土地填埋方法的进一步改进，对场地的建造技术要求更为严格。对土地填埋场必须设置人造或天然衬里；最下层的土地填埋物要位于地下水位之上；要采取适当的措施控制和引出地表水；要配备浸出液收集、处理及监测系统，采用覆盖材料或衬里控制可能产生的气体，以防止气体释出；要记录所处置的废弃物的来源、性质和数量，把不相容的废弃物分开处置。

固体废物的种类繁多、成分复杂、数量巨大，是环境的主要污染源之一，其危害程度已不亚于水污染和大气污染的程度。由于中国对固体废物污染控制的起步较晚，虽然在固体废物的处理利用方面已取得一定进展，并出现了一些适合中国目前经济技术发展水平的固体废物处置技术和装置，但与发达国家相比，水平还较低，处理处置技术和装备还远远不能满足国内经济和社会发展的需要。

治理措施的合理性及可操作性是固体废物环境影响评价的重中之重，建设项目环境影响评价必须要科学、合理地为建设项目制定切实可行的固体废物治理方案，实现固体废物排放的最佳控制。

思考题

1. 固体废物控制的主要原则有哪些？
2. 生活垃圾填埋场项目评价的关注点有哪些？

第九章 生态影响评价

第一节 生态影响评价概述

一、生态影响

生态影响是指经济社会活动对生态系统及其生物因子、非生物因子所产生的任何有害的或有益的作用。生态影响可划分为不利影响和有利影响，直接影响、间接影响和累积影响，可逆影响和不可逆影响。

直接影响：经济社会活动所导致的不可避免的、与该活动同时同地发生的生态影响。

间接生态影响：经济社会活动及其直接生态影响所诱发的、与该活动不在同一地点或不在同一时间发生的生态影响。

累积生态影响：经济社会活动各个组成部分之间或者该活动与其他相关活动（包括过去、现在、未来）之间造成生态影响的相互叠加。

生态环境影响具有涉及范围广，影响程度大，时间长，不可逆性，间接生态影响复杂，难以预测、定量，常规方法不能有效反映生态影响等特点。

二、生态影响评价的定义

生态影响评价是指对生态环境现状进行调查与评价，对其影响进行预测与评价，对其保护措施进行经济技术论证的过程。

三、生态影响评价的原则

（1）坚持重点与全面相结合的原则。既要突出评价项目所涉及的重点区域、关键时段和主导生态因子，又要从整体上兼顾评价项目所涉及的生态系统和生态因子在不同时空等级尺度上结构与功能的完整性。

（2）坚持预防与恢复相结合的原则。预防优先，恢复补偿为辅。恢复、补偿等措施必须与项目所在地的生态功能区划的要求相适应。

（3）坚持定量与定性相结合的原则。生态影响评价应尽量采用定量方法进行描述和分析，当现有科学方法不能满足定量需要或因其他原因无法实现定量测定时，生态影响评价可通过定性或类比的方法进行描述和分析。

四、生态影响评价工作等级

1. 评价工作等级的划分

依据影响区域的生态敏感性和评价项目的工程占地（含水域）范围（包括永久占地和临时占地），可将生态影响评价工作等级划分为一级、二级和三级，见表 9-1。位于原厂界（或永久用地）范围内的工业类改扩建项目，可做生态影响分析。

表 9-1　生态影响评价工作等级划分表

影响区域的生态敏感性 \ 工程占地（含水域）范围	面积≥$20km^2$ 或长度≥100km	面积 2~$20km^2$ 或长度 50~100km	面积≤$2km^2$ 或长度≤50km
特殊生态敏感区	一级	一级	一级

续表

影响区域的生态敏感性 \ 工程占地（含水域）范围	面积≥20km² 或长度≥100km	面积 2~20km² 或长度 50~100km	面积≤2km² 或长度≤50km
重要生态敏感区	一级	二级	三级
一般区域	二级	三级	三级

当工程占地（含水域）范围的面积或长度分别属于两个不同评价工作等级时，原则上应按其中较高的评价工作等级进行评价。改扩建工程的工程占地范围以新增占地（含水域）的面积或长度计算。

在矿山开采可能导致矿区土地利用类型明显改变，或拦河闸坝建设可能明显改变水文情势等情况下，评价工作等级应上调一级。

2. 判定依据

（1）影响区域的确定。生态影响评价工作等级划分表（见表 9-1）中的“影响区域”包含了“直接影响区（工程直接占地区）”和“间接影响区（大于工程占地区域）”的范围。对“受影响区”范围的确定，需根据生态学专业知识进行初步判断，并通过生态影响评价过程予以明确，主要原因是：特殊生态敏感区和重要生态敏感区的类型复杂，保护目标的生态学特征差异巨大，难以给出一个通用、明确的界定。例如，水利水电工程中，低温水的影响范围可达坝下几十千米至上百千米处，引水工程可能对下游数百千米外的河口地区的特殊生态敏感区和重要生态敏感区产生影响。影响区域范围差异极大。

（2）工程占地（含水域）范围的确定。工程占地（含水域）范围分别按照占地面积和长度（见表 9-1）给出了一些数据供参考。由于生态系统的复杂性和不确定性，很难找到具有严密科学根据的数据标准，本标准提供的数据是在参考大量实际项目的基础上提出的经验数据。

由于工程占地（含水域）范围分线状和面状两种类型，因此可能出现同一工程从面积上或长度上分属不同评价工作等级的情况，根据“适当提高、从严要求”的策略，原则上按其中较高的评价工作等级进行评价。在矿山井工开采可能导致矿区土地利用类型明显改变（指矿山井工开采虽然工程占地面积小，但往往造成地表塌陷，导致土地利用类型明显改变的情况），或拦河闸坝建设可能明显改变水文情势等情况下，评价工作等级应上调一级。

（3）影响敏感程度的确定。根据生态敏感性程度，结合《建设项目环境影响评价分类管理名录》（环境保护部令第 2 号）中的环境敏感区，定义了特殊生态敏感区、重要生态敏感区和一般区域三类区域，并列举了这三类区域所包含的区域。其中，特殊生态敏感区是指具有极重要的生态服务功能，生态系统极为脆弱或已存在较为严重的生态问题，如遭到占用、损失或破坏后所造成的生态影响后果严重且难以预防、生态功能难以恢复和替代的区域，包括自然保护区、世界文化和自然遗产地等。重要生态敏感区指具有相对重要的生态服务功能或生态系统较为脆弱，如遭到占用、损失或破坏后所造成的生态影响后果较严重，但可以通过一定措施加以预防、恢复和替代的区域，包括风景名胜区、森林公园、地质公园、重要湿地、原始天然林、珍稀濒危野生动植物天然集中分布区、重要水生生物的自然产卵场及索饵场、越冬场和洄游通道、天然渔场等。一般区域是除特殊生态敏感区和重要生态敏感区以外的其他区域。

五、生态影响评价工作的范围和判定依据

1. 评价工作的范围

生态影响评价应能够充分体现生态完整性，涵盖评价项目全部活动的直接影响区域和间接影响区域。评价工作范围应依据评价项目对生态因子的影响方式、影响程度和生态因子之间的相互影响和相互依存关系确定。可综合考虑评价项目与项目区的气候过程、水文过程、生物过程等生物地球化学循环过程的相互作用关系，以评价项目影响区域所涉及的完整气候单元、水文单元、生态单元、地理单元界限为参照边界。

2. 判定依据

（1）生态完整性是生态影响评价工作范围的确定原则和依据，但没有规定具体的范围。之所以这样规定，主要是基于以下考虑：一是中国地域广阔，生态系统类型多样，项目复杂，难以给出一个具体的评价工作范围去要求不同地域和不同类型的项目；二是不同行业导则中均规定了评价工作范围。因此，不同项目的生态影响评价工作范围应依据相应的评价工作等级和具体行业导则要求，采用弹性与刚性相结合的方法确定。

（2）为增强评价工作范围的可操作性，可综合考虑评价项目与项目区的气候过程、水文过程、生物过程等生物地球化学循环过程的相互作用关系，以评价项目影响区域所涉及的完整气候单元、水文单元、生态单元、地理单元界限为参照边界，为不同行业导则中评价工作范围的制定提供了参考。

六、生态影响判定依据

（1）国家、行业和地方已颁布的资源环境保护等相关法规、政策、标准、规划和区划等确定的目标、措施与要求。

（2）科学研究判定的生态效应或评价项目实际的生态监测、模拟结果。

（3）评价项目所在地区及相似区域的生态背景值或本底值。

（4）与已有性质、规模及区域生态敏感性相似项目的实际生态影响类比。

（5）相关领域专家、管理部门及公众的咨询意见。

第二节　生态现状调查与评价

一、生态现状调查

1. 生态现状调查要求

生态现状调查是生态现状评价、影响预测的基础和依据，调查的内容和指标应能反映评价工作范围内的生态背景特征和现存的主要生态问题。当存在敏感生态保护目标（包括特殊生态敏感区和重要生态敏感区）或其他特别保护要求对象时，应做专题调查。

生态现状调查应在收集资料的基础上开展现场工作，生态现状调查的范围应不小于评价工作的范围。

一级评价应给出采样地样方实测、遥感等方法测定的生物量、物种多样性等数据，给出主要生物物种名录、受保护的野生动植物物种等调查资料。

二级评价的生物量和物种多样性调查可依据已有资料推断，或实测一定数量的、具有代表性的样方予以验证。

三级评价可充分借鉴已有资料进行说明。

2. 调查方法

（1）资料收集法。即收集现有的能反映生态现状或生态背景的资料。从表现形式上分为文字资料和图形资料；从时间上可分为历史资料和现状资料；从收集行业类别上可分为农、林、牧、渔和环境保护部门；从资料性质上可分为环境影响报告书，有关污染源调查，生态保护规划、规定，生态功能区划，生态敏感目标的基本情况及其他生态调查材料等。使用资料收集法时，应保证资料的现时性，引用资料必须建立在现场校验的基础上。

（2）现场勘查法。现场勘查应遵循整体与重点相结合的原则，在综合考虑主导生态因子结构与功能的完整性的同时，突出重点区域和关键时段的调查，并通过对影响区域的实际踏勘，核实收集资料的准确性，以获取实际资料和数据。

（3）专家和公众咨询法。专家和公众咨询法是对现场勘查的有益补充。通过咨询有关专家，收集评价工作范围内的公众、社会团体和相关管理部门对项目影响的意见，发现现场踏勘中遗漏的生态问题。专家和公众咨询应与资料收集和现场勘查同步开展。

（4）生态监测法。当资料收集、现场勘查、专家和公众咨询提供的数据无法满足评价的定量需要，或项目可能产生潜在的或长期累积效应时，可考虑选用生态监测法。生态监测应根据监测因子的生态学特点和干扰活动的特点确定监测位置和频次，有代表性地布点。生态监测方法与技术要求应符合国家现行的有关生态监测规范和监测标准分析方法；对于生态系统生产力的调查，必要时需现场采样、实验室测定。

（5）遥感调查法。当涉及区域范围较大或主导生态因子的空间等级尺度较大，通过人力踏勘较为困难或难以完成评价时，可采用遥感调查法。遥感调查过程中必须辅以必要的现场勘查工作。

（6）海洋生态调查方法。海洋生态调查方法见《海洋调查规范》（GB/T 12763.9—2007）。

（7）水库渔业资源调查方法。水库渔业资源调查方法见《水库渔业资源调查规范》（SL 167—2014）。

3. 调查内容

（1）生态背景调查。根据生态影响的空间和时间尺度特点，调查影响区域内涉及的生态系统类型、结构、功能和过程，以及相关的非生物因子特征（例如，气候、土壤、地形地貌、水文及水文地质等），重点调查受保护的珍稀濒危物种、关键种、土著种、建群种和特有种，天然的重要经济物种等。当涉及国家级和省级保护物种、珍稀濒危物种和地方特有物种时，应逐个或逐类说明其类型、分布、保护级别、保护状况等；当涉及特殊生态敏感区和重要生态敏感区时，应逐个说明其类型、等级、分布、保护对象、功能区划、保护要求等。

（2）主要生态问题调查。调查影响区域内已经存在的制约本区域可持续发展的主要生态问题，例如，水土流失、沙漠化、石漠化、盐渍化、自然灾害、生物入侵和污染危害等，指出其类型、成因、空间分布、发生特点等。

二、生态现状评价

1. 评价要求

在区域生态基本特征现状调查的基础上，对评价区的生态现状进行定量或定性的分析评价，评价应采用文字和图件相结合的表现形式，图件制作应遵照导则关于生态影响评价图件的规范要求。

2. 评价方法

(1) 列表清单法。列表清单法是 Little 等人于 1971 年提出的一种定性分析方法。该方法的特点是简单明了，针对性强。

列表清单法的基本做法，是将拟实施的开发建设活动的影响因素与可能受影响的环境因子分别列在同一张表格的行与列内，逐点进行分析，并逐条阐明影响的性质、强度等，由此分析开发建设活动的生态影响。该方法可用于开发建设活动对生态因子的影响分析、生态保护措施的筛选及物种或栖息地重要性或优先度的比选。

(2) 图形叠置法。图形叠置法是把两个以上的生态信息叠合到一张图上，构成复合图，用以表示生态变化的方向和程度。本方法的特点是直观、形象，简单明了。图形叠置法有两种基本制作手段：指标法和 3S 叠图法。

1) 指标法。①确定评价区域范围；②进行生态调查，收集评价工作范围与周边地区自然环境、动植物等的信息，同时收集社会经济和环境污染及环境质量信息；③进行影响识别并筛选拟评价因子，其中包括识别和分析主要生态问题；④研究拟评价生态系统或生态因子的地域分异特点与规律，对拟评价的生态系统、生态因子或生态问题建立表征其特性的指标体系，并通过定性分析或定量方法对指标赋值或分级，再依据指标值进行区域划分；⑤将上述区划信息绘制在生态图上。

2) 3S 叠图法。①选用地形图，或正式出版的地理地图，或经过精校正的遥感影像作为工作底图，底图范围应略大于评价工作范围；②在底图上描绘主要生态因子信息，如植被覆盖、动物分布、河流水系、土地利用和特别保护目标等；③进行影响识别与筛选评价因子；④运用 3S 技术，分析评价因子的不同影响性质、类型和程度；⑤将影响因子图和底图叠加，得到生态影响评价图。

图形叠置法主要用于区域生态质量评价和影响评价、具有区域性影响的特大型建设项目评价中，例如，大型水利枢纽工程、新能源基地建设、矿业开发项目等，以及用于土地利用开发和农业开发中。

(3) 生态机理分析法。生态机理分析法是根据建设项目的特点和受其影响的动、植物的生物学特征，依照生态学原理分析、预测工程生态影响的方法。生态机理分析法的工作步骤如下。

1) 调查环境背景现状和搜集工程组成和建设等有关资料。

2) 调查植物和动物分布，动物栖息地和迁徙路线。

3) 根据调查结果分别对植物或动物种群、群落和生态系统进行分析，描述其分布特点、结构特征和演化等级。

4) 识别有无珍稀濒危物种及具有重要经济、历史、景观和科研价值的物种。

5) 监测项目建成后该地区动物、植物生长环境的变化。

6) 根据项目建成后的环境（水、气、土和生命组分）变化，对照无开发项目条件下动物、植物或生态系统演替趋势，预测项目对动物和植物个体、种群和群落的影响，并预测生态系统演替方向。

评价过程中有时要根据实际情况进行相应的生物模拟试验，例如，环境条件、生物习性模拟试验、生物毒理学试验、实地种植或放养试验等；或进行数学模拟，如种群增长模型的应用。

该方法需与生物学、地理学、水文学、数学及其他多学科合作评价，才能得出较为客观的结果。

(4) 景观生态学法。景观生态学法是通过研究某一区域、一定时段内的生态系统类群的格局、特点、综合资源状况等自然规律，以及人为干预下的演替趋势，揭示人类活动在改变生物与环境方面的作用方法。景观生态学对生态质量状况的评判是通过两个方面进行的，一是空间结构分析，二是功能与稳定性分析。景观生态学认为，景观的结构与功能是相匹配的，且增加景观异质性和共生性也是生态学和社会学整体论的基本原则。

空间结构分析基于景观是高于生态系统的自然系统，是一个清晰的和可度量的单位。景观由斑块、基质和廊道组成。其中，基质是景观的背景地块，是景观中一种可以控制环境质量的组分。因此，基质的判定是空间结构分析的重要内容。判定基质有三个标准，即相对面积大、连通程度高、有动态控制功能。基质的判定多借用传统生态学中计算植被重要值的方法。

决定某一斑块类型在景观中的优势，也称优势度值（D_0）。优势度值由密度（Rd）、频率（Rf）和景观比例（Lp）三个参数计算得出。其数学表达式如下

$$Rd=（斑块\ i\ 的数目/斑块总数）\times 100\%$$

$$Rf=（斑块\ i\ 出现的样方数/总样方数）\times 100\%$$

$$Lp=（斑块\ i\ 的面积/样地总面积）\times 100\%$$

$$D_0=0.5\times [0.5\times (Rd+Rf)+Lp]\times 100\%$$

上述分析同时反映自然组分在区域生态系统中的数量和分布，因此能较准确地表示生态系统的整体性。

景观的功能和稳定性分析包括以下 4 个方面的内容。

1）生物恢复力分析：分析景观基本元素的再生能力或高亚稳定性元素能否占主导地位。

2）异质性分析：基质为绿地时，由于异质化程度高的基质很容易维护它的基质地位，从而达到增强景观稳定性的作用。

3）种群源的持久性和可达性分析：分析动、植物物种能否持久保持能量流、养分流，分析物种流可否顺利地从一种景观元素迁移到另一种元素，从而增强共生性。

4）景观组织的开放性分析：分析景观组织与周边生态环境的交流渠道是否畅通。开放性强的景观组织可以增强抵抗力和恢复力。景观生态学方法既可以用于生态现状评价也可以用于生境变化预测，是目前国内外生态影响评价学术领域中较先进的方法。

(5) 指数法与综合指数法。指数法是利用同度量因素的相对值来表明因素变化状况的方法，是建设项目环境影响评价中规定的评价方法，指数法同样可将其拓展应用于生态影响评价中。指数法简明扼要，且符合人们所熟悉的环境污染影响评价思路，但困难之处在于需要明确建立表征生态质量的标准体系，且难以赋权和准确定量。综合指数法是从确定同度量因素出发，把不能直接对比的事物变成能够同度量的方法。

1）单因子指数法。选定合适的评价标准，采集拟评价项目区的现状资料。可进行生态因子现状评价，例如，以同类型立地条件的森林植被覆盖率为标准，可评价项目建设区的植被覆盖现状情况；也可进行生态因子的预测评价，例如以评价区现状植被盖度为评价标准，可评价建设项目建成后植被覆盖度的变化率。

2）综合指数法。①分析研究评价的生态因子的性质及变化规律；②建立表征各生态因子特性的指标体系；③确定评价标准；④建立评价函数曲线，将评价的环境因子的现状值（开发建设活动前）与预测值（开发建设活动后）转换为统一的无量纲的环境质量指标。用1~0表示优劣（“1”表示最佳的、顶级的、原始或人类干预甚少的生态状况，“0”表示最差的、极度破坏的、几乎无生物性的生态状况）由此计算出开发建设活动前后环境因子质量的变化值；⑤根据各评价因子的相对重要性赋予权重；⑥将各因子的变化值综合，提出综合影响评价值（ΔE），其计算公式为

$$\Delta E = \sum (E_{hi} - E_{qi}) \times W_i \tag{9-1}$$

式中：ΔE 为开发建设活动前后生态质量变化值；E_{hi}为开发建设活动后 i 因子的质量指标；E_{qi}为开发建设活动前 i 因子的质量指标；W_i为 i 因子的权值。

指数法可用于生态因子单因子质量评价、生态多因子综合质量评价、生态系统功能评价。

指数法在建立评价函数曲线时，应根据标准规定的指标值确定曲线的上、下限。对于空气和水这些已有明确质量标准的因子，可直接用不同级别的标准值做上、下限；对于无明确标准的生态因子，应根据评价目的、评价要求和环境特点选择相应的环境质量标准值，再确定上、下限。

（6）类比分析法。类比分析法是一种比较常用的定性和半定量评价方法，一般包括生态整体类比、生态因子类比和生态问题类比等。

类比分析法根据已有的开发建设活动（项目、工程）对生态系统产生的影响来分析或预测拟进行的开发建设活动（项目、工程）可能产生的影响。选择好类比对象（类比项目）是进行类比分析或预测评价的基础，也是该法成败的关键。类比对象的选择条件包括：工程性质、工艺和规模与拟建项目基本相当，生态因子（地理、地质、气候、生物因素等）相似，项目建成已有一定时间，所产生的影响已基本全部显现。类比对象确定后，则需选择和确定类比因子及指标，并对类比对象开展调查与评价，再分析拟建项目与类比对象的差异。根据类比对象与拟建项目的比较，做出类比分析结论。

类比分析法可用于生态影响识别和评价因子筛选，以原始生态系统作为参照，可评价目标生态系统的质量、进行生态影响的定性分析与评价、进行某一个或几个生态因子的影响评价、预测生态问题的发生与发展趋势及其危害、确定环保目标和寻求最有效、可行的生态保护措施。

（7）系统分析法。系统分析法是指把要解决的问题作为一个系统，对系统要素进行综合分析，找出解决问题的可行方案的咨询方法。具体步骤包括：限定问题、确定目标、调查研究、收集数据、提出备选方案和评价标准、备选方案评估和提出最可行方案。

系统分析法因其能妥善地解决一些多目标动态性问题，目前已广泛应用于各行各业，尤其在进行区域开发或解决优化方案选择问题时，系统分析法显示出其他方法所不能达到的效果。

在生态系统质量评价中使用的系统分析的具体方法包括专家咨询法、层次分析法、模糊综合评判法、综合排序法、系统动力学、灰色关联等。这些方法原则上都适用于生态影响评价。

（8）生物多样性评价方法。生物多样性评价是指通过实地调查，分析生态系统和生物种

的历史变迁、现状和存在主要问题的方法，其评价目的是有效保护生物多样性。

生物多样性通常用香农—威纳指数（Shannon-Wiener Index）表征，即

$$H=-\sum_{i=1}^{s}P_i\ln(P_i) \quad (9-2)$$

式中：H 为样品的信息含量，彼得/个体。即群落的多样性指数；s 为种数；P_i 为样品中属于第 i 种的个体所占的比例。如果样品总个体数为 N，第 i 种个体的数量为 n_i，则

$$P_i=n_i/N$$

（9）海洋及水生生物资源影响评价方法。海洋生物资源影响评价的技术方法参见《建设项目对海洋生物资源影响评价技术规程》（SC/T 9110—2007），以及其他推荐的生态影响评价和预测适用方法；水生生物资源影响评价技术方法，可适当参照该技术规程及其他推荐的适用方法进行。

（10）土壤侵蚀预测方法。

土壤侵蚀预测方法参见《开发建设项目水土保持技术规范》（GB 4043—2008）。

3. 评价内容

（1）在阐明生态系统现状的基础上，分析影响区域内生态系统状况的主要原因。评价生态系统的结构与功能状况（例如，水源涵养、防风固沙、生物多样性保护等主导生态功能）、生态系统面临的压力和存在的问题、生态系统的总体变化趋势等。

（2）分析和评价受影响区域内动、植物等生态因子的现状组成、分布。当评价区域涉及受保护的敏感物种时，应重点分析该敏感物种的生态学特征；当评价区域涉及特殊生态敏感区或重要生态敏感区时，应分析其生态现状、保护现状和存在的问题等。

第三节 生态影响预测与评价

一、生态影响预测与评价的内容

生态影响预测与评价的内容应与现状评价的内容相对应，依据区域生态保护的需要和受影响生态系统的主导生态功能选择评价预测指标。

（1）评价工作范围内涉及的生态系统及其主要生态因子的影响评价。通过分析影响作用的方式、范围、强度和持续时间来判定生态系统受影响的范围、强度和持续时间；预测生态系统组成和服务功能的变化趋势，重点关注其中的不利影响、不可逆影响和累积生态影响。

（2）敏感生态保护目标的影响评价应在明确保护目标的性质、特点、法律地位和保护要求的情况下，分析评价项目的影响途径、影响方式和影响程度，预测潜在的后果。

（3）预测评价项目对区域现存主要生态问题的影响趋势。

二、生态影响预测与评价的方法

生态影响预测与评价的方法应根据评价对象的生态学特性，在调查、判定该区主要的、辅助的生态功能及完成功能必需的生态过程的基础上，采用定量分析与定性分析相结合的方法进行预测与评价。常用的方法包括列表清单法、图形叠置法、生态机理分析法、景观生态学法、指数法与综合指数法、类比分析法、系统分析法和生物多样性评价等。

第四节 生态影响的防护、恢复、补偿及替代方案

一、生态影响的防护、恢复与补偿原则

（1）应按照避让、减缓、补偿和重建的次序提出生态影响防护与恢复的措施；所采取措施的效果应有利于修复和增强区域生态功能。

（2）凡涉及不可替代、极具价值、极敏感、被破坏后很难恢复的敏感生态保护目标（如特殊生态敏感区、珍稀濒危物种）时，必须提出可靠的避让措施或生境替代方案。

（3）涉及采取措施后可恢复或修复的生态目标时，也应尽可能提出避让措施；否则，应制定恢复、修复和补偿措施。各项生态保护措施应按项目实施阶段分别提出，并提出实施时限和估算经费。

二、替代方案

（1）替代方案主要指项目中的选线、选址替代方案，项目的组成和内容替代方案，工艺和生产技术的替代方案，施工和运营方案的替代方案，生态保护措施的替代方案。

（2）评价应对替代方案进行生态可行性论证，优先选择生态影响最小的替代方案，最终选定的方案至少应该是生态保护可行的方案。

三、生态保护措施

（1）生态保护措施应包括保护对象和目标，内容、规模及工艺，实施空间和时序，保障措施和预期效果分析，绘制生态保护措施平面布置示意图和典型措施设施工艺图，估算或概算环境保护投资。

（2）对可能具有重大、敏感生态影响的建设项目，区域、流域开发项目，应提出长期的生态监测计划、科技支撑方案，明确监测因子、方法、频次等。

（3）明确施工期和运营期管理原则与技术要求。可提出环境保护工程分标与招投标原则，施工期工程环境监理、环境保护阶段验收和总体验收、环境影响后评价等环保管理技术方案。

常见的生态保护措施见表9-2。

表9-2　常见的生态保护措施

项目	阶段	
	建设期	运行期
动物	设置保护通道和屏障，禁止施工人员进入野生动物活动场所，禁止惊吓和捕杀动物	设置专人管理，建立管理及报告制，加强宣传教育，预防和杜绝森林火灾；禁止游客进入核心区和重点保护功能区，禁止大声喧哗、惊吓和捕杀动物，重点保护动物定期检测
植物	隔离保护或避开重点保护对象，调整和改进施工方案，尽量减少植物破坏	临时占地在工程完成后进行植被恢复，植被尽量采用当地植物并尽量以生态恢复为主，专人巡视管理，重点保护植物应定期检测
景观	控制设计用地，隔离保护重点景观，新景风格、造势与自然融合，人工修复破坏的地质地形	加强宣传教育，重要景点由专人巡视管理，高峰期限制游客人数，随时修补景观损害

续表

项目	阶段	
	建设期	运行期
水土保持	开挖山坡：自上而下分层开挖，最终边坡进行危岩清理、植被保护。 机动车道：设置排水沟，将水引至路基坡脚或天然排水沟壑。 游览道路：沿线绿化临沟采用料石支护，靠山进行植被防护，尽量种植当地植物。 其他景点及服务区绿化：及时清理堆弃渣土，修复受损地表地形	加强宣传教育，定期巡视观测景区各路段地形，做好景区的绿化、保养、植被养护等
水（环境）	施工地修建简易处理水池，出水回用	旅游服务设施建造生活污水处理系统，并尽量采用生态处理，定期对重点水体进行水质监测
大气	施工散料（如混凝土）库存或密盖，密闭运输，道路定期洒水	景区绿化，道路洒水，限制餐饮排放油烟，使用清洁能源
噪声	施工地与周围环境设置隔离屏障，改进施工工艺和技术，调整施工场地布置和工时	道路绿化，加强游客和车辆管理
固废	修建工地临时厕所，垃圾专门收集后转运至填埋场	主要是生活垃圾，应收集、分类、存放、转运、回收和填埋，加强景区环境卫生监督

第五节 生态影响评价图件规范与要求

生态影响评价图件是指以图形、图像的形式对生态影响评价有关空间内容的描述、表达或定量分析。生态影响评价图件是生态影响评价报告的必要组成内容，是评价的主要依据和成果的重要表示形式，是指导生态保护措施设计的重要依据。

本节内容主要适用于生态影响评价工作中表达地理空间信息的地图，应遵循有效、实用、规范的原则，根据评价工作等级和成图范围及所表达的主题内容选择适当的成图精度和图件构成，充分反映出评价项目、生态因子构成、空间分布，以及评价项目与影响区域生态系统的空间作用关系、途径或规模。

一、图件构成

根据评价项目的自身特点、评价工作等级及区域生态敏感性的不同，生态影响评价图件由基本图件和推荐图件构成。

基本图件是指根据生态影响评价工作等级不同，各级生态影响评价工作需提供的必要图件。当评价项目涉及特殊生态敏感区域和重要生态敏感区时必须提供能反映生态敏感特征的专题图，如保护物种空间分布图；当开展生态监测工作时必须提供相应的生态监测点位图。

推荐图件是在现有技术条件下可以图形图像形式表达的、有助于阐明生态影响评价结果的选作图件。生态影响评价图件的构成要求见表9-3。

表 9-3 生态影响评价图件的构成要求

评价工作等级	基本图件	推荐图件
一级	(1) 项目区域地理位置图 (2) 工程平面图 (3) 土地利用现状图 (4) 地表水系图 (5) 植被类型图 (6) 特殊生态敏感区和重要生态敏感区空间分布图 (7) 主要评价因子的评价成果和预测图 (8) 生态监测布点图 (9) 典型生态保护措施平面布置示意图	(1) 当评价工作范围内涉及山岭重丘区时，可提供地形地貌图、土壤类型图和土壤侵蚀分布图。 (2) 当评价工作范围内涉及河流、湖泊等地表水时，可提供水环境功能区划图；当涉及地下水时，可提供水文地质图件等。 (3) 当评价工作范围涉及海洋和海岸带时，可提供海域岸线图、海洋功能区划图，根据评价需要选作海洋渔业资源分布图、主要经济鱼类产卵场分布图、滩涂分布现状图。 (4) 当评价工作范围内已有土地利用规划时，可提供已有土地利用规划图和生态功能分区图。 (5) 当评价工作范围内涉及地表塌陷时，可提供塌陷等值线图。 (6) 此外，可根据评价工作范围内涉及的不同生态系统类型，选作动植物资源分布图、珍稀濒危物种分布图、基本农田分布图、绿化布置图、荒漠化土地分布图等
二级	(1) 项目区域地理位置图 (2) 工程平面图 (3) 土地利用现状图 (4) 地表水系图 (5) 特殊生态敏感区和重要生态敏感区空间分布图 (6) 主要评价因子的评价成果和预测图 (7) 典型生态保护措施平面布置示意图	(1) 当评价工作范围内涉及山岭重丘区时，可提供地形地貌图和土壤侵蚀分布图。 (2) 当评价工作范围内涉及河流、湖泊等地表水时，可提供水环境功能区划图；当涉及地下水时，可提供水文地质图件。 (3) 当评价工作范围内涉及海域时，可提供海域岸线图和海洋功能区划图。 (4) 当评价工作范围内已有土地利用规划时，可提供已有土地利用规划图和生态功能分区图。 (5) 在评价工作范围内，对于陆域可根据评价需要选作植被类型图或绿化布置图
三级	(1) 项目区域地理位置图 (2) 工程平面图 (3) 土地利用或水体利用现状图 (4) 典型生态保护措施平面布置示意图	(1) 在评价工作范围内，对于陆域可根据评价需要选作植被类型图或绿化布置图。 (2) 当评价工作范围内涉及山岭重丘区时，可提供地形地貌图。 (3) 当评价工作范围内涉及河流、湖泊等地表水时，可提供地表水系图。 (4) 当评价工作范围内涉及海域时，可提供海洋功能区划图。 (5) 当涉及重要生态敏感区时，可提供关键评价因子的评价成果图

二、图件制作规范与要求

1. 数据来源与要求

(1) 生态影响评价图件制作的基础数据来源包括：已有图件资料、采样、实验、地面勘测和遥感信息等。

(2) 图件的基础数据来源应满足生态影响评价的时效要求，选择与评价基准时段相匹配的数据源。当图件主题内容无显著变化时，制图数据源的时效要求可在无显著变化期内适当放宽，但必须经过现场勘验校核。

2. 制图与成图精度要求

生态影响评价制图的工作精度一般不低于工程可行性研究制图精度，成图精度应满足生态影响的判定和生态保护措施的实施。

生态影响评价成图应能准确、清晰地反映评价主题内容，成图比例不应低于表 9-4 中的规范要求（项目区域地理位置图除外）。当成图范围过大时，可采用点线面相结合的方式，分幅成图；当涉及敏感生态保护目标时，应分幅单独成图，以提高成图精度。

表 9-4 生态影响评价图件的成图比例规范要求

成图范围		成图比例尺		
		一级评价	二级评价	三级评价
面积	≥100km²	≥1∶10 万	≥1∶10 万	≥1∶25 万
	20~100km²	≥1∶5 万	≥1∶5 万	≥1∶10 万
	2~20km²（含 20km²）	≥1∶1 万	≥1∶1 万	≥1∶2.5 万
	≤2km²	≥1∶5000	≥1∶5000	≥1∶1 万
长度	≥100km	≥1∶25 万	≥1∶25 万	≥1∶25 万
	50~100km	≥1∶10 万	≥1∶10 万	≥1∶25 万
	10~50km（含 50km）	≥1∶5 万	≥1∶10 万	≥1∶10 万
	≤10km	≥1∶1 万	≥1∶1 万	≥1∶5 万

3. 图形整饰规范

生态影响评价图件应符合专题地图制图的整饰规范要求，成图应包括图名、比例尺、方向标/经纬度、图例、注记、制图数据源（调查数据、实验数据、遥感信息源或其他）、成图时间等要素。

第六节 生态影响评价案例分析

某露天煤矿的矿田地表境界面积为 68.60km²，地表开采面积为 59.02km²，底部开采面积为 45km²。露天矿的设计生产能力为 20.0Mt/a，服务年限为 82.70 年。配套建设同等规模的选煤厂。

工程主要建设内容包括：采掘场、外排土场、内排土场等采排工程；一号、二号运输斜井、进风立井等井巷工程，筛分破碎车间、主厂房等选煤厂工程；原煤仓、产品仓、联络道路等储运工程；维修车间、材料库等辅助生产系统；行政办公楼、供热、给排水等公用工程。采掘场原煤经端帮输煤巷道进入运输斜井提升至选煤厂进行洗选后经铁路专用线外运。选煤厂采用重介浅槽分选工艺。

工程达产时总占地面积为 20.35km²，其中采掘场占地 6.12km²，外排土场占地 12.78km²，工业场地、联络道路、输电线路和输水管线等工程占地 1.45km²，占地类型主要为林地、草地和耕地。

一、评价等级、范围

1. 评价等级

煤矿矿田面积为 59.02km²，矿田和周边无法定的自然保护区、风景名胜区、饮用水源保护区等环境敏感区域，本区属一般生态敏感区，项目占地面积大于20km^2。根据《环境影响评价技术导则 生态影响》（HJ 19—2011）中的工作等级判定原则，生态评价工作等级确定为二级。但是，由于露天煤矿开采会导致矿田内土地利用明显改变，生态评价工作等级应上调一级，生态环境评价工作等级最终确定为一级。

2. 评价范围

生态环境评价范围为项目矿田境界向外扩展2km，生态评价范围为136. 30km^2。

二、生态现状调查与评价

评价区生态现状调查通过实地勘察、样方调查、卫片解译、室内分析并结合收集的资料经综合分析完成。调查分析结果表明：项目所在区域的土地利用以林草地为主，生态系统服务功能为保持水土、防止侵蚀。评价区存在的主要生态问题为区域水土流失严重、土地沙化、植被退化。本区生态系统生产力处于较低水平，区域内生态环境质量受干扰以后的恢复能力不强。

三、生态环境影响分析与评价

1. 景观生态影响分析与评价

项目建设将在一定程度上影响评价范围内原有的景观格局，改变景观结构，使露天矿田内较单纯的林草地景观向着人工化、工业化、多样化的方向发展，使原来的自然景观类型变为工业厂房、挖损、堆垫、道路等人工景观。采用景观生态学方法对项目建设对生态系统景观格局的影响进行评价。项目建设前后的景观生态格局变化见表9-5。

表9-5 项目建设前后的景观生态格局变化

景观类型	建设前		建设后	
	缀块数目（个）	面积（hm^2）	缀块数目（个）	面积（hm^2）
灌丛景观	394	56. 49	169	28. 43
草地丛景观	257	41. 28	122	23. 91
林地景观	76	2. 56	43	1. 1
农田景观	497	16. 36	287	10. 86
居民地工矿景观	134	2. 24	83	60. 6
道路景观	82	9. 91	38	6. 08
水域景观	77	7. 46	51	5. 31
合计	1517	136. 3	793	136. 3

由表9-5可知，在露天矿建设后，评价区内对生态环境产生不利影响的缀块数目、面积、优势度值都有一定的增加，而对生态环境产生有利影响的景观生态缀块（如林地、草地等）在数目、面积和优势度值上都有所减少，并且连通程度也相应降低，这会对区域景观生态产生暂时不利的影响。但随着矿区生态恢复重建工作的推进，露天矿开发建设破坏的景观生态将逐渐得到恢复，对生态环境产生有利影响的景观生态缀块（如灌丛、草地、林地、水域等）在数目、面积上将大幅增加，景观格局随之改变，在矿区生态恢复措施发挥效果后，矿区及区域生态环境会有所改善。

2. 土地利用影响分析与评价

如果在露天矿运营期间不采取土地复垦措施，则旱地、林地、草地将逐年减少而工矿用地将逐年增加，至四采区开采结束闭矿时，评价区耕地、草地、林地比例将由原来的12.01%、43.32%、30.29%，逐渐减少为7.40%、24.18%、16.55%，工矿用地由原有的0.17%增至43.36%，土地利用功能会产生显著改变。在采取环评提出的“边开采、边复垦”生态恢复措施后，外排土场、内排土场将及时恢复植被，逐渐恢复原有土地利用功能。根据矿区生态环境特征，复垦土地大部分将恢复为林草地，部分恢复为耕地，土地利用结构与露天矿开发建设前相比仍以林草地为主，林地、草地、耕地面积分别由开发建设前的2610.2hm^2、1872.78hm^2和628.02hm^2，增加到2711.87hm^2、3894.24hm^2和902.52hm^2。不同时期评价区破坏的土地类型及面积见表9-6，不同时期评价区土地利用的变化情况见表9-7。

表9-6　不同时期评价区破坏的土地类型及面积

时期	区域	破坏土地类型（hm^2）										小计
		旱地	有林地	灌木林地	其他草地	采矿用地	农村宅基地	公路用地	农村道路	河流水面	坑塘用地	
达产年	地面设施占用	8.52	0	87.69	60.38	0	0	0	0	0	0	156.59
	采掘期挖损	16.14	1.48	290.42	295.05	0	4.44	0.84	0	0	3.81	612.44
	排土场压占	135.25	40.35	797.59	318.10	0	10.35	0	0	0	5.35	1306.99
	小计	160.17	41.83	1175.7	673.53	0	14.79	0.84	0	0	9.16	2076.02
首采区结束	地面设施占用	8.52	0	87.69	60.38	0	0	0	0	0	0	156.59
	采掘期挖损	84.77	9.92	805.8	653.71	0	15.39	5.38	6.37	142.67	13.46	1737.46
	排土场压占	135.25	40.35	797.59	318.1	0	10.35	0	0	0	5.35	1307
	小计	228.54	50.27	1691.08	1032.19	0	25.74	5.38	6.37	142.67	18.81	3201.05
三采区结束	地面设施占用	8.52	0	87.69	60.38	0	0	0	0	0	0	156.59
	采掘期挖损	349.31	63.14	1708.43	1094.88	11.67	32.48	10.02	6.37	190.43	24.52	3491.24
	排土场压占	135.25	40.35	797.59	318.1	0	10.35	0	0	0	5.35	1307
	小计	493.08	103.49	2593.71	1473.36	11.67	42.83	10.02	6.37	190.43	29.88	4954.83
四采区结束	采掘期挖损	628.02	145.98	2464.22	1872.78	14.85	86.15	12.79	385.26	248.05	44	5902.1
	小计	628.02	145.98	2464.22	1872.78	14.85	86.15	12.79	385.26	248.05	44	5902.1

表9-7　不同时期评价区土地利用的变化情况表

土地利用	建设前		达产年		首采区结束		三采区结束		四采区结束	
	面积（km^2）	比例（%）	面积（km^2）	比例（%）	面积（km^2）	比例（%）	面积（km^2）	比例（%）	面积（km^2）	比例（%）
旱地	16.36	12.01	14.76	10.83	14.07	10.33	11.43	8.39	10.08	7.40
有林地	2.56	1.88	2.14	1.57	2.06	1.51	1.53	1.12	1.10	0.81
灌木林地	56.49	41.44	44.73	32.82	39.58	29.04	32.55	23.88	31.85	23.37
其他草地	41.28	30.29	34.44	25.27	30.86	22.64	26.45	19.4	22.55	16.55
采矿用地	0.23	0.17	21.09	15.47	32.34	23.73	47.76	35.04	59.10	43.36
城镇宅基地	0.18	0.13	0.18	0.13	0.18	0.13	0.18	0.13	0.18	0.13

续表

土地利用	建设前		达产年		首采区结束		三采区结束		四采区结束	
	面积（km^2）	比例（%）	面积（km^2）	比例（%）	面积（km^2）	比例（%）	面积（km^2）	比例（%）	面积（km^2）	比例（%）
农村宅基地	1.83	1.34	1.68	1.23	1.57	1.15	1.40	1.03	0.97	0.71
公路用地	2.24	1.64	2.23	1.64	2.19	1.6	2.14	1.57	2.11	1.55
农村道路	7.67	5.63	7.67	5.63	7.61	5.58	7.61	5.58	3.82	2.80
河流水面	6.76	4.96	6.76	4.96	5.33	3.91	4.86	3.56	4.28	3.14
坑塘水面	0.7	0.51	0.61	0.45	0.51	0.38	0.40	0.29	0.26	0.19
合计	136.3	100	136.3	100	136.3	100	136.3	100	136.3	100

3. 农业生产影响分析与评价

露天矿地表剥离和挖损将使耕地功能完全丧失，对农业生态系统造成较大的影响。如果不进行生态复垦，那么达产时将破坏耕地160.17hm^2，农业产值损失153.78万元/a；首采区开采结束后将破坏耕地228.54hm^2，农业产值损失219.42万元/a；三采区开采结束后耕地破坏面积将达493.08hm^2，农业产值损失473.40万元/a；四采区开采结束后耕地破坏面积将达628.02hm^2，农业产值损失602.95万元/a。但随着内排土的实施和生态综合整治，大部分受影响的土地可得到恢复，最终恢复耕地面积902.5hm^2，受破坏耕地的生产能力也将得到一定程度的恢复，甚至会超出原有的生产力。

4. 植被影响分析与评价

林草地是评价区最主要的植被类型，对生态环境质量调控起主导作用。评价区内的林地以人工林为主，主要包括杨、柳、槐树等，分布较为分散，主要是起到防护作用。至四采区开采结束后，林地受损总面积为2610.20hm^2，草地受损总面积为1872.78hm^2。在采取环评提出的“边开采、边复垦”生态恢复措施后，会逐渐恢复原有土地利用功能，大部分将恢复为林草地。

5. 水土流失影响分析与评价

项目区原地貌土壤侵蚀模数为8500t/(km^2·a)，煤炭开采扰动后的土壤侵蚀模数为21500~27000t/(km^2·a)。项目影响区原地貌的水土流失总量为1158.55t/a，在不采取任何措施的情况下，四采区开采结束时水土流失量将达2250.44t/a，增加了1091.89t/a。

6. 评价区生态系统完整性影响分析与评价

项目区自然生态系统的核心是生物，而生物有适应环境变化的能力和生产的能力，可以修补受到干扰的自然系统，使之始终维持波动平衡状态。当人类干扰过大，超越了生物的修补（调节）能力时，该自然系统将丧失维持平衡的能力。为了充分预测评价区生态影响的变化过程，本次评价采用类比分析的方法，借鉴山西平朔安太堡煤矿（含排土场治理区）开采前后的生态监测数据，分析某露天矿开采的生态系统影响和发展趋势。

随着露天矿采掘场内排和排土场到位，通过实施生态修复和重建工程，矿区人工生态系统的建设将取代原有的自然生态系统，区域内植被状况将向良好的方向发展，植被的覆盖度、种类、生产量等均会有所增加。露天矿进行营造水土保持林、防风固沙林、种植牧草等生态建设，增加了林草覆盖率和生物产量，有利于植被的生长。随着人工种植植物的发育生长和植被覆盖度的提高，将使作业区的植物生存环境逐渐变好，从而使原来被影响或破坏的植物也逐渐得到恢复，并超过原来的长势，使生态系统向着自然的顶级群落演替。

类比同一矿区的黑岱沟露天矿生态恢复情况来看，矿区采取生态恢复措施后，植物的多样性也会由于生态条件的改善而随之增加，达到并超过该地区原始的植物多样性。矿区植被覆盖度要比自然植被高出许多，乔木、灌木和草本植物覆盖度提高15%~30%。矿区生物量明显提高，其中草本植物生物量提高1.7~2倍，灌木的生物量提高了近2倍。以上变化说明矿区经过生态恢复和植被建设后，生态环境得到了极大改善。

四、生态恢复与重建规划

1. 采掘场区的生态恢复措施

采掘场占地范围内，自拉沟位置起沿着采掘推进方向实施表土剥离，剥离厚度为0.3m。首采区前期剥离表土集中堆放，待首采区内排土场形成稳定平台后覆土绿化；首采区后期、二采区、三采区及四采区剥离表土不设集中堆放区，在已经形成的内排土场平台随剥随覆。

在采掘场固定帮周边区域设置防护林，以减少对周边的影响。本项目将在达产第1年实现部分内排，第14年实现全部内排。随着采掘的推进，逐步形成内排土场平台。经覆土平整后，在平台上进行植被建设。

由于本区域自然气候条件恶劣，因此在内排土场平台上采用网格防护林布局，设置纵向和横向林地，相互交织成完整的林网。在网格化的林带内种植豆科牧草，迅速建立植被，防止风沙危害，并提高土壤肥力。经过一段时期的林草模数过渡，最终复垦为耕地和林地。

2. 外排土场区的生态恢复措施

外排土场在使用前，对占地范围内的表土进行剥离，在外排土场设置专门的表土临时堆土场，集中堆放，用于外排土场台阶平台及边坡绿化覆土。排土场周边的栏挡措施应按照水土保持方案设计的要求，先在排土场堆土上游边界设置浆砌石挡墙进行防护，并在外排土场外围修筑挡土围埂，然后在围埂内弃土，以减少排土在暴雨径流作用下对周边产生的危害。

外排土场在弃土过程中，由于裸露土体在风力作用下，对周边尤其是主风向下侧会造成一定的影响，因此，在外排土场北侧栽植防护林。排土场严格按照放坡要求分级放坡，在形成的台阶平台外围设置挡水围埂，在台阶平台挡水围梗上栽植灌木，撒播草籽进行防护。在形成的边坡上设置沙柳网格沙障并撒播草种进行防护。

排土场排土达到设计标高后，顶部形成永久的堆土平台，在平台周边设置挡水围埂，既可蓄水，又可减少平台汇水对堆土边坡的冲刷。由于顶部永久平台较大，因此用网格围埂将平台分割成100m的条块，在条块中间每隔50m设置横档，然后栽植灌木，撒播草籽绿化。

3. 其他设施建设区的生态恢复措施

其他设施区域对周边生态环境的破坏影响主要发生在建设期，采取的生态整治措施主要包括：施工前，在设施建设区内进行表土剥离；施工过程中，逐步完善截排水措施和栏挡措施，对于施工过程中产生的临时堆土需集中堆放，并在堆土区周围设置临时栏挡、排水、堆土表面苫盖等临时防护措施；施工结束后，建设区经土地整治后回覆表土，进行场地绿化和植被恢复。

1. 简述生态环境影响评价工作等级及评价范围的规划依据。
2. 生态环境现状调查与评价的主要内容。
3. 生态环境现状调查主要采用的方法。

第十章　环境风险评价

第一节　环境风险评价概述

一、环境风险

环境风险是指由自然原因或人类活动引起，通过自然环境传递，以自然灾害或人为事故表现出来，能对人类社会及自然环境产生破坏、损害甚至毁灭性作用的不期望事件的发生概率及后果。

环境风险有两个主要特点：不确定性和危害性。不确定性是指人们对事件发生的时间、地点、强度等难以准确预料；危害性是针对事件的后果而言的，具有风险的事件对其承受者造成威胁，并且一旦事件发生，就会对其承受者造成损失或危害。

根据产生原因的差异，可将环境风险分为化学风险、物理风险及自然灾害风险。化学风险是指对人类、动物、植物能发生毒害或其他不利影响的化学物品的排放、泄漏，或是有毒、易燃、易爆材料的泄漏而引起的风险；物理风险是指机械设备或机械、建筑结构的故障所引发的风险；自然灾害风险是指地震、台风、龙卷风、洪水等自然灾害引发的物理性和化学性风险。

二、环境风险评价的概念

环境风险评价（Environment Risk Assessment，ERA）是对事件的发生概率及在不同概率下事件后果的严重性进行评估，并决定采取哪些适宜的对策，主要关注与项目联系在一起的突发性灾难事故（主要包括易燃易爆物质、有毒有害物质、放射性物质在失控状态下的泄漏，大型技术系统如桥梁、水坝等的故障）造成的环境危害，这类风险评价常称为事故风险评价。环境风险评价主要关注的是事件发生的可能性及其发生后的影响。

环境风险评价被认为是环境影响评价的一个分支，是环境影响评价和工程（项目）风险安全评价的交叉，在条件允许的情况下，可利用安全评价数据开展环境风险评价。

环境风险评价与建设项目环境影响评价的主要区别，见表 10-1。

表 10-1　环境风险评价与建设项目环境影响评价的主要区别

序号	项目	环境风险评价	正常工况建设项目环境影响评价
1	分析重点	突发事故	正常运行工况
2	持续时间	很短	很长
3	应计算的物理效应	火、爆炸，向空气和地面释放污染物	向空气、地面水、地下水释放污染物、噪声、热污染等
4	释放类型	瞬时或短时间连续释放	长时间连续释放
5	应考虑的影响类型	突发性的激烈效应及事故后期的长远效应	连续的、累积的效应
6	主要危害受体	人和建筑、生态	人和生态
7	危害性质	急性中毒；灾难性的	慢性中毒
8	大气扩散模式	烟团模式、分段烟羽模式	连续烟羽模式

续表

序号	项目	环境风险评价	正常工况建设项目环境影响评价
9	照射时间	很短	很长
10	源项确定	较大的不确定性	不确定性很小
11	评价方法	概率方法	确定论方法
12	防范措施与应急计划	需要	不需要

三、建设项目环境风险评价

建设项目环境风险评价是对建设项目在建设和运行期间发生的可预测突发性事件或事故（一般不包括人为破坏及自然灾害）引起有毒有害、易燃易爆等物质泄漏，或突发事件产生的新的有毒有害物质，所造成的对人身安全与环境的影响和损害，进行评估，并提出防范、应急与减缓措施。

建设项目环境风险评价已经成为建设项目环境影响评价的重要组成之一，在建设项目环境影响报告书中为独立章节。

环境风险评价在条件允许的情况下，可利用安全评价数据开展环境风险评价。环境风险评价与安全评价的主要区别是：环境风险评价的关注点是事故对厂（场）界外环境的影响。

第二节　环境风险评价的工作内容

一、环境风险评价的目的和重点

环境风险评价的目的是分析和预测建设项目存在的潜在危险、有害因素，建设项目在建设和运行期间可能发生的突发性事件或事故（一般不包括人为破坏及自然灾害），引起有毒有害和易燃易爆等物质泄漏，所造成的人身安全与环境影响和损害程度，提出合理可行的防范、应急与减缓措施，以使建设项目的事故率、损失和环境影响达到可接受水平。

环境风险评价应把事故可能造成的厂（场）界外人群受到的伤害、环境质量的恶化及对生态系统影响的预测和防护作为评价工作重点。

二、环境风险评价的基本程序和内容

风险评价的内容包括以下 5 个方面。

（1）风险识别。此阶段的主要任务是通过危害识别确定风险是来自火灾、爆炸，还是来自有毒有害物质的释放。

（2）源项分析。此阶段的主要任务是确定最大可信事故及其概率。最大可信事故是指在所有预测的概率不为零的事故中，对环境（或健康）危害最严重的重大事故，包括导致有毒有害物质泄漏的火灾、爆炸和有毒有害物质泄漏事故，这些事故给公众带来严重危害，对环境造成严重污染。

（3）后果计算。此阶段的主要任务是估算有毒有害物质在环境中的迁移、扩散、浓度分布及人员受到的照射与剂量。

（4）风险计算和评价。此阶段的主要任务是给出风险的计算结果及评价范围内某给定人群的致死率或有害效应的发生率。

(5) 风险管理。该阶段的主要任务是提出减少风险，将事故损失减少到最少的管理措施。

根据《建设项目环境风险评价技术导则》(HJ/T169—2004)，环境风险评价的工作程序如图10-1所示。

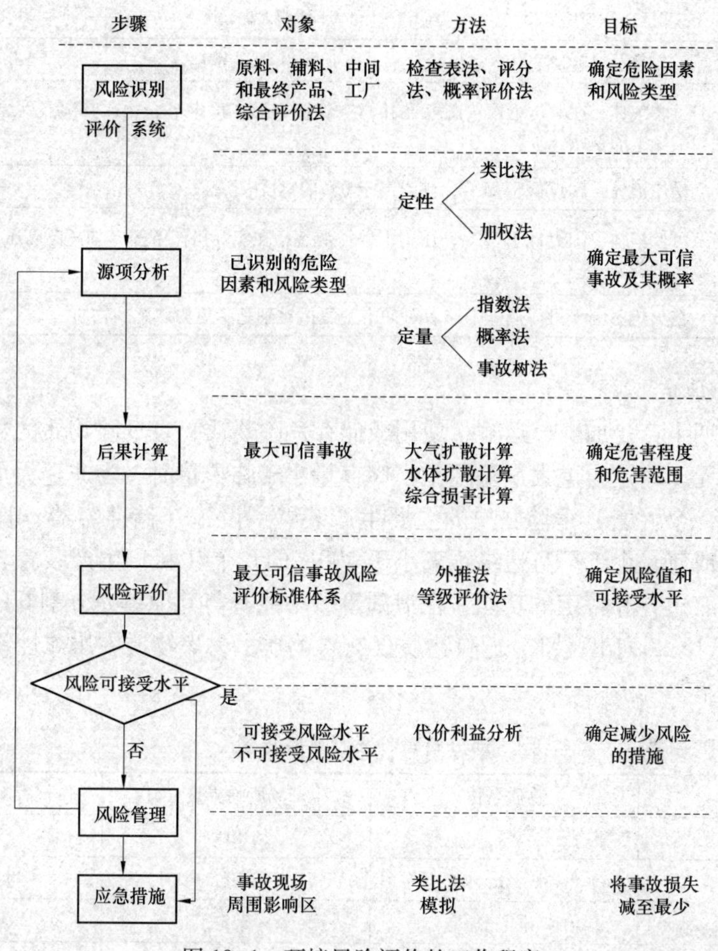

图10-1 环境风险评价的工作程序

三、环境风险评价的评价等级和范围确定

《建设项目环境风险评价技术导则》(HJ/T 169—2004) 根据评价项目的物质危险性和功能单元重大危险源判定结果，以及环境敏感程度等因素，将环境风险评价工作划分为一级、二级。

1. 物质危险性的判定

当一种物质或若干物质的混合物，由于它的化学、物理或毒性，而具有导致火灾、爆炸或中毒危险时，即为危险物质，包括有毒物质、易燃物质和爆炸性物质。经过对建设项目的初步工程分析，选择生产、加工、运输、使用或储存中涉及的1~3个主要化学品，按表10-2进行物质危险性判定。凡符合表10-2中有毒物质判定标准序号1、2的物质，属于剧毒物质；符合表中有毒物质判定标准序号3的物质，属于一般毒物；符合表中易燃物质和爆炸性物质标准的物质，均视为火灾、爆炸危险物质。

表 10-2 **物质危险性标准**

危险物	序号	LD_{50}（大鼠经口）(mg/kg)	LD_{50}（大鼠经皮）(mg/kg)	LC_{90}（小鼠吸入，4h）(mg/L)
有毒物质	1	<5	<1	<0.01
	2	$5<LD_{50}<25$	$10<LD_{50}<50$	$0.1<LD_{50}<0.5$
	3	$25<LD_{50}<200$	$50<LD_{50}<400$	$0.5<LD_{50}<2$
易燃物质	1	可燃气体：在常压下以气态存在并与空气混合形成可燃混合物；其沸点（常压下）在 20℃或 20℃以下的物质		
	2	易燃液体：闪点低于 21℃，沸点高于 0℃的物质		
	3	可燃液体：闪点低于 55℃，压力下保持液态，在实际操作条件（如高温高压）下可以引起重大事故的物质		
爆炸性物质		在火焰影响下可以爆炸，或者对冲击、摩擦比硝基苯更为敏感的物质		

2. 危险源的确定

凡长期或短期生产、加工、运输、使用或储存危险物质，且危险物质的数量等于或超过临界量的功能单元，均定为重大危险源；当储存量小于临界量时，为非重大危险源。功能单元是指至少包括一个（套）危险物质的主要生产装置、设施（储存容器、管道等）及环境保护处理设施，或属一个工厂且边缘距离小于 500m 的几个（套）生产装置、设施。每一个功能单元均应要有边界和特定的功能，在泄漏事故中能有与其他单元分割开的地方。

表 10-3~表 10-5 列出了部分危险物质（有毒物质、易燃物质、爆炸性物质）的名称及其临界量。

表 10-3 **部分有毒物质及其临界量**

序号	物质名称	生产场所临界量（t）	储存场所临界量（t）
1	氨	40	100
2	氧	10	25
3	碳酰氯	0.3	0.75
4	一氧化碳	2	5
5	三氧化硫	30	75
6	硫化氢	2	5
7	氟化氢	2	5
8	羰基硫	2	5
9	氯化氢	20	50
10	砷化氢	0.4	1
11	锑化氢	0.4	1
12	磷化氢	0.4	1
13	硒化氢	0.4	1
14	六氟化硒	0.4	1
15	六氟化锑	0.4	1

续表

序号	物质名称	生产场所临界量（t）	储存场所临界量（t）
16	氰化氢	8	20
17	氯化氰	8	20
18	乙撑亚胺	8	20
19	二硫化碳	40	100
20	氮氧化物	20	50
21	氟	8	20
22	二氟化氧	0.4	1
23	三氟化氯	8	20
24	三氟化硼	8	20

表 10-4　部分易燃物质及其临界量

序号	物质名称	生产场所临界量（t）	储存场所临界量（t）
1	正戊烷	2	20
2	环戊烷	2	20
3	甲醇	2	20
4	乙醇	2	20
5	乙酸甲酯	2	20
6	汽油	2	20
7	2-丁烯-1-醇	10	100
8	正丁醚	10	100
9	乙酸正丁酯	10	100
10	环已胺	10	100
11	乙酸	10	100
12	乙炔	1	10
13	1，2-丁二烯	1	10
14	环氧乙烷	1	10
15	石油气	1	10
16	天然气	1	10

表 10-5　部分易爆物质及其临界量

序号	物质名称	生产场所临界量（t）	储存场所临界量（t）
1	硝化丙三醇	0.1	1
2	二乙二醇二硝酸酯	0.1	1
3	叠氮（化）钡	0.1	1
4	叠氮（化）铅	0.1	1
5	2，4，6-三硝基苯酚	5	50
6	2，4，6-三硝基苯胺	5	50

续表

序号	物质名称	生产场所临界量（t）	储存场所临界量（t）
7	三硝基苯甲醚	5	50
8	三硝基（苯）酚 5	5	50
9	2，4，6-三硝基甲苯	5	50
10	硝化纤维素	10	100
11	硝酸铵	25	250
12	1，3，5-三硝基苯	5	50
13	2，4，6-三硝基苯二酚	5	50
14	六硝基-1，2-二苯乙烯	5	50

3. 敏感区的确定

敏感区是指《建设项目管理名录》中规定的需特殊保护地区、生态敏感与脆弱区及社会关注区。具体敏感区应根据建设项目和危险物质涉及的环境确定。

4. 评价工作级别的确定

评价工作级别按表 10-6 确定。

表 10-6　评价工作级别

	剧毒危险性物质	一般毒性危险性物质	可燃、易燃危险性物质	爆炸危险性物质
重大危险源	一级	二级	一级	一级
非重大危险源	二级	二级	二级	二级
环境敏感地区	一级	一级	一级	一级

一级评价应按标准对事故影响进行定量预测，说明影响范围和程度，提出防范、减缓和应急措施。

二级评价可参照标准进行风险识别、源项分析，并对事故影响进行简要分析，提出防范、减缓和应急措施。

5. 评价范围

危险化学品按其伤害阈和《工业场所有害因素职业接触限值　第一部分：化学有害因素》（GBZ 2. 1—2007）及敏感区位置，确定影响评价范围。

大气环境影响一级评价范围，距离源点不低于 5km；二级评价范围，距离源点不低于 3km 范围。地面水和海洋评价范围按《环境影响评价技术导则　地面水环境》（HJ/T 2. 3—93）规定执行。

四、环境风险识别

1. 风险识别的范围和类型

环境风险识别是指运用因果分析的原则，采用一定的方法从纷繁复杂的环境系统中找出均有环境风险因素的过程。

风险识别范围：包括生产设施风险识别和生产过程所涉及的物质风险识别。生产设施风险识别范围：主要生产装置、储运系统、公用工程系统、工程环保设施及辅助生产设施等。物质风险识别范围：主要原材料及辅助材料、燃料、中间产品、最终产品，以及生产过程排放的“三废”污染物等。

2. 风险识别的方法

环境风险识别可采用专家调查法、核查表法、事件树分析法和故障树分析法等，其中，事件树和故障树是较为常用的两种方法。

(1) 事件树分析。事件树分析 (Event Tree Analysis, ETA) 实际上是利用逻辑思维的方式，分析事故的形成过程。从初因事件出发，按照事件发展的时序分成多个阶段，对后续事件一步一步地进行分析，每一步都从成功和失败（可能与不可能）两种或多种可能的状态进行考虑（分支）；直到最后用水平树状图表示其后果的一种分析方法，以定性、定量地了解整个事故的动态变化过程及其各种状态的发生概率。

事件树分析过程通常包括 6 步：①确定初始事件（可能引发所关注的事故的初始事件）；②识别能消除初始事件的安全设计功能；③编制事件树；④描述导致事故的顺序；⑤确定事故顺序的最小割集；⑥编制分析结果。

事件树中各分支代表引发事件发生后可能的发展途径，其中导致系统发生事故的途径称为事故连锁。事故连锁中包含的引发事件和安全防护功能失败的输出事件构成了事件树中导致事故发生的事件的最小集合，即事件树的最小割集。同样，事件树中导致系统安全的途径也对应着事件树的最小径集，它是保证系统不发生事故的事件的最小集合。

(2) 故障树分析。故障树分析 (Fault Tree Analysis, FTA) 又称为事故树分析，是从结果到原因找出与灾害有关的各种因素之间因果关系和逻辑关系的分析法，是一种演绎分析方法。这种方法是把系统可能发生的事故放在图的最上面，称为顶上事件，按系统构成要素之间的关系，分析与灾害事故有关的原因。这些原因，可能是其他一些原因的结果，称为中间原因事件（或中间事件），应继续往下分析，直到找出不能进一步往下分析的原因为止，这些原因称为基本原因事件（或基本事件）。然后将特定的事故和各层原因（危险因素）之间用逻辑门符号连接起来，得到形象、简洁地表达其逻辑关系（因果关系）的逻辑树图形，即故障树。通过对故障树简化、计算达到分析、评价的目的。与事件树分析类似，在故障树分析中，能够引起顶上事件发生的一组事件的组合称为割集。如果去掉割集中任一事件都使其不能构成割集，则该割集称为最小割集。

五、源项分析

源项分析的主要任务是确定最大可信事故的发生概率及危险化学品的可能泄漏量。根据环境风险识别结果，根据危险源的具体情况，选取定性和定量分析方法进行源项分析。定性分析方法包括类比法、加权法和因素图分析法等；定量分析方法包括概率法和指数法等。

事故源强是指风险发生时污染源事故的排放强度，而根据度量单位的不同，事故排放强度又可以分为排放量、流量、浓度和时间 4 种指标。事故源强的确定主要包括危险化学品的泄漏时间及泄漏量。泄漏量的计算包括液体泄漏速率、气体泄漏速率、两相流泄漏、泄漏液体蒸发量计算等。泄漏源的形状会对泄漏量产生影响。泄漏源的几何形状可能是泄压阀失控形成的圆形孔，也可能是罐体脆裂形成的不规则裂纹，还可能是物体击穿容器形成的其他形状等。危险品泄漏时间有长有短，根据污染物泄漏时间的长短，排放方式大致分为三类：瞬时、连续、瞬时和连续并存。瞬时泄漏排放是指在极短暂的时间内污染物就泄放完毕，例如，储罐或其他容器的灾难性破裂、爆炸导致污染物瞬间释放完毕；连续泄漏是指污染物连续地、不间断地泄放；瞬时泄漏和连续泄漏并存的情况被称为非典型性泄漏。

污染物扩散与污染物的泄漏方式是紧密联系的。不同的泄漏方式会造成不同的泄漏量，正确分析泄漏源的特征以确定污染物的事故源强并建立适当的泄漏模型，是进行危险泄漏扩散分析的前提和基础。

泄漏量计算包括液体泄漏速率、气体泄漏速率、两相流泄漏、泄漏液体蒸发量计算。

1. 液体泄漏速率

液体泄漏主要针对装有液体危险品的储存罐等，泄漏速率与危险品的理化特性、罐槽内外压力差及裂口大小等因素有关。液体泄漏速率 Q_L，可用伯努利方程计算，即

$$Q_L = C_d A \rho \sqrt{\frac{2(P - P_0)}{\rho} + 2gh} \tag{10-1}$$

式中：Q_L为液体泄漏速率，kg/s；C_d为液体泄漏系数，取值0.6~0.64；A 为裂口面积，m^2；ρ 为液体的密度，kg/m^3；P 为容器内介质压力，Pa；P_0为环境压力，Pa；g 为重力加速度，取值 $9.8m/s^2$；h 为裂口之上液位高度，m。

式（10-1）的使用条件是液体在喷口内不应有急剧蒸发。

2. 气体泄漏速率

假设气体是理想气体，那么气体泄漏速率 Q_G 可按式（10-2）计算

$$Q_G = YC_d AP\sqrt{\frac{Mk}{RT_G}\left(\frac{2}{k+1}\right)^{\frac{k+1}{k-1}}} \tag{10-2}$$

式中：Q_G 为气体泄漏速率，kg/s。C_d为液体泄漏系数。当裂口形状为圆形时，取1.00；三角形时，取0.95；长方形时，取0.90。M 为分子量。k 为气体的绝热指数（热容比），即定压热容 C_P与定容热容 C_v之比。R 为摩尔气体常数，J/（mol·K）。T_G为气体温度，K。Y 为流出系数。对于临界流，Y=1；对于次临界流，可按式（10-3）计算

$$Y = \left(\frac{P_0}{P}\right)^{\frac{1}{k}} \times \left[1 - \left(\frac{P_0}{P}\right)^{\frac{k-1}{k}}\right]^{\frac{1}{2}} \times \left[\left(\frac{2}{k-1}\right) \times \left(\frac{k+1}{2}\right)^{\frac{k+1}{k-1}}\right]^{\frac{1}{2}} \tag{10-3}$$

临界流与非临界流的判断方式如下。

（1）当$\frac{P}{P_0} \leqslant \left(\frac{2}{k+1}\right)^{\frac{k}{k+1}}$时，气体流动属临界流（音速流动）。

（2）当$\frac{P}{P_0} > \left(\frac{2}{k+1}\right)^{\frac{k}{k+1}}$时，气体流动属次临界流（亚音速流动）。

3. 两相流泄漏的计算

假定液相和气相是均匀的，且互相平衡，则两相流泄漏速率 Q_{LG}可按式（10-4）计算

$$Q_{LG} = C_d A\sqrt{2\rho_m(P - P_C)} \tag{10-4}$$

式中：Q_{LG}为两相流泄漏速率，kg/s；C_d为两相流泄漏系数，可取0.8；A 为裂口面积，m^2；P 为操作压力或容器压力，Pa；P_C为临界压力，Pa，可取 $P_C = 0.55P$；ρ_m为两相混合物的平均密度，kg/m^3，可由式（10-5）计算

$$\rho_m = \frac{1}{\dfrac{F_v}{\rho_1} + \dfrac{1 - F_v}{\rho_2}} \tag{10-5}$$

式中：ρ_1为液体蒸发的蒸气密度，kg/m^3；ρ_2为液体密度，kg/m^3；F_v为蒸发的液体占液体总量的比例，可由式（10-6）计算

$$F_v = \frac{C_P(T_{LG} - T_C)}{H} \tag{10-6}$$

式中：C_P为两相混合物的定压比热，J/（kg·K）；T_{LG}为两相混合物的温度，K；T_C为液体在临界压力下的沸点，K；H为液体的汽化热，J/kg。

当$F_v>1$时，表明液体将全部蒸发成气体，这时应按气体泄漏计算；若F_v很小，则可近似地按液体泄漏公式计算。

4. 泄漏液体蒸发量的计算

泄漏液体的蒸发分为闪蒸蒸发、热量蒸发和质量蒸发三种，其蒸发总量为这三种蒸发的蒸发量之和。

（1）闪蒸量的计算。过热液体闪蒸量可按式（10-7）计算

$$Q_1 = F \times W_T / t_1 \tag{10-7}$$

式中：Q_1为闪蒸量，kg/s；W_T为液体泄漏总量，kg；t_1为闪蒸蒸发时间，s；F为蒸发的液体占液体总量的比例，可按式（10-8）计算

$$F = C_P \frac{T_L - T_b}{H} \tag{10-8}$$

式中：C_P为液体的定压比热，J/（kg·K）；T_L为泄漏前液体的温度，K；T_b为液体在常压下的沸点，K；H为液体的汽化热，J/kg。

（2）热量蒸发的估算。当液体闪蒸不完全，有一部分液体在地面形成液池，并吸收地面热量而汽化，称为热量蒸发。热量蒸发的蒸发速率Q_2按式（10-9）计算

$$Q_2 = \frac{\lambda S \times (T_0 - T_b)}{H\sqrt{\pi \alpha t}} \tag{10-9}$$

式中：Q_2为热量蒸发速率，kg/s；λ为表面热导系数（见表10-7），W/（m·K）；S为液池面积，m^2；T_0为环境温度，K；T_b为沸点温度，K；H为液体汽化热，J/kg；α为表面热扩散系数（见表10-7），m^2/s；t为蒸发时间，s。

表10-7 某些地面的热传递性质

地面类型	λ［W/（m·K）］	α（m^2/s）
混凝土	1.1	1.29×10^{-7}
土地（含水8%）	0.9	4.3×10^{-7}
干阔土地	0.3	2.3×10^{-7}
湿地	0.6	3.3×10^{-7}
砂砾地	2.5	11.0×10^{-7}

（3）质量蒸发估算。当热量蒸发结束，转由液池表面气流运动使液体蒸发，称为质量蒸

发。质量蒸发速率 Q_3 按式（10-10）计算

$$Q_3 = \alpha \times P \times M/(R \times T_0) \times u^{(2-n)(2+n)} \times r^{(4-n)/(2+n)} \tag{10-10}$$

式中：Q_3 为质量蒸发速率，kg/s；α、n 为大气稳定度系数（见表 10-8）；P 为液体表面蒸气压，Pa；R 为气体常数；J/（mol · K）；T_0 为环境温度，K；u 为风速，m/s；r 为液池半径，m。

表 10-8　　液池蒸发模式参数

稳定度条件	n	α
不稳定（A，B）	0.2	3.846×10^{-3}
中性（D）	0.25	4.685×10^{-3}
稳定（E，F）	0.3	5.285×10^{-3}

（4）液体蒸发总量的计算。液蒸发总量 W_P 的计算公式为

$$W_P = Q_1 t_1 + Q_2 t_2 + Q_3 t_3 \tag{10-11}$$

式中：W_P 为液体蒸发总量，kg；Q_1 为闪蒸蒸发液体量，kg/s；t_1 为闪蒸蒸发时间，s；Q_2 为热量蒸发速率，kg/s；t_2 为热量蒸发时间，s；Q_3 为质量蒸发速率，kg/s；t_3 为从液体泄漏到液体全部处理完毕的时间，s。

六、后果的计算

1. 有毒有害物质在大气中的扩散

有毒有害物质在大气中的扩散，可采用多烟团模式或分段烟羽模式、重气体扩散模式等计算。首先，按一年气象资料逐时滑移或按天气取样规范取样，计算各网格点和关注点浓度值，然后，将浓度值由小到大排序，取其累积概率水平为 95%的值，作为各网格点和关注点的浓度代表值进行评价。

（1）多烟团模式。在事故后果评价中采用的烟团公式为

$$C(x,\ y,\ 0) = \frac{2Q}{(2\pi)^{3/2}\sigma_x\sigma_y\sigma_z}\exp\left[-\frac{(x-x_0)^2}{2\sigma_x^2}\right]\exp\left[-\frac{(y-y_0)^2}{2\sigma_y^2}\right]\exp\left[-\frac{z_0^2}{2\sigma_z^2}\right] \tag{10-12}$$

式中：$C(x, y, 0)$ 为下风向地面（x，y）坐标处的空气中污染物浓度，mg/m^3；（x_0，y_0，z_0）为烟团中心坐标；Q 为事故期间烟团的排放量；σ_x，σ_y，σ_z 为 x、y、z 方向的扩散参数，m，常取 $\sigma_x=\sigma_y$。

对于瞬时或短时间事故，可采用下述多烟团模式

$$C_w^i(x,\ y,\ 0,\ t_w) = \frac{2Q'}{(2\pi)^{3/2}\sigma_{x,\ \mathrm{eff}}\sigma_{y,\ \mathrm{eff}}\sigma_{z,\ \mathrm{eff}}}\exp\left(-\frac{H_e^2}{2\sigma_{x,\ \mathrm{eff}}^2}\right)\exp\left[-\frac{(x-x_w^i)^2}{2\sigma_{x,\ \mathrm{eff}}^2}-\frac{(y-y_w^i)^2}{2\sigma_{y,\ \mathrm{eff}}^2}\right] \tag{10-13}$$

$$Q' = Q\Delta t$$

式中：$C_w^i(x, y, 0, t_w)$ 为第 i 个烟团在 t_w 时刻（即第 w 时段）在点（x，y，0）产生的地面浓度，mg/m^3。Q' 为烟团排放量，mg。Q 为释放速率，mg/s。Δt 为时段长度，s。$\sigma_{x,\mathrm{eff}}$、$\sigma_{y,\mathrm{eff}}$、$\sigma_{z,\mathrm{eff}}$ 为烟团在第 w 时段沿 x、y 和 z 方向的等效扩散参数，m。可由式（10-14）和式（10-15）估算。x_w^i，y_w^i 为第 w 时段结束时第 i 个烟团质心的 x 和 y 坐标，可由式（10-16）

和式（10-17）计算。

$$\sigma_{j,\ \mathrm{eff}}^2 = \sum_{k=1}^{w} \sigma_{j,\ k}^2 \quad (j = x,\ y,\ z) \tag{10-14}$$

$$\sigma_{j,\ k}^2 = \sigma_{j,\ k}^2(t_k) - \sigma_{j,\ k}^2(t_{k-1}) \tag{10-15}$$

$$x_w^i = u_{x,\ w}(t - t_{w-1}) + \sum_{k=1}^{w-1} u_{x,\ k}(t_k - t_{k-1}) \tag{10-16}$$

$$y_w^i = u_{y,\ w}(t - t_{w-1}) + \sum_{k=1}^{w-1} u_{y,\ k}(t_k - t_{k-1}) \tag{10-17}$$

各个烟团对某个关注点 t 小时的浓度贡献，按式（10-18）计算

$$C(x,\ y,\ 0,\ t) = \sum_{i=1}^{n} C_i(x,\ y,\ 0,\ t) \tag{10-18}$$

式中：n 为需要跟踪的烟团数，可由式（10-19）确定

$$C_{n+1}(x,\ y,\ 0,\ t) \leqslant f \sum_{i=1}^{n} C_i(x,\ y,\ 0,\ t) \tag{10-19}$$

式中：f 为小于 1 的系数，可根据计算要求确定。

（2）分段烟羽模式。当事故排放源项持续时间较长（几小时至天）时，可采用高斯烟羽模型公式计算，即

$$C = \frac{Q}{2\pi u \sigma_y \sigma_z} \exp\left(-\frac{y_{\mathrm{r}}^2}{2\sigma_y^2}\right) \left\{\exp\left[-\frac{(z_{\mathrm{s}} + \Delta h - z_{\mathrm{r}})^2}{2{\sigma_z}^2}\right] + \exp\left[-\frac{(z_{\mathrm{s}} + \Delta h + z_{\mathrm{r}})^2}{2\sigma_{z2}}\right]\right\} \tag{10-20}$$

式中：C 为位于 S（0，0，z_{s}）的点源在接收点 r（x_{r}，y_{r}，z_{r}）产生的浓度。

短期扩散因子（C/Q）可表示为

$$(C/Q) = \frac{1}{2\pi u \sigma_y \sigma_z} \exp\left(-\frac{{y_{\mathrm{r}}}^2}{2{\sigma_y}^2}\right) \left\{\exp\left[-\frac{(z_{\mathrm{s}} + \Delta h - z_{\mathrm{r}})^2}{2\sigma_z^2}\right] + \exp\left[-\frac{(z_{\mathrm{s}} + \Delta h + z_{\mathrm{r}})^2}{2\sigma_z^2}\right]\right\} \tag{10-21}$$

式中：Q 为污染物释放速率，mg/s；Δh 为烟羽抬升高度，m；σ_y、σ_z 为下风距离 x_{r}（m）处的水平方向扩散参数和垂直方向扩散参数，扩散参数可按式（10-14）和式（10-15）计算。

2. 有毒有害物质在水中的扩散

有毒有害物质在水中的扩散，一般必须考虑它在水和水中颗粒的分配过程，吸附、解吸、输移的对流扩散及生物化学转移（光解、水解、生物降解）等过程。有毒物质在湖泊、河流中的扩散模型，可参考地表水中瞬时（突发性）污水扩散数学模型。

油污染在突发性污染事件中占有一定的比重。在突发性风险评价中，比较关心的是石油排放后浓度的时空变化（乳化或溶解于水后的浓度），油膜扩散面积及中心迹随海流（潮流）、风向的漂流位置和范围，而要回答这三个问题，就必须对水动力学模型，即海流流场予以研究，在此不再深入探讨。

七、风险计算和评价

1. 风险计算

（1）危害计算。任意毒物泄漏，从吸入途径造成的效应包括：感官刺激或轻度伤害、确定性效应（急性致死）、随机性效应（致癌或非致癌等效致死率）。对于毒性影响，通常采用概率函数形式计算有毒物质从污染源到一定距离能造成死亡或伤害的经验概率的剂量。

概率 Y 与接触毒物浓度及接触时间的关系为

$$Y = A_t + B_t \log e^{(D^n \times t_e)} \tag{10-22}$$

式中：A_t、B_t和 n 与毒物性质有关；D 为接触的浓度，kg/m³；t_e 为接触时间，s；$D^n \times t_e$ 为毒性负荷。

在一个已知点，其毒物浓度随着雾团的通过和稀释而变化。

由于目前许多物质的 A_t、B_t和 n 参数有限，因此，在危害计算中仅选择对有成熟参数的物质按上述计算式进行详细计算。

在实际应用中，可用简化分析法，用 LC_{50}浓度来求毒性影响。若事故发生后下风向某处，化学污染物 i 的浓度最大值 $D_{i\max}$大于或等于化学污染物 i 的半致死浓度 LC_{i50}，则事故导致评价区内因发生污染物致死确定性效应而致死的人数 C_i的计算公式为

$$C_i = \sum_{\ln} 0.5N(X_{i\ln}, Y_{j\ln}) \tag{10-23}$$

式中：$N(X_{i\ln}, Y_{j\ln})$ 为浓度超过污染物半致死浓度区域中的人数。

最大可信事故所有有毒有害物泄漏所致环境危害 C，为各种危害 C_i的总和，即

$$C = \sum_{i=1}^{n} C_i \tag{10-24}$$

（2）风险值计算。

风险值是风险评价表征量，包括事故的发生概率和事故的危害程度。定义为

风险值（后果/时间）= 概率（事故数/单位时间）×危害（损害/事件）

即

$$R = PC \tag{10-25}$$

式中：R 为风险值；P 为最大可信事故概率，事件数/单位时间；C 为最大可信事故造成的危害，损害/事件。

风险评价需要从各功能单元的最大可信事故风险 R_i中，选取危害最大的作为本项目的最大可信灾害事故，并以此作为风险可接受水平的分析基础，即

$$R_{\max} = f(R_i) \tag{10-26}$$

2. 风险评价

风险评价的目的就是将求出的项目最大可信灾害事故风险值 $R_{\max}$与同行业可接受的风险水平 R_L 比较，当 $R_{\max} \leq R_L$时，认为本项目的建设、风险水平是可以接受的；当 $R_{\max} > R_L$时，则需要对该项目采取降低事故风险的措施，以使 $R_{\max}$达到可接受水平，否则项目的建设是不可接受的。

第三节　环境风险管理

风险管理是指根据风险评价的结果，确定可接受风险度和可接受的损害水平，综合考虑

社会经济和政治因素，进行削减风险的费用和效益分析，确定有效的控制技术及管理措施，以降低或消除该风险度，保护人群健康与生态系统的安全。因此环境风险管理的内容一般应包括风险防范措施和应急预案。

一、风险防范措施

风险存在于生产的每一个环节，生产、运输、储存，因此应站在“生命周期”的高度看待风险管理，从项目的立项之始就规划设计相应的风险防范措施。

在项目立项阶段，选址时就应考虑厂址与周围居民区、环境保护目标间的卫生防护距离，在厂区周围工矿企业、车站、码头、交通干道等设置安全防护距离和防火间距。

在项目规划设计阶段，厂区总平面布置应符合防范事故要求，有应急救援设施及救援通道、应急疏散通道及避难所。进行工艺技术设计时应考虑安全防范措施，例如，自动监测、报警、紧急切断及紧急停车系统；防火、防爆、防中毒等事故处理系统；应急救援设施及救援通道；应急疏散通道及避难所；对有可燃气体、有毒气体的功能单元设置检测报警系统和在线分析系统。

对危险化学品储运推出安全防范措施。对储存的危险化学品数量构成危险源的储存地点、设施和储存量提出要求，与环境保护目标和生态敏感目标的距离应符合国家有关规定。

制定电气、电信安全防范措施，对爆炸危险区域、腐蚀区域进行划分，制定防腐防爆方案。

建立消防及火灾报警系统，紧急救援站和有毒气体防护站。

二、应急预案

根据《建设项目环境风险评价技术导则》（HJ/T 169—2004），应急预案的主要内容见表10-9。

表10-9　　应急预案的主要内容

序号	项目	内容及要求
1	应急计划区	危险目标：装置区、储罐区、环境保护目标
2	应急组织机构、人员	工厂、地区应急组织机构、人员
3	预案分级响应条件	规定预案的级别及分级响应程序
4	应急救援保障	应急设施、设备与器材等
5	报警、通信联络方式	规定应急状态下的报警通信方式、通知方式以及交通保障、管制
6	应急环境监测、抢险、救援及控制措施	由专业队伍负责对事故现场进行侦查监测，对事故性质、参数与后果进行评估，为指挥部门提供决策依据
7	应急检查、防护措施、消除泄漏措施和器材	事故现场、邻近区域、控制防火区域，控制和消除污染设施及相应设备
8	人员紧急撤离、疏散，应急剂量控制，撤离组织计划	事故现场、工厂邻近区、受事故影响的区域人员及公众对毒物应急剂量控制规定，撤离组织计划及救护，医疗救护与公众健康
9	事故应急救援关闭程序与恢复措施	规定应急状态终止程序；事故现场善后处理，恢复措施；邻近区域解除事故警戒及善后恢复措施
10	应急培训计划	应急计划制订后，平时安排人员培训和演练
11	公众教育和信息	对于工厂邻近地区开展公众教育、培训和发布有关信息

第四节 环境风险评价案例分析

某化工项目液氯储罐泄漏事故风险评价见表 10-10～表 10-17。

表 10-10 项目主要危险物质一览表

序号	物质名称	危险性分类	闪点（℃）	爆炸极限%（v/v）	急性毒性
1	液氯	第 2 类，第 3 项，有毒气体	—	12. 5～80	LC_{50}：850mg/m^3（大鼠吸入）

表 10-11 项目危险化学品重大危险源辨识结果一览表

序号	风险物质	临界量（t）	本项目（t）	识别依据（比值加和）	是否构成重大危险源
1	氯	5	188	37. 6>1	是

表 10-12 物质危险性标准一览表

		LD_{50}（大鼠经口）（mg/kg）	LD_{50}（大鼠经皮）（mg/kg）	LC_{50}（小鼠吸入，4h）（mg/L）
有毒物质	1	<5	<1	<0. 01
	2	$5<LD_{50}<25$	$10<LD_{50}<50$	$0.1<LC_{50}<0.5$
	3	$25<LD_{50}<200$	$50<LD_{50}<400$	$0.5<LC_{50}<2$
易燃物质	1	可燃气体：在常压下以气态存在并与空气混合形成可燃混合物；其沸点（常压下）是 20℃或 20℃以下的物质		
	2	易燃液体：闪点低于 21℃，沸点高于 20℃的物质		
	3	可燃液体：闪点低于 55℃，压力下保持液态，在实际操作条件下（如高温高压）可以引起重大事故的物质		
爆炸性物质		在火焰影响下可以爆炸，或者对冲击、摩擦比硝基苯更为敏感的物质		

表 10-13 环境风险评价等级划分依据一览表

项目	剧毒危险性物质	一般毒性危险物质	可燃、易燃危险性物质	爆炸危险性物质
重大危险源	一级	二级	一级	一级
非重大危险源	二级	二级	二级	二级
环境敏感地区	一级	一级	一级	一级

项目所在地不属于环境敏感区。结合危险化学品重大危险源辨识的结果，该项目的环境风险评价等级确定为一级。

表 10-14 评价范围内敏感保护目标情况表

序号	相对厂址方位	与厂界距离（m）	人口数（人）
1	E	1789	1755
2	SE	1549	2177

续表

序号	相对厂址方位	与厂界距离（m）	人口数（人）
3	SE	3324	1304
4	SE	4084	1114
5	SE	4687	188
6	SW	4328	311
7	SW	4894	425
8	W	4482	2134
9	W	4933	176
10	NW	3681	828
11	NW	4562	179
12	NW	4602	369
13	NW	3742	1876
14	NW	3409	1083
15	NW	4305	1388
16	NW	4437	352
17	N	4862	1921

表 10-15　储罐泄漏事故源项强度一览表

事故工况	泄漏速率（kg/s）	事故持续时间（min）	泄漏量（kg）	泄漏口蒸发速率（kg/s）	液池蒸发速率（kg/s）	蒸发时间（s）	蒸发量（kg）
液氯储罐管线泄漏	126.96	5	38088	114.92	12.04	15	1904.4

表 10-16　风险评价标准

名称	LC_{50}（mg/m^3）	IDLH（mg/m^3）
氯气	850	88

表 10-17　该区域近三年各气象条件联合频率（%）（2008~2010 年）

稳定度	风速（m/s）	N	NNE	NE	ENE	E	ESE	SE	SSE	S	SSW
D	<1.5	0.25	0.21	0.27	0.07	0.21	0.11	0.48	0.39	0.39	0.21
	1.5~3	0.50	0.64	1.16	0.52	0.73	0.68	1.25	0.96	1.82	1.09
	3.1~5	0.91	0.91	1.51	0.80	0.73	0.62	0.78	0.66	0.96	0.62
	5~7	0.30	0.43	1.14	0.52	0.25	0.23	0.27	0.30	0.50	0.39
	>7.0	0.09	0.32	0.66	0.41	0.07	0.07	0.07	0.02	0.07	0.16
E	<1.5	0.41	0.25	0.55	0.23	0.30	0.25	0.89	0.66	0.89	0.32
	1.5~3	0.62	0.36	0.66	0.50	1.03	0.89	1.73	1.03	2.12	1.39
	3.1~5	0.05	0.02	0.07	0.25	011	0.18	0.09	0.23	0.16	0.14

续表

稳定度	风速（m/s）	N	NNE	NE	ENE	E	ESE	SE	SSE	S	SSW
F	<1.5	0.36	0.18	0.36	0.14	0.21	0.02	0.68	0.27	1.05	0.50
	1.5~3	0.30	0.25	0.46	0.27	0.66	0.50	0.87	0.78	1.46	1.23

稳定度	风速	SW	WSW	W	WNW	NW	NNW	C
D	<1.5	0.23	0.05	0.21	0.05	0.16	0.16	0.59
	1.5~3	0.91	0.41	0.96	0.82	1.21	0.46	
	3.1~5	0.80	0.57	0.64	0.73	1.37	0.34	
	5~7	0.50	0.07	0.09	0.21	0.68	0.52	
	>7.0	0.25	0.05	0.00	0.09	0.48	0.57	
E	<1.5	0.43	0.14	0.27	0.16	0.21	0.21	0.80
	1.5~3	1.32	0.66	0.84	0.66	0.75	0.32	
	3.1~5	0.25	0.21	0.14	0.16	0.25	0.05	
F	<1.5	0.39	0.09	0.36	0.05	0.18	0.09	0.71
	1.5~3	0.73	0.25	0.41	0.30	0.18	0.11	

注 F类稳定度条件下静风（*C*）为最不利条件，出现频率为0.0071；E类稳定度条件下静风为最不利条件，出现频率为0.008。

类比《建设项目环境风险评价技术导则》中附录A中提供的事故概率推荐值，本项目最大可信事故概率确定为2.60×10^{-7}。

根据全国化工行业的统计，化工行业可接受的事故风险率为5×10^{-4}，风险统计值为8.33×10^{-5}/a。利用多烟团模式进行计算，发生液氯泄漏事故时泄漏源周围的1250m范围为半致死百分率区。项目周围1250m内事故发生时确定受害人群最多约1100人。

经计算液氯储罐泄漏风险值为1.15×10^{-6}/a，低于化工行业风险统计值8.33×10^{-5}/a，表明本项目风险水平与同行业比较是可以接受的。

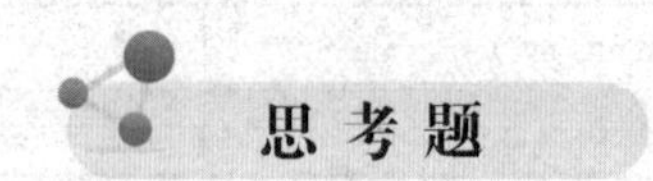

思考题

1. 简述环境风险的概念。
2. 环境风险包括哪几种形式？
3. 简述环境风险评价的工作程序。

第十一章　公众参与及社会稳定风险评估

第一节　公　众　参　与

环境影响评价中的“公众参与”是指有关单位、专家和公众通过一定的途径和方式，遵循一定的程序，参与和其环境权益有关的环境影响评价活动，使制定规划或者审批建设项目的决策活动符合广大公众的利益。

1979年，《中华人民共和国环境保护法（试行）》首次把环境影响评价制度引入中国。1991年后，公众参与环境影响评价得到了相关部门的重视。1998年，《建设项目环境保护管理条例》中第十三条规定：“建设单位编制的环境影响报告书，应当依照有关法律规定，征求建设项目所在地有关单位和居民的意见。”2002年，《中华人民共和国环境影响评价法》中第五条规定：“国家鼓励有关单位、专家和公众以适当方式参与环境影响评价。”环境影响评价的立法为公众参与环境影响评价的法制化奠定基础。2006年，《环境影响评价公众参与暂行办法》（环发2006［28］号，以下称《暂行办法》）中第五条、第八条、第九条、第十二条对公众参与环境影响评价的一般要求、公众参与的组织形式做了规定，并增加了公众参与在环境影响评价的前期介入。规定环境影响报告书中没有公众参与篇章的，环境保护行政主管部门不得受理，以上规定提高了公众参与环境影响评价的有效性。

从以上发展历程可以看出，公众参与环境影响评价在中国得到了较大的发展，从原先的相关规定到逐渐走向立法，公众参与的范围、途径也不断得到完善。

一、公众参与的作用

公众参与是建设项目环境影响评价的重要组成部分，是环评单位、项目建设单位与社会公众之间的一种双向交流。其目的在于获取项目周边居民、单位及相关的专家等对该项目建设前后在区域环境质量方面、项目环保治理措施方面的意见、建议和要求，为总体认识项目建成后的环境、经济和社会效益提供参考。公众参与的作用包括：首先，公众参与维护了公众合法的环境权益，在环境影响评价中体现了以人为本的原则；其次，通过公众参与可以更全面地了解环境背景信息，发现潜在环境问题，提高环境影响评价的科学性和针对性；通过公众参与，可提高环保措施的合理性和有效性。

二、公众参与的总体原则

1. 知情原则

信息公开应在调查公众意见前开展，以便公众在知情的基础上提出有效意见。《暂行办法》中有以下规定。

第一次信息公示的时间：应于环境影响评价委托后7日内开展第一次信息公示，信息公示的时间不少于10个工作日。

第二次信息公示的时间：应于环境影响报告书基本编制完成后，并且形成报告书简本后，开展第二次信息公示，信息公示的时间不少于10个工作日，一般同时公示报告书简本。

公众参与问卷发放及调查时间：应在第二次信息公示结束后开展公众参与问卷调查或召开座谈会、专家论证会等。

在调查前公开环评报告的信息，有利于公众充分了解项目的建设内容、时间、所采取的环保措施、项目对环境的污染程度等关键性内容，在此基础上才能提出有效意见。

2. 公开原则

在公众参与的全过程中，应保证公众能够及时、全面、真实地了解建设项目的相关情况。《暂行办法》中规定：建设单位或者其委托的环境影响评价机构在编制环境影响报告书的过程中，环境保护行政主管部门在审批或者重新审核环境影响报告书的过程中，应当公开有关环境影响评价的信息，征求公众意见。建设单位或者其委托的环境影响评价机构征求公众意见的期限不得少于10日。对于在《建设项目环境分类管理名录》中规定的环境敏感区建设的需要编制环境影响报告书的项目，建设单位应当在确定了承担环境影响评价工作的环境影响评价机构后7日内，向公众公告项目信息。公告内容如下。

（1）建设项目的名称及概要。

（2）建设项目的建设单位的名称和联系方式。

（3）承担评价工作的环境影响评价机构的名称和联系方式。

（4）环境影响评价的工作程序和主要工作内容。

（5）征求公众意见的主要事项。

（6）公众提出意见的主要方式。

《暂行办法》中第九条规定：建设单位或者其委托的环境影响评价机构在编制环境影响报告书的过程中，应当在报送环境保护行政主管部门审批或者重新审核前，向公众公告如下内容。

（1）建设项目情况简述。

（2）建设项目对环境可能造成影响的概述。

（3）预防或者减轻不良环境影响的对策和措施的要点。

（4）环境影响报告书提出的环境影响评价结论的要点。

（5）公众查阅环境影响报告书简本的方式和期限，以及公众认为必要时向建设单位或者其委托的环境影响评价机构索取补充信息的方式和期限。

（6）征求公众意见的范围和主要事项。

（7）征求公众意见的具体形式。

（8）公众提出意见的起止时间。

3. 平等原则

努力建立利害相关方之间的相互信任，不回避矛盾和冲突，平等交流，充分理解各种不同意见，避免主观和片面。

4. 广泛原则

设法使不同社会、文化背景的公众参与进来，在重点征求受建设项目直接影响公众意见的同时，保证其他公众有发表意见的机会。《暂行办法》中规定：被征求意见的公众必须包括受建设项目影响的公民、法人或者其他组织的代表。建设单位或者其委托的环境影响评价机构、环境保护行政主管部门，应当综合考虑地域、职业、专业知识背景、表达能力、受影响程度等因素，合理选择被征求意见的公民、法人或者其他组织。

5. 便利原则

根据建设项目的性质及所涉及区域公众的特点，选择公众易于获取的信息公开方式和便于公众参与的调查方式。例如，采用在项目周围张贴告示的方式向公众告知项目相关内容，以补充网络公示等其他方式，便于不方便上网的公众及时获取项目信息。

三、公众参与的程序和方式

1. 公众参与的程序

公众参与是环境影响评价过程的一个组成部分，其工作程序及与环境影响评价程序的关系如图 11-1 所示。

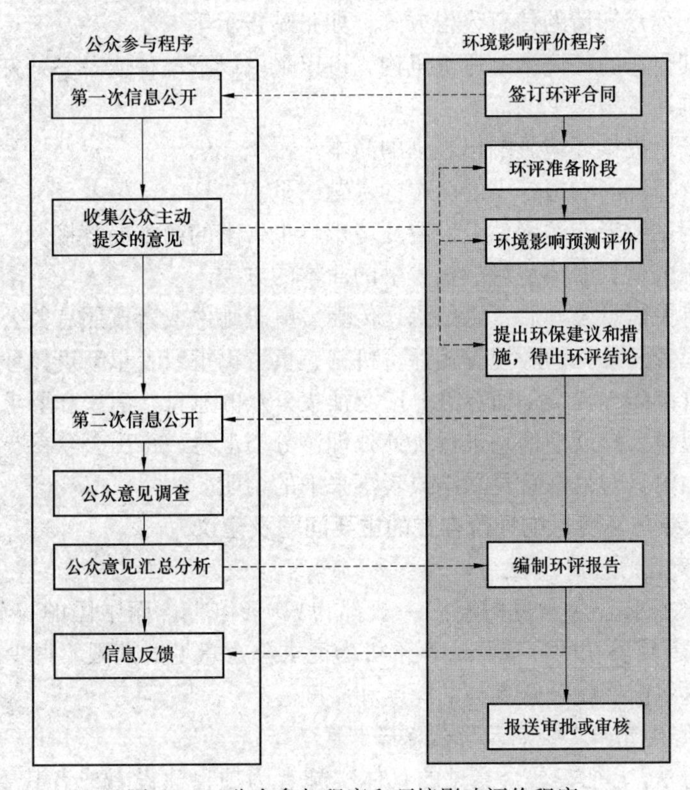

图 11-1　公众参与程序和环境影响评价程序

2. 公众参与的方式

《暂行办法》较为详细地阐述了公众参与环境影响评价可采取调查公众意见和咨询专家意见，座谈会和论证会、听证会等方式，并详细阐述了听证会的具体实施程序。调查公众意见常采取问卷调查方式，调查内容的设计应当简单、通俗、明确、易懂，避免设计可能对公众产生明显诱导的问题。问卷的发放范围应当与建设项目的影响范围相一致。问卷的发放数量应当根据建设项目的具体情况，综合考虑环境影响的范围和程度、社会关注程度、组织公众参与所需要的人力和物力资源及其他相关因素确定。建设单位或者其委托的环境影响评价机构、环境保护行政主管部门，应当综合考虑地域、职业、专业知识背景、表达能力、受影响程度等因素，合理选择被征求意见的公民、法人或者其他组织。建设单位或者其委托的环境影响评价机构，如果决定以座谈会或者论证会的方式征求公众意见，那么应当根据环境影响的范围和程度、环境因素和评价因子等相关情况，合理确定座谈会或者论证会的主要议题。应当在座谈会或者论证会召开 7 日前，将座谈会或者论证会的时间、地点、主要议题等事项，书面通知有关单位和个人。在座谈会或者论证会结束后 5 日内，根据现场会议记录整理制作座谈会议纪要或者论证结论，并存档备查。会议纪要或者论证结论应当如实记载不同意见。

在调查公众意见之前，应发布信息公告，让公众充分了解项目情况，《暂行办法》中规定：建设单位或者其委托的环境影响评价机构，可以采取以下一种或者多种方式发布信息公告。

（1）在建设项目所在地的公共媒体上发布公告。

（2）公开免费发放包含有关公告信息的印刷品。

（3）其他便利公众知情的信息公告方式，如张贴告示等。

建设单位或其委托的环境影响评价机构，可以采取以下一种或者多种方式，公开便于公众理解的环境影响评价报告书的简本。

（1）在特定场所提供环境影响报告书的简本。

（2）制作包含环境影响报告书的简本的专题网页。

（3）在公共网站或者专题网站上设置环境影响报告书的简本的链接。

（4）其他便于公众获取环境影响报告书的简本的方式。

公众可以在有关信息公开后，以信函、传真、电子邮件或者按照有关公告要求的其他方式，向建设单位或者其委托的环境影响评价机构、负责审批或者重新审核环境影响报告书的环境保护行政主管部门，提交书面意见。广泛征集公众的意见、建议和要求后，建设单位或其委托的环评单位对公众反馈信息进行统计处理、分类汇总，得出公众参与调查结论，并在环境影响报告书中附具对公众意见采纳或者不采纳的说明。

四、中国公众参与环境影响评价存在的主要问题及建议

1. 征求公众意见的时间过短

国外很多国家征求公众意见的期限一般都为 30 天以上，而中国的《暂行办法》中规定："建设单位或者其委托的环境影响评价机构征求公众意见的期限不得少于 10 日。"时间比国外短很多，这将会影响公众参与的深度和广度。

2. 缺少相应的监管问责机制及司法保障制度

根据《暂行办法》，征集公众意见的具体实施者为项目建设者或者其委托的环评机构。在实际操作中一般由项目建设者去征集调查，但项目建设者本身就是环评结论的直接利益关系人，在此过程中又缺乏相应的监管问责机制和司法保障，公众调查的真实性就大打折扣。另外，关于公众参与环境影响评价方面的法律法规不完善，《中华人民共和国环境影响评价法》和《暂行办法》规定环评报告书必须有公众参与的章节，但在公众参与的具体实施方面只是提了建议，并没有强制执行。环境管理部门尽快完善相应的法律，建立监管和司法保障制度，使公众参与的真实性得到保证。

3. 公众参与的深度和广度不够

虽然在《暂行办法》中规定公众参与环评的方式包括调查公众意见和咨询专家意见，座谈会和论证会、听证会等，但在实际的环评过程中，公众参与的方式仍比较单一，主要为发放公众意见调查表及发布公告。出于时间、成本方面的考虑，公众参与的公告大多发布在政府网站上，很少采用广播、电视、报纸等在中国传播面更广的媒体，这使能获取环评信息的公众数量受到限制。有待相关部门、媒体完善相关的规定，给公众参与提供更便利的平台，提高公众参与的可操作性。

4. 环保组织的参与不够

在国外，非政府环保组织在公众参与政府决策中起了很重要的作用。在中国，虽然近年环保组织数量有了很大增长，成为中国环保的中坚力量，但环保组织的活动基本还是侧重于环境保护的宣传教育方面，对政府的决策参与并不多。

5. 部分公众的自身参与意识不强

一个原因是部分公众"不参与"，不能充分意识到环境变化对自身的影响，参与意识不强；另一个原因是公众"不能参与"，环境影响评价本身就是一项技术性、专业性较强的工作，公众受到知识水平、技术水平的制约，无法参与到环评中来。有待相关环保部门进一步向公众宣传公众参与的思想。

第二节　社会稳定风险评估

社会稳定风险评估，是指与人民群众利益密切相关的重大决策、重要政策、重大改革措施、重大工程建设项目、与社会公共秩序相关的重大活动等重大事项在制定出台、组织实施或审批审核前，对可能影响社会稳定的因素开展系统的调查，科学的预测、分析和评估，制定风险应对策略和预案。其目的是为了有效规避、预防、控制重大事项实施过程中可能产生的社会稳定风险，为了更好地确保重大事项顺利实施。

2012 年 8 月 16 日，国家发展改革委下发了《关于印发〈国家发展改革委重大固定资产投资项目社会稳定风险评估暂行办法〉的通知》（发改投资〔2012〕2492 号），规定项目单位在组织开展重大项目前期工作时，应当对社会稳定风险进行调查分析，征询相关群众意见，查找并列出风险点、风险发生的可能性及影响程度，提出防范和化解风险的方案措施，提出采取相关措施后的社会稳定风险等级建议。

福建、山东等部分地方政府发布相关文件，对环评工作中的社会稳定风险评估做出具体规定。例如，《福建省环保厅关于建立重大建设项目社会稳定风险评估机制的意见（试行）》（闽环保监〔2010〕144 号）和《山东省环境保护厅关于开展重大建设项目环境事项社会稳定风险评估工作的意见》（鲁环发〔2013〕172 号）等文件规定：在项目单位对项目社会稳定风险发生可能性的综合分析评估基础上，由环评单位在编制环境影响评价文件时，独立设置社会稳定风险评估专章。

一、社会稳定风险评估的意义

项目单位开展建设项目环境事项社会稳定风险评估工作，能够有效推动环保部门科学决策、民主决策、依法决策，是从源头上预防和化解社会矛盾的有效措施，是维护人民群众根本利益的重要途径，并有助于提高环保决策的能力和水平，有助于环保审批的科学公正，实现重大环境事项群众知情、群众受益、群众支持，最大限度地预防和化解矛盾，减少不稳定因素。

二、社会稳定风险评估的基本原则

（1）坚持以人为本、统筹兼顾。统筹考虑发展需要与群众环境需求，统筹考虑群众长远利益与现实利益，充分考虑不同群体的利益关切，以人民群众是否拥护作为风险评估的重要依据，切实维护人民群众的合法环境权益。

（2）坚持信息公开、公众参与。坚持群众路线，广泛听取各方面意见，调动群众参与社会稳定风险评估的积极性和主动性，切实保障群众的知情权、参与权、监督权，使决策最大限度地反映不同群体的合理诉求。

(3) 坚持规范有序、应评尽评。凡涉及较大范围内因环境保护问题而涉及群众自身利益的重大建设项目的环评审批，必须进行社会稳定风险评估，并将其作为审批的必备要件。对该类建设项目未进行社会稳定风险评估的，一律不予审批。

三、社会稳定风险评估的主要内容

(1) 规范性评估。项目是否符合中央和部、省制定的规范性政策文件；是否符合环保法律法规；是否符合法定程序。例如，判断项目属于《产业结构调整指导目录（2011 年本）》“鼓励类”、“限制类”或“淘汰类”，是否符合国家产业政策要求。

(2) 相融性评估。项目是否经过充分论证；是否符合大多数群众的意愿和利益；所需人力、物力和财力是否在可承受范围内且有保障；建设时机、条件是否成熟等。

(3) 可控性评估：项目的建设是否存在可能引发群众集体上访的不稳定因素；有无相应有效的风险规避、防范、化解措施和应急处置预案；可能影响社会稳定的矛盾隐患是否在可控范围内。

在识别重要风险因素的基础上，根据各风险因素的性质特征、未来变化趋势及可能造成的影响后果进行分析评估，形成主要风险因素风险程度估计。

重大项目社会稳定风险等级分为以下三级。

(1) 高风险：大部分群众对项目有意见、反应特别强烈，可能引发大规模群体性事件。

(2) 中风险：部分群众对项目有意见、反应强烈，可能引发矛盾冲突。

(3) 低风险：多数群众理解支持但少部分人对项目有意见，通过有效工作可防范和化解矛盾。

下面通过某医院建设项目分析社会稳定风险的确定方法，从而得出可控性评估结论。

(一) 社会稳定风险因素

根据本项目特点，工程存在的主要环境事项社会稳定风险因素见表 11-1。

表 11-1 项目主要风险因素一览表

序号	风险类型	发生阶段	风险因素
1	政策规划和审批程序	决策、实施	项目建设程序、环境影响评价手续的合法合规性引发的风险
2			对环评公示、公众参与质疑引发的风险
3			工程规模发生变化或运行后未及时办理竣工环保验收手续，项目非法投运引发的风险
4	环境污染影响	实施	项目施工期产生噪声、扬尘及废水等环境影响引发的风险
5		运行	项目运行期产生废气、废水、噪声及固废等环境影响引发的风险

(二) 风险估计方法

风险估计采用定性分析与定量分析相结合的方法，逐一对风险因素进行多维度分析，估计其发生的概率和影响程度。

单因素风险估计按照风险因素发生的可能性，将风险发生概率划分为很高、较高、中等、较低、很低 5 档。按照风险发生后对项目的影响大小，将影响程度划分为严重、较大、中等、较小、可忽略 5 档。根据风险发生概率和风险发生后对项目的影响程度计算风险程度，每个单因素的风险程度可划分为重大、较大、一般、较小和微小 5 个等级。对于风险概率、影响程度和风险程度采用风险概率—影响矩阵（也称风险评价矩阵）进行定量的分析评判。

（三）风险估计标准

1. 风险概率（p）

按照风险因素发生的可能性将风险概率划分为5个档次，分别为很高、较高、中等、较低、很低，见表11-2。

表11-2　　单因素风险概率（p）评判参考标准

等级	定量评判标准	定性评判标准	表示
很高	81%~100%	几乎确定	S
较高	61%~80%	很有可能发生	H
中等	41%~60%	有可能发生	M
较低	21%~40%	发生的可能性很小	L
很低	0~20%	发生的可能性很小，几乎不可能	N

2. 影响程度（q）

按照风险发生后对项目的影响大小，将影响程度划分为5个影响等级，严重、较大、中等、较小、可忽略，见表11-3。

表11-3　　单因素风险影响（q）评判参考标准

等级	定量评判标准	影响程度	表示
严重	81%~100%	在全市或更大范围内造成一定负面影响（社会稳定、形象等方面），需要通过长时间的努力才能消除，且需付出巨大代价	S
较大	61%~80%	在市内造成一定影响（社会稳定、形象等方面），需要通过较长时间才能消除，并需付出较大代价	H
中等	41%~60%	在当地造成一定影响（社会稳定、形象等方面），需要通过一定时间才能消除，并需付出一定代价	M
较小	21%~40%	在当地造成一定影响（社会稳定、形象等方面），但可在短期内消除	L
可忽略	0~20%	在当地造成很小影响，可自行消除	N

3. 风险程度（R）

风险程度的计算公式如下

$$R = p \times q$$

根据计算结果，风险程度可分为重大、较大、一般、较小和微小5个等级，见表11-4。

表11-4　　单因素风险程度（R）评判参考标准

风险程度	定量评判标准	发生的可能性和后果	表示
重大	$R>0.64$	可能性大，社会影响和损失大，影响和损失不可接受，必须采取积极有效的防范化解措施	S
较大	$0.64 \geq R > 0.36$	可能性较大，或社会影响和损失较大，影响和损失是可以接受的，需采取一定的防范化解措施	H

续表

风险程度	定量评判标准	发生的可能性和后果	表示
一般	0.36≥R>0.16	可能性不大，或社会影响和损失不大，一般不影响项目的可行性，需采取一定的防范化解措施	M
较小	0.16≥R>0.04	可能性较小，或社会影响和损失较小，不影响项目的可行性	L
微小	0.04≥R≥0	可能性很小，且社会影响和损失很小，对项目影响很小	N

（四）风险估计结果

按照上述风险概率—影响矩阵进行定量分析评判后，本项目环境事项的主要风险因素、风险概率、影响程度、风险程度评估结果详见表11-5。

表11-5　本工程环境事项主要风险因素、风险概率、影响程度和风险程度一览表

序号	风险类型	发生阶段	风险因素	风险概率（p）	影响程度（q）	风险程度（R）
1	政策规划和审批程序	决策、实施	项目建设程序、环境影响评价手续的合法合规性引发的风险	M	L	M
2			对环评公示、公众参与质疑引发的风险	L	N	N
3			工程规模发生变化或运行后未及时办理竣工环保验收手续，项目非法投运引发的风险	N	N	N
4	环境污染影响	实施运行	项目施工期产生噪声、扬尘及废水等环境影响引发的风险	N	N	N
5			项目运行期产生废气、废水、噪声及固废等环境影响引发的风险	L	N	N

（五）主要环境事项社会稳定风险防范措施

根据风险识别结果、风险估计及项目的特征风险因素，制定项目的风险防范和化解措施，包括以下几点。

（1）规范项目管理和完善审批手续，确保项目建设合法合规。加强和规范建设项目的各项管理工作，加强项目建设实施的各项管理工作，按照依法、合规的要求，加快办理各项审批手续，完善各项审批手续。

（2）做好宣传和沟通。编制统一的宣传解答材料，对项目建设的必要性及项目运行期环境影响因素的控制方案等，当地环保、建设、规划、国土等部门应给予指导和协助。如有必要，应择机召开项目建设沟通协调会。除在处理来信、来访等维稳工作中针对信访群众个别解答外，建议在项目方案公示等一些重要节点前择机召开项目建设的群众沟通协调推进会，集中宣传和释疑解答群众关心的各种问题，对居民提出的预料之外的问题，也应及时研究予以解答。

（3）完善工程变更及竣工验收手续。

在工程的各项审批文件批准后或建设过程中，若工程的建设规模、地点、重要设备或环境保护设施发生重大变动，建设单位应及时补办相关备案手续，做到合法合规。工程建设完成后，应依法申请试生产手续，开展工程验收、环保验收等手续，验收通过后方可投入运行。

(4) 落实各项环保措施。建设单位应严格落实本项目环境影响报告书中提出的各项污染控制措施及风险防范措施，将工程环境影响降到最小，并符合国家和地方环保标准要求。尤其应重视项目对周边环境空气的影响及防范措施、噪声对周边居民点的影响及防范措施，减轻周边居民对项目污染的心理负担。

(5) 争取群众支持的其他措施。针对工程造成的自然环境和生态环境不利影响，严格按照有关规定采取措施，使不利的负面影响最小化；医院运行过程尽可能方便周边居民。

（六）措施落实后的风险估计

本次评估认为，落实上述防范和化解措施后，可有效降低风险概率和影响程度。落实措施前后各风险因素的风险程度变化对比见表11-6。

表11-6　风险评估措施落实前后各风险因素的风险程度变化对比表

风险因素	风险概率（p）		影响程度（q）		风险程度（R）	
	落实前	落实后	落实前	落实后	落实前	落实后
项目建设程序、环境影响评价手续的合法合规性引发的风险	M	L	L	L	M	L
对环评公示、公众参与质疑引发的风险	L	N	N	N	N	N
工程规模发生变化或运行后未及时办理竣工环保验收手续，项目非法投运引发的风险	L	N	N	N	N	N
项目施工期产生噪声、扬尘及废水等环境影响引发的风险	N	N	N	N	N	N
项目运行期产生废气、废水、噪声及固废等环境影响引发的风险	M	L	L	N	M	L

（七）风险等级的判定

1. 风险等级评价标准

采用综合风险指数法，判定项目的环境事项社会稳定风险等级，判定标准见表11-7。

表11-7　项目社会稳定风险等级评判标准

风险等级	高（重大负面影响）	中（较大负面影响）	低（一般负面影响）
总体评判标准	大部分群众对项目建设实施有意见、反应特别强烈，可能引发大规模群体性事件	部分群众对项目建设实施有意见、反应强烈，可能引发矛盾冲突	多数群众理解支持，但少部分群众对项目建设实施有意见
可能引发风险事件评判标准	如冲击、围攻党政机关、要害部门及重点地区、部位、场所，发生打、砸、抢、烧等集体械斗、群众闹事、人员伤亡事件，非法集会、示威、游行，罢工、罢市、罢课等	如集体上访、请愿、发生极端个人事件，围堵施工现场，堵塞、阻断交通，媒体（网络）出现负面舆情等	如个人非正常上访，静坐、拉横幅、喊口号、散发宣传品，散布有害信息等
风险事件参与人数评判标准	200人以上	20~200人	20人以下

续表

风险等级	高（重大负面影响）	中（较大负面影响）	低（一般负面影响）
单因素风险程度评判标准	2个及以上重大或5个及以上较大单因素风险	1个重大或2~4个较大单因素风险	1个较大或1~4个一般单因素风险
综合风险指数评判标准	>0.64	0.36~0.64	<0.36

2. 风险等级的判定方法

落实风险防范和化解措施后的风险指数见表11-8。

表11-8　风险评估措施落实前后各风险因素变化对比表

风险因素	权重	风险程度					风险指数
		微小	较小	一般	较大	重大	
项目建设程序、环境影响评价手续的合法合规性引发的风险	0.2	0	0.06	0	0	0	0.012
对环评公示、公众参与质疑引发的风险	0.2	0.03	0	0	0	0	0.006
工程规模发生变化或运行后未及时办理竣工环保验收手续，项目非法投运引发的风险	0.1	0.03	0	0	0	0	0.003
项目施工期产生噪声、扬尘及废水等环境影响引发的风险	0	0	0	0	0	0	0
项目运行期产生废气、废水、噪声及固废等环境影响引发的风险	0.5	0	0.06	0	0	0	0.03
合计	1						0.051

由表11-8可以看出，本项目落实风险防范和化解措施后，强化了组织领导，能倾听公众的建议、意见，及时主动化解矛盾；加强宣传教育工作，提高公众认识，使公众理解并支持项目建设，避免产生不满情绪；落实应急措施，发生突发事件时保证得到及时有效的处理，避免事件扩大。

落实风险防范和化解措施后，采用综合风险指数法计算后得出项目风险指数为0.051，因此本项目环境事项社会稳定风险等级为“低风险”。

（八）可控性评估结论

项目符合国家产业政策及城市总体规划。通过本阶段环境公示、问卷调查等形式的公众意见征询，未发生信访、集体上访及群体性事件，社会反应度低。根据公众意见调查结果分析，项目的建设得到了当地各部门及大部分群众的支持，社会民意支持度高。

在本次评估中，制定了全面的风险防范和化解措施，并在项目建设过程中积极落实，工程的社会稳定风险总体可控。

（九）社会稳定风险综合评价结论

根据对本项目环境事项社会稳定风险的评估，工程的建设在规范性、相融性及可控性方面均符合国家及地方的相关要求，在落实风险防范和化解措施后，采用综合风险指数法计算后的项目风险指数为0.051，本项目社会稳定风险等级为“低风险”。

第十二章　区域环境影响评价

第一节　区域环境影响评价概述

一、区域环境影响评价的概念

区域开发活动是指在特定的区域、特定的时间内有计划进行的一系列重大开发活动。这些开发活动所在的区域一般称为开发区，具有以下特征。

（1）占地面积大，一般占地面积均在1km^{2}以上。

（2）性质复杂，一般一个开发区涉及多种行业。

（3）管理层次较多，除有专门的开发区管理机构外，每个开发项目一般均有其独立的法人。

（4）不确定因素多，许多开发区初期仅具有开发性质，但具体的开发项目往往不确定。

（5）环境影响范围大，程度深。

（6）有条件实施污染物集中控制和治理。

区域环境影响评价就是在一定区域内以可持续发展的观点，从整体上综合考虑区域内拟开展的各种社会经济活动对环境产生的影响。并据此制定和选择维护区域良性循环、经济可持续发展的最佳行动规划或方案，同时也为区域开发规划和管理提供决策依据。

二、区域环境影响评价的目的和意义

1. 目的

区域环境影响评价的对象是区域内所有的拟开发建设行为。通常情况下，区域环境影响评价发生在区域开发规划纲要编制之后和区域开发规划方案编制之前。在实际工作中，区域开发规划设计方案的编制和环境影响报告书的编制是一个交互过程，环境影响评价在区域开发规划的一开始就介入，从区域环境特征等因素出发，考虑区域开发性质、规划和布局，帮助制定区域开发规划方案，并对形成的每一个方案进行评价，提出修改意见，对修改后的方案进行环境影响分析，直至帮助最终形成区域经济发展与区域环境保护协调的区域开发规划和区域环境管理规划，促进整个区域开发的可持续性。因此，区域环境影响评价的目的是通过对区域开发活动的环境影响评价，完善区域开发活动规划，保证区域开发的可持续发展。

2. 意义

区域开发活动的环境影响评价具有以下意义。

（1）区域环境影响评价是从宏观角度对区域开发活动的选址、规模、形成的可行性进行论证，因此，可避免重大决策失误，最大限度地减少对区域自然生态环境和资源的破坏。

（2）可为区域开发各功能的合理布局、入区项目的筛选提供决策依据。

（3）有助于了解区域的环境状况和区域开发带来的环境问题，从而有助于制定区域环境污染总量控制规划和建立区域环境保护管理体系，促进区域真正的可持续发展。

（4）可以作为单项入区项目的审批依据和区域内单项工程评价的基础和依据，减少各单项工程环境影响评价的工作内容，也使单项工程的环境影响评价兼顾区域宏观特征，使其更

具科学性、指导性，同时缩短其工作周期。

三、区域环境影响评价的特点和原则

1. 特点

区域开发活动的环境影响评价涉及的因素多，层次复杂，相对于单项开发活动环境影响评价而言具有以下特点。

（1）广泛性和复杂性。区域环境影响评价的范围广，内容复杂，其范围在地域上、空间上、时间上均远远超过单个建设项目对环境的影响，一般小至几十平方千米，大至一个地区，一个流域；其影响涉及面包括区域内所有开发行为及其对自然、社会、经济和生态的全面影响。

（2）战略性。区域影响评价是从区域发展规模、性质、产业布局、产业结构及功能布局、土地利用规划、污染物总量控制、污染综合治理等方面论述区域环境保护和经济发展的战略规划。

（3）不确定性。区域开发一般都是逐步、滚动发展的，在开发初期只能确定开发活动的基本规模、性质，而具体入区项目、污染源种类、污染物排放量等不确定因素多。因此，区域环境影响评价具有一定的不确定性。

（4）评价时间的超前性。区域环境影响评价应在制定区域环境规划、区域开发活动详细规划以前进行，以作为区域开发活动决策不可缺少的参考依据。只有在超前的区域环境影响评价的基础上才能真正实现区域内未来项目的合理布局，以最小的环境损失获得最佳的社会、经济和生态效益。

（5）评价方法多样化（定性和定量相结合）。由于区域环境影响评价的内容多，可能涉及社会经济影响评价、生态环境影响评价和景观影响评价等。因此，评价方法也应随区域开发的性质和评价内容的不同而有所不同。

区域环境影响评价既要在宏观上确定开发活动的规模、性质、布局的合理性，又要评价不同功能是否达到微观环境指标的要求。既应评价开发活动的自然环境影响，又要考虑其对社会、经济的综合影响。而某些评价指标是很难量化的，因此，评价必须是定性分析与定量预测相结合。

（6）更强调社会、生态环境影响评价。由于区域开发活动往往涉及较大的地域、较多的人口，对区域的社会、经济发展存在较大影响，同时区域开发活动是破坏一个旧的生态系统，建立一个新的生态系统的过程。因此，社会和生态环境影响评价，应是区域环境影响评价的重点。

2. 原则

区域环境影响评价是区域环境规划的重要组成部分，着重研究环境质量现状、确定区域环境要素的容量及预测开发活动的影响。因此，它是一项科学性、综合性、预测性、规划性和实用性很强的工作。应遵循如下原则。

（1）同一性原则。要把区域环境影响评价纳入环境规划之中，并在制定环境规划的同时开展区域环境影响评价工作。

（2）整体性原则。区域评价涉及协调和解决开发建设活动中产生的各种环境问题，包括所有产生污染和生态破坏的各个部门、地区和建设单位，应全面评价各建设项目的开发行为及各开发项目之间的相互影响。因此，必须以整体观点认识和解决环境影响问题。不但要提出各建设项目的环境保护措施，还要提出区域开发集中控制的对策基础。

（3）综合性原则。在区域内的广大地区和空间范围内，评价工作不仅要考虑社会环境，还要考虑生态和自然环境及生活质量影响。因此，在评价分析中必须强调采用综合的方法，以期得到正确的评价结论。

（4）实用性原则。区域环境影响评价的实用性集中体现在制定优化方案和污染防治对策方面，应满足技术上可行、经济上合理、效果上可靠，并能为建设部门所采纳。

（5）战略性原则。区域环境影响评价应从战略层次评价区域开发活动与其所在域发展规划的一致性、区域开发活动内部功能布局的合理性，并从总量控制的角度提出开发区入区项目的原则、污染物排放总量和削减方案。

（6）可持续性原则。区域环境影响评价应该通过对区域开发活动及其环境影响的分析与评价，帮助建立一种具有可持续改进功能的环境管理体制，以确保区域开发的可持续性。

第二节 区域环境影响评价的工作程序和内容

一、区域环境影响评价的工作程序

开发区区域环境影响评价的工作程序如图 12-1 所示。

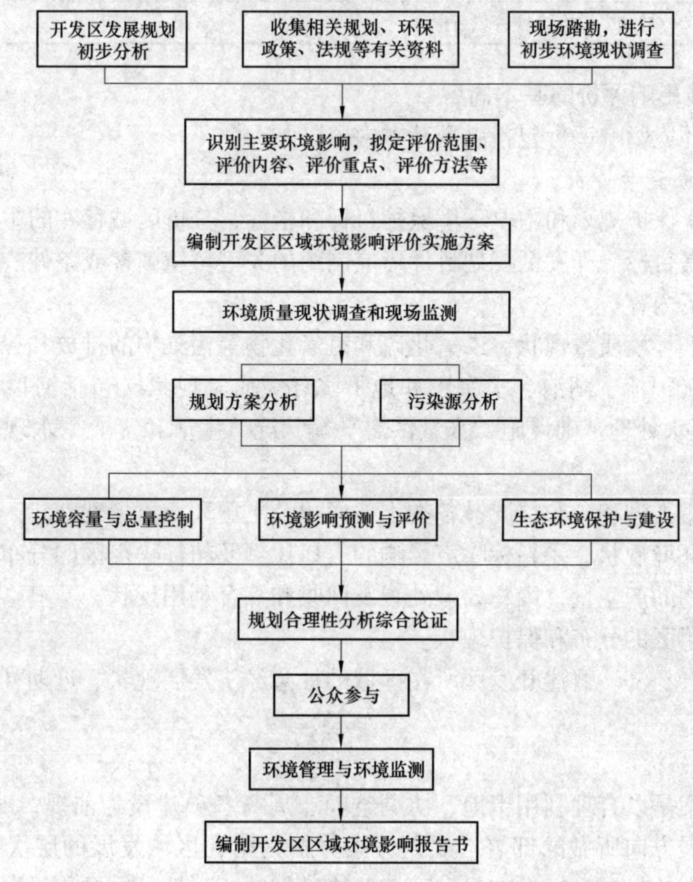

图 12-1 开发区区域环境影响评价的工作程序

二、确定区域环境影响评价范围的原则

按不同环境要素和区域开发建设可能影响的范围确定环境影响评价的范围。环境影响评价范围应包括开发区、开发区周边地域及开发建设直接涉及的区域（或设施）。区域开发建设涉及的环境敏感区等重要区域必须纳入环境影响评价的范围，应保持环境功能区的完整性。

确定各环境要素评价范围的基本原则见表 12-1。

表 12-1　　确定各环境要素评价范围的基本原则

环境要素	评价范围
陆地生态	开发区及周边地域，参考《环境影响评价技术导则　生态影响》（HJ 19—2011）
空气	可能受到区内和区外大气污染影响的，根据所在区域现状大气污染源、拟建大气污染源和当地气象、地形等条件而定
地表水（海域）	与开发区建设相关的重要水体/水域（如水源地、水源保护区）和水污染物受纳水体，根据废水特征、排放量、排放方式、受纳水体特征确定
地下水	根据开发区所在区域地下水补给、径流、排泄条件、地下水开采利用状况，及其与开发区建设活动的关系确定
声环境	开发区与相邻区域噪声适用区划
固体废物管理	收集、储存及处置场所周围

三、区域环境影响评价的基本内容

开发区区域环境影响评价包括以下基本内容。

1. 环境现状调查与评价

概述区域环境保护规划和主要环境保护目标和指标，分析区域存在的主要环境问题，列出可能对区域发展目标、开发区规划目标形成制约的关键环境因素或条件。

主要包括以下内容。

(1) 内容空气环境质量现状，二氧化硫和氮氧化物等污染物的排放和控制现状。

(2) 地表水（河流、湖泊、水库）和地下水环境质量现状（包括河口、近海水域水环境质量现状）、废水处理基础设施、水量供需平衡状况、生活和工业用水现状、地下水开采现状等。

(3) 土地利用类型和分布情况，各类土地面积及土壤环境质量现状。

(4) 区域声环境现状、受超标噪声影响的人口比例及超标噪声区的分布情况。

(5) 固体废物的产生量，废物处理处置及回收和综合利用现状。

(6) 环境敏感区的分布和保护现状。

(7) 区域社会经济。概述开发区所在区域的社会经济发展现状、近期社会经济发展规划和远期发展目标。

2. 规划方案分析

区域规划方案是以合理利用土地、协调空间布局与各项建设为前提，对区域开发性质、规模、方式和发展方向所做的部署。规划方案分析是指在区域发展的层次上进行合理性分析，突出开发区总体发展目标、布局和环境功能区划的合理性，主要包括以下几方面：

(1) 开发区总体布局及区内功能分区的合理性分析。分析开发区规划确定的区内各功能

组团（如工业区、商住区、绿化景观区、物流仓储区、文教区、行政中心等）的性质及其与相邻功能组团的边界和联系。

根据开发区选址合理性分析确定的基本要素，分析开发区内各功能组团的发展目标和各组团间的优势与限制因子，分析各组团间的功能配合、现有的基础设施及周边组团设施对该组团功能的支持。可采用列表的方式说明开发区规划发展目标和各功能组团间的相容性。

（2）开发区规划与所在区域发展规划的协调性分析。将开发区所在区域的总体规划、布局规划、环境功能区划与开发区规划做详细对比，分析开发区规划是否与所在区域的总体规划具有相容性。

（3）开发区土地利用的生态适宜度分析。生态适宜度评价采用三级指标体系，选择对所确定的土地利用目标影响最大的一组因素作为生态适宜度的评价指标。根据不同指标对同一土地利用方式的影响作用大小，进行指标加权。进行单项指标（三级指标）分级评分，单项指标评分可分为4级：很适宜、适宜、基本适宜、不适宜。在各单项指标评分的基础上，进行各种土地利用方式的综合评价。

（4）环境功能区划的合理性分析。对比开发区规划和开发区所在区域总体规划中对开发区内各分区或地块的环境功能要求。分析开发区环境功能区划和开发区所在区域总体环境功能区划的异同点。根据分析结果，对开发区规划中不合理的环境功能分区提出改进建议。

（5）污染控制措施与对策的制订。根据综合论证的结果，提出减缓环境影响的调整方案和污染控制措施与对策。

3. 开发区污染源分析

根据规划的发展目标、规模、规划阶段、产业结构、行业构成等，分析预测开发区污染物的来源、种类和数量。特别注意考虑入区项目类型与布局存在较大不确定性、阶段性的特点。鉴于规划实施的时间跨度较长并存在一定的不确定性因素，污染源分析预测应以近期为主。

在确定区域污染源分析的主要因子时应满足以下要求。

（1）国家和地方政府规定的重点控制污染物。

（2）开发区规划中确定的主导行业或重点行业的特征污染物。

（3）当地环境介质最为敏感的污染因子。

污染源的估算方法如下：

（1）选择与开发区规划性质、发展目标相近的国内外已建开发区做类比分析，采用计算经济密度的方法（每平方千米的能耗，或产值等），类比污染物排放总量数据。

（2）对于已形成主导产业和行业的开发区，应按主导产业的类别分别选择区内的典型企业，调查审核其实际的污染因子和现状污染物排放量，同时考虑科技进步和能源替代等因素，估算开发区污染物排放量。

（3）对于规划中已明确建设集中供热系统的开发区，废气常规因子排放总量可依据集中供热电厂的能耗情况计算。

（4）对于规划中已明确建设集中污水处理系统的开发区，可以根据受纳水体的功能确定排放标准级别和出水水质，依据污水处理厂的处理能力和处理工艺，估算开发区水污染物排放总量。未明确建设集中污水处理系统的开发区，可以根据开发区的供水规划，通过分析需水量，估算开发区水污染物排放总量。

(5) 生活垃圾产生量预测应主要依据开发区规划的人口规模、人均生活垃圾产生量，并在充分考虑经济发展对生活垃圾增长影响的基础上确定。

4. 环境影响分析与评价

区域环境影响分析与评价包含如下内容。

(1) 空气环境影响分析与评价的主要内容。

1) 开发区能源结构及其环境空气影响分析。

2) 集中供热（汽）厂的位置、规模、污染物排放情况及其对环境质量的影响预测与分析。

3) 工业尾气的排放方式、污染物种类、排放量、控制措施及其环境影响分析。

4) 区内污染物排放对区内、外环境敏感地区的环境影响分析。

5) 区外主要污染源对区内环境空气质量的影响分析。

(2) 地表水环境影响分析与评价的主要内容。

1) 地表水环境影响分析与评价应包括开发区水资源利用、污水收集与集中处理、尾水回用及尾水排放对受纳水体的影响。

2) 水质预测的情景设计应包含不同的排水规模、不同的处理深度、不同的排污口位置和排放方式。

3) 可以针对受纳水体的特点，选择简易（快速）水质评价模型进行预测分析。

(3) 地下水环境影响分析与评价的主要内容。

1) 据当地水文地质调查资料，识别地下水的径流、补给、排泄条件，以及地下水和地表水之间的水力联通，评价包气带的防护特性。

2) 据地下水水源保护条例，核查开发规划内容是否符合有关规定，分析建设活动影响地下水水质的途径，提出限制性（防护）措施。

(4) 废物处理/处置方式及其影响分析的主要内容。

1) 预测可能的固体废物的类型，确定相应分类处理方式。

2) 开发区固体废物处理/处置被纳入所在区域的固体废物管理/处置体系的，应确保可利用的固体废物处理处置设施符合环境保护要求（例如，符合垃圾卫生填埋标准、符合有害工业固体废物处置标准等），并核实现有固体废物处理设施可能提供的接纳能力和服务年限；否则，应提出固体废物处理/处置建设方案，并确认其选址符合环境保护要求。

3) 对于拟议的固体废物处理/处置方案，应从环境保护角度分析选址的合理性。

(5) 噪声影响分析与评价的主要内容。

1) 根据开发区规划布局方案，按有关声环境功能区的划分原则和方法，拟定开发区声环境功能区划方案。

2) 对于开发区规划布局可能影响区域噪声功能达标的，应考虑调整规划布局、设置噪声隔离带等措施。

5. 环境容量与污染物总量控制

根据区域环境质量目标确定污染物总量控制的原则要求，提出大气、水、固体废物污染物总量控制方案。

6. 生态环境保护与生态建设

(1) 调查生态环境现状和历史演变过程、生态保护区或生态敏感区的情况，包括生物量及生物多样性、特殊生境及特有物种，自然保护区、湿地，自然生态退化状况包括植被破坏、土壤污染与土地退化等。

（2）分析评价开发区规划实施对生态环境的影响，主要包括对生物多样性、生态环境功能及生态景观的影响。分析由于土地利用类型改变导致的对自然植被、特殊生境及特有物种栖息地、自然保护区、水域生态与湿地、开阔地、园林绿化等的影响。分析由于自然资源、旅游资源、水资源及其他资源开发利用变化而导致的对自然生态和景观方面的影响。分析评价区域内各种污染物排放量的增加、污染源空间结构等的变化对自然生态与景观方面产生的影响。

（3）应着重阐明区域开发造成的包括对生态结构与功能的影响、影响性质与程度、生态功能补偿的可能性与预期的可恢复程度、对保护目标的影响程度及保护的可行途径等。

（4）对于预计的可能产生的显著不利影响，要求从保护、恢复、补偿、建设等方面提出和论证实施生态环境保护措施的基本框架。

7. 公众参与

公众参与的对象主要是可能受到开发区建设影响、关注开发区建设的群体和个人。应向公众告知开发区规划、开发活动涉及的环境问题、环境影响评价初步分析结论、拟采取的减少环境影响的措施及效果等公众关心的问题。公众参与可采用媒体公布、社会调查、问卷、听证会、专家咨询等方式。

8. 开发区规划的综合论证与环境保护措施

开发区规划的综合论证是根据环境容量和环境影响评价结果，结合地区的环境状况，从开发区的选址、发展规模、产业结构、行业构成、布局、功能区划、开发速度和强度，以及环保基础设施建设（污水集中处理、固体废物集中处理处置、集中供热、集中供气等）等方面对开发区总体发展目标的合理性、开发区总体布局的合理性、开发区环境功能区划的合理性和环境保护目标的可达性及开发区土地利用的生态适宜度进行综合论证。

环境保护对策包括对开发区规划目标、规划布局、总体发展规模、产业结构及环保基础设施建设的调整方案，并提出限制入区的工业项目类型清单。

9. 环境管理与环境监测计划

（1）提出开发区环境管理与能力建设方案，包括建立开发区动态环境管理系统的计划安排。

（2）拟定开发区环境质量监测计划，包括环境空气、地表水、地下水、区域噪声的监测项目、监测布点、监测频率、质量保证、数据报表。

（3）提出对开发区不同规划阶段的跟踪环境影响评价与监测的安排，包括对不同阶段进行环境影响评估（阶段验收）的主要内容和要求。

（4）提出简化入区建设项目环境影响评价的建议。

第三节 区域环境污染物总量控制

环境容量是指人类和自然环境不致受害的情况下，其所能容纳的污染物的最大负荷。特定的环境（如城市、水体等）的容量与该环境的社会功能、环境背景、污染源位置（布局）、污染物的物理化学性质及环境自净能力等因素有关。一般情况下，环境容量是指在保证不超出环境目标值的前提下，区域环境能够容许的污染物最大允许排放量。

环境容量是确定污染物排放总量指标的依据，排放总量小于环境容量才能确保环境目标的实现。

污染物总量控制是指在一定区域环境范围内，为了达到预期的环境目标，对排入区域内的污染物实行总量控制，以维持区域的可持续发展。区域开发一般是逐步、滚动发展的，由于存在污染物种类和污染物排放量等众多不确定因素，所以在区域实行污染物总量控制应对这些不确定因素进行估计，才能保证区域开发过程始终与环境质量达标要求紧密结合在一起。

一、区域环境总量控制的分类

一般情况下，总量控制的类型分为4种，在分析区域环境控制总量时可以将几种控制方法相结合。

（1）容量总量控制。根据区域环境对污染物的最大承受负荷量来进行总量控制。

（2）目标总量控制。由于环境容量实施的困难性，目前在区域环境影响评价中通常使用的方法是将环境目标或相应的标准，看成环境容量的基础，即以保证环境质量达标条件下的最大排污量为限。

（3）指令性总量控制。即国家和地方按照一定原则，在一定时期内所下达的主要污染物排放总量控制指标。如果环境保护部门已经给该区域分配了污染物允许排放的总量，则应执行所分配的指令总量，并按一定的分担率将总量分配到各个污染源（建设项目）。可采用的总量分配方法包括：等比例分配，排污标准加权分配，分区加权分配，行政协商分配。

（4）最佳技术经济条件下的总量控制。这主要是分析主要排污单位是否在其经济承受能力的范围内或是合理的经济负担下，采用最先进的工艺技术和最佳污染控制措施所能达到的最小排污总量，但要以其上限达到相应污染物排放标准为原则；或在达到环境目标或相应标准的条件下，污染控制费用最少所对应的排污总量。

二、环境污染物总量控制的主要内容

（1）大气环境容量与污染物总量控制的主要内容。

1）一般大气污染物总量控制因子：烟尘、粉尘、SO_2。

2）对所涉及的区域进行环境功能区划，确定各功能区环境空气质量目标。

3）根据环境质量现状，分析不同功能区环境质量达标情况。

4）结合当地地形和气象条件，选择适当方法，确定开发区大气环境容量（即满足环境质量目标的前提下污染物的允许排放总量）。

5）结合开发区规划分析和污染控制措施，提出区域环境容量利用方案和近期（按5年计划）污染物排放总量控制指标。

（2）水环境容量与废水排放总量控制的主要内容。

1）一般水污染物总量控制因子：COD、NH_3-N、TN、TP等因子，以及受纳水体最为敏感的特征因子。

2）分析基于环境容量约束的允许排放总量和基于技术经济条件约束的允许排放总量。

3）对于拟接纳开发区污水的水体，如常年径流的河流、湖泊、近海水域等，应根据环境功能区划所规定的水质标准要求，选用适当的水质模型分析确定水环境容量［河流/湖泊：水环境容量，河口/海湾：水环境容量/最小初始稀释度，（开敞的）近海水域：最小初始稀释度]；对季节性河流，原则上不要求确定水环境容量。

4）对于现状水污染物排放实现达标排放，水体无足够的环境容量可以利用的情形，应在制定基于水环境功能的区域水污染控制计划的基础上确定开发区水污染物排放总量。

5）如果预测的各项总量值均低于上述基于技术水平约束下的总量控制和基于水环境容量的总量控制指标，则可选择最小的指标提出总量控制方案；如果预测总量大于上述两类指标中的某一类指标，则需调整规划，降低污染物总量。

（3）固体废物管理与处置的主要内容。

1）分析固体废物的类型和产生量，分析固体废物减量化、资源化、无害化处理处置措施及方案，可采用固体废物流程表的方式进行分析。

2）分类确定开发区可能产生的固体废物总量；可采用类比的方式预测固体废物的产生量。

3）开发区的固体废物处理处置应纳入所在区域的固体废物总量控制计划之中，对固体废物的处理处置，应符合区域所制定的资源回收、固体废物利用的目标与指标要求。

4）按固体废物分类处置的原则，测算需采取不同处置方式的最终处置总量，并确定可供利用的不同处置设施及能力。

第四节　区域开发环境制约因素分析

一、区域环境承载力分析

区域环境影响评价通过区域环境承载力分析、土地利用适宜性分析和生态适宜度分析，可以找出区域可持续发展的限制因子，并对土地利用进行合理的规划，进而从宏观角度对区域开发活动的选址、规模、性质等进行可行性论证，为区域开发各功能区的合理布局和入区项目的筛选提供决策依据。

1. 区域环境承载力分析的内容

区域环境承载力分析的内容主要包括区域环境承载力指标体系，区域环境承载力大小表征模型及求解，区域环境承载力综合评估，与区域环境承载力相协调的区域社会经济活动的方向、规模和区域环境保护规划的对策措施。

2. 区域环境承载力的指标体系

区域环境承载力的指标体系一般可分为三类：第一类为自然资源供给类指标，如水资源、土地资源、生物资源等；第二类为社会条件支持类指标，如经济实力、公用设施、交通条件等；第三类为污染承受能力类指标，如污染物的迁移、扩散和转化能力，绿化状况等。

3. 区域环境承载力评价

对环境承载力值进行计算和分析，并提出提高环境承载力的方法措施。目前，在环境影响评价中常用的承载力评价方法包括自然植被净第一性生产力测估方法、资源与需求的差量方法、综合评价法、状态空间法、生态足迹法及加权平均或几何平均法等。一般情况下，由于区域的差异，找到一个普遍适用的方法来计算环境承载力也是十分困难的。此外介绍一种环境承载力评价的简单方法。

在选中承载力指标体系后，用式（12-1）表示不同地区环境承载力的相对大小

$$I_j = \sqrt{\frac{1}{n}\sum_{i=1}^{n}\overline{E_{ij}}^2} \tag{12-1}$$

$$\overline{E_{ij}} = \frac{E_{ij}}{\sum_{i=1}^{n} E_{ij}} \tag{12-2}$$

式中：E_{ij}为第i个环境因素第j个地区的环境承载力；$\overline{E_{ij}}$为归一化后第i个环境因素第j个地区的环境承载力。

二、土地使用适宜性和生态适宜度分析

1. 土地使用适宜性分析

土地使用适宜性分析是指分析自然环境对各种土地使用的潜力和限制。土地使用适宜性分析是区域环境影响评价的重要内容，它实际上提供了区域环境的发展潜力和承载能力。但在当前科技水平和研究能力下，系统而全面地对土地使用适宜性及环境影响进行精细的分析评价还存在一定的困难。目前采用的方法包括矩阵法、图解分析法、叠图法及环境质量评价法等，这些方法往往结合在一起使用。下面介绍一种在土地使用适宜性分析中的综合方法。

（1）环境敏感地的划分。环境敏感地泛指对人类具有特殊价值或具有潜在天然灾害的地区，这些地区极易因人类的不当开发活动而导致负面环境效应。按照资源特性与功能的差异，可对环境敏感地进行分类，见表12-2。

表12-2　　环境敏感地的分类

类别	分项	类别	分项
生态敏感地	野生动植物栖息地 自然生态区 科学研究区	自然灾害敏感地	洪患地区 地址灾害区
文化景观敏感地	特殊景观区 自然风景区 历史文化区	资源生产敏感地	林业生产地 渔业生产地 优良农田 水源保护区 矿产区 能源生产地

（2）土地使用适宜性分析的过程。

1）确定土地使用类型。根据《中华人民共和国土地管理法》（2004年8月），土地使用类型划分为农用土地、建设用地和未利用地。根据《土地利用现状分类》（GB/T 21010—2007），土地使用类型划分为耕地、园地、林地、草地、商业服务用地等。一般可根据城市规划或区域总体规划中的土地使用功能进行划分。例如，可分为住宅社区、工业区、大型游乐区、金融商贸区、文化教育区等。

2）环境潜能分析。环境潜能分析是指分析各种土地使用类型与土地使用需求及环境潜能的关系。针对已确定的土地使用类型，可建立两个关联矩阵：一是土地使用类型与土地使用需求之间的关联矩阵；二是土地使用需求与环境潜能之间的关联矩阵。通过这两个关联矩阵的结果分析，可以得到土地使用类型与环境潜能的关联性，从而了解环境特性对不同土地开发行为所具有的发展潜力条件。

通过上述环境潜能分析，可将各类土地使用类型开发的环境潜能划分为相应的级别，运用叠图法绘制出环境潜能图。

3）环境发展限制分析。发展限制是指土地在使用过程中由于不当的开发活动或使用行为所导致的环境负效应。分析发展限制，就是通过分析各种土地使用类型与土地使用行为及环境敏感性之间的关系，了解环境特征对不同土地使用的限制。为此，针对土地使用类型、开发活动、环境影响项目、环境敏感性之间的关系建立3个关联矩阵：一是土地使用类型与开发活动或使用行为之间的关联矩阵；二是开发活动或使用行为与环境影响项目之间的关联矩阵；三是环境影响项目与环境敏感性之间的关联矩阵。基于上述关联性的分析，得到土地使用类型与环境敏感性之间的关联性，从而进行环境限制分析。通过环境限制分析，可将各类土地使用类型的环境限制划分级别，并通过叠图法绘制成相应的环境限制图。

4）土地使用适宜性分析。根据对环境潜能和环境限制的分析，可分别将环境潜能和环境限制分级。若将两者各分为三级，然后进行叠加，则可将上述假设条件下的土地使用适宜性划分为四级，见表12-3。其中，环境限制中Ⅰ表示限制最小，环境潜能中Ⅰ表示潜能最大，适宜性分析中Ⅰ表示适宜性最好。

表12-3　　适宜性分析分级

适宜性		环境潜能		
		Ⅰ	Ⅱ	Ⅲ
环境限制	Ⅰ	Ⅰ	Ⅱ	Ⅲ
	Ⅱ	Ⅱ	Ⅲ	Ⅳ
	Ⅲ	Ⅲ	Ⅳ	Ⅳ

5）综合分析。针对上述各种土地使用适宜性结果进行综合分析，以比较区域中各种土地使用类型的适宜性分级，并进行社会、经济评价。

2. 生态适宜度分析

生态适宜度分析是对土地特定用途的适宜性评价。目前生态适宜度分析方法还不成熟，下面简要介绍以下方法。

（1）选择生态因子。当土地和用途确定以后，选择能够准确或比较准确描述（影响）该种用途的生态因子，通过多种生态因子的评价，得出综合评价值。应该注意的是，所选的生态因子必须是对所确定的土地利用影响最大的一组因素。例如，秦皇岛是一个港口城市，在港口用地的生态适宜度分析中，所选择的生态因子共6个：海拔高度、地表水、气象条件（风向）、承压力、距海岸距离及土地利用现状。

（2）单因子分级评分。单因子分级一般可分为五级：很适宜、适宜、基本适宜、不适宜、很不适宜。也可以分为三级：适宜、基本适宜、不适宜。进行单因子分级评分可以从对给定土地利用目的的生态作用及影响程度、城市生态的基本特征等方面考虑。

（3）综合适宜度分析。在各单因子分级评分的基础上，进行各种土地利用形式的综合适宜度分析。由单因子生态适宜度计算综合适宜度的方法有两种。

1）直接叠加：当各生态因子对土地的特定利用方式的影响程度基本接近时，可用直接叠加法，其计算公式为

$$B_{ij} = \sum_{s=1}^{n} B_{isj} \tag{12-3}$$

式中：B_{ij}为第 i 个网格、利用方式为 j 时的综合评价值，即 j 种利用方式的生态适宜度；B_{isj}为第 i 个网格、利用方式为 j 时，第 s 个生态因子的适宜度评价值（单因子评价值）；s 为影响第 j 种土地利用方式的生态因子编号；n 为影响第 j 种土地利用方式的生态因子总数。

2）加权叠加：各种生态因子对土地的特定利用方式的影响程度差别很明显时，应采用加权叠加法，对影响大的因子赋予较大的权值，其计算公式为

$$B_{ij} = \frac{\sum_{s=1}^{l} W_s B_{isj}}{\sum_{s=1}^{l} W_s} \tag{12-4}$$

式中：W_s为第 i 个网格、利用方式为 j 时第 s 个生态因子的权重值。

（4）综合适宜度分级。综合适宜度分级有两种分级方法：①根据综合适宜度的计算值分为不适宜、基本适宜、适宜三级；②目前对综合适宜度分级大多数城市均采用五级分法，即很不适宜、不适宜、基本适宜、适宜、很适宜。

通过环境承载力分析、土地使用和生态适宜度分析，可以找出区域可持续发展的限制性因子，并对土地利用进行合理规划。

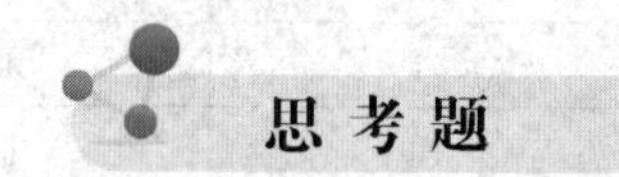

1. 为什么要进行区域环境影响评价？
2. 简述区域环境影响评价的特点和原则。
3. 简述区域环境影响评价与建设项目环境影响评价的异同点。
4. 简述区域环境影响评价的工作程序。
5. 简述区域环境影响评价的基本内容和重点内容。
6. 如何进行区域开发的环境制约因素分析？
7. 简述区域开发规划方案分析的主要内容和方法。
8. 简述区域污染物总量控制的主要内容。

第十三章　规划环境影响评价

第一节　规划环境影响评价概述

一、规划环境影响评价的概念

规划环境影响评价是指对在规划编制阶段，对规划实施可能造成的环境影响进行分析、预测和评价，提出预防或者减轻不良环境影响的对策和措施，并进行跟踪监测的方法与制度，是在规划编制和决策过程中协调环境与发展的一种途径，隶属于战略环境影响评价范畴。

规划环境影响评价主要是对区域规划、部门性规划、产业性规划等的实施所可能引起的环境影响和后果进行预测评价。

《中华人民共和国环境影响评价法》对规划环境影响评价做了专门规定：对一地（土地利用）、三域（区域、流域、海域）规划和十个专项（工业、农业、畜牧业、林业、能源、水利、交通、城市建设、旅游和资源开发）规划需要进行环境影响评价。

二、规划环境影响评价的目的与原则

1. 评价的目的

规划环境影响评价的目的是提供规划决策所需的资源与环境信息，识别制约规划实施的主要资源（如土地资源、水资源、能源、矿产资源、旅游资源、生物资源、景观资源和海洋资源等）和环境要素（如水环境、大气环境、土壤环境、海洋环境、声环境和生态环境），确定环境目标，构建评价指标体系，分析、预测与评价规划实施可能对区域、流域、海域生态系统产生的整体影响、对环境和人群健康产生的长远影响，论证规划方案的环境合理性和对可持续发展的影响，论证规划实施后环境目标和指标的可达性，形成规划优化调整建议，提出环境保护对策、措施和跟踪评价方案，协调规划实施的经济效益、社会效益与环境效益之间及当前利益与长远利益之间的关系，为规划和环境管理提供决策依据。

2. 评价的原则

(1) 全程互动原则。评价应在规划纲要编制阶段（或规划启动阶段）介入，并与规划方案的研究和规划的编制、修改、完善全过程互动。

(2) 一致性原则。评价的重点内容和专题设置应与规划对环境影响的性质、程度和范围相一致，应与规划涉及领域和区域的环境管理要求相适应。

(3) 整体性原则。评价应统筹考虑各种资源与环境要素及其相互关系，重点分析规划实施对生态系统产生的整体影响和综合效应。

(4) 层次性原则。评价的内容与深度应充分考虑规划的属性和层级，并依据不同属性、不同层级规划的决策需求，提出相应的宏观决策建议及具体的环境管理要求。

(5) 科学性原则。评价选择的基础资料和数据应真实、有代表性，选择的评价方法应简单、适用，评价的结论应科学、可信。

三、规划环境影响评价的范围

(1) 按照规划实施的时间跨度和可能影响的空间尺度确定评价范围。

（2）评价范围在时间跨度上，一般应包括整个规划周期。对于中、长期规划，可以规划的近期为评价的重点时段；必要时，也可根据规划方案的建设时序选择评价的重点时段。

（3）评价范围在空间跨度上，一般应包括规划区域、规划实施影响的周边地域，特别应将规划实施可能影响的环境敏感区、重点生态功能区等重要区域整体纳入评价范围。

（4）确定规划环境影响评价的空间范围，一般应同时考虑三个方面的因素：一是规划的环境影响可能达到的地域范围；二是自然地理单元、气候单元、水文单元、生态单元等的完整性；三是行政边界或已有的管理区界（如自然保护区界、饮用水水源保护区界等）。

四、规划环境影响评价的工作程序

（1）在规划纲要编制阶段，通过对规划可能涉及内容的分析，收集与规划相关的法律、法规、环境政策和产业政策，对规划区域进行现场踏勘，收集有关基础数据，初步调查环境敏感区域的有关情况，识别规划实施的主要环境影响，分析提出规划实施的资源和环境制约因素，反馈给规划编制机关。同时确定规划环境影响评价方案。

（2）在规划的研究阶段，评价可随着规划的不断深入，及时对不同规划方案实施的资源、环境、生态影响进行分析、预测和评估，综合论证不同规划方案的合理性，提出优化调整建议，反馈给规划编制机关，供其在不同规划方案的比选中参考与利用。

（3）在规划的编制阶段。

1）应针对环境影响评价推荐的环境可行的规划方案，从战略和政策层面提出环境影响减缓措施。如果规划未采纳环境影响评价推荐的方案，还应重点对规划方案提出必要的优化调整建议。编制环境影响跟踪评价方案，提出环境管理要求，反馈给规划编制机关。

2）如果规划选择的方案资源环境无法承载、可能造成重大不良环境影响且无法提出切实可行的预防或减轻对策和措施，以及对可能产生的不良环境影响的程度或范围尚无法做出科学判断时，应提出放弃规划方案的建议，反馈给规划编制机关。

（4）在规划上报审批前，应完成规划环境影响报告书（规划环境影响篇章或说明）的编写与审查，并提交给规划编制机关。

规划环境影响评价的工作程序如图 13-1 所示。

五、规划环境影响评价的方法

规划环境影响评价各工作环节常用的方式和方法见各具体章节，部分常用方法见表 13-1。进行具体评价工作时可根据需要选用，也可选用其他成熟的技术方法。

六、规划环境影响评价与建设项目环境影响评价的比较

规划环境影响评价和建设项目环境影响评价的评价目的、技术原则是基本相同的，但在介入时机、评价方法、技术要求等具体细节上存在较大差异。

对一项政策、规划或计划的决策，可能引发或带动一系列的经济活动和具体项目的开发建设，或者规划、计划本身就包括了一系列拟议的具体建设项目，从而可能导致不利的环境影响，而且这些影响可能是大范围的、长期的、具有累积效应的。

将环境影响评价纳入到政策、规划和计划的制定与决策过程中，实际上是在决策的源头消除、减少、控制不利的环境影响。宏观上，规划环境影响评价重点解决与战略决策议题有关的环境保护问题，如规划发展目标的环境可行性、规划总体布局的环境合理性、实现规划发展目标的途径和方案的环境合理性和可行性。

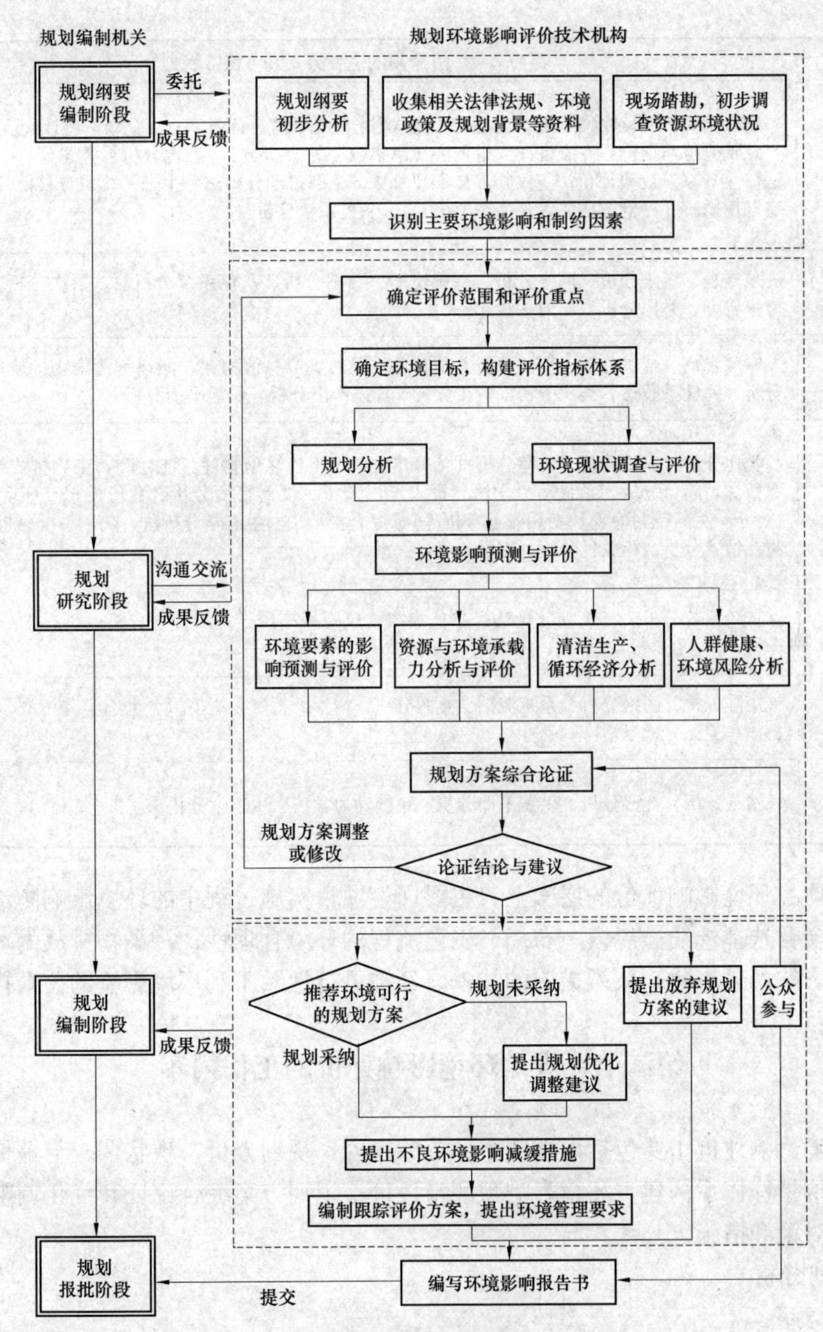

图 13-1 规划环境影响评价的工作程序

表 13-1　　规划环境影响评价的常用方法

评价环节	可采用的主要方式和方法
规划分析	核查表、叠图分析、矩阵分析、专家咨询（如智暴法、德尔斐法等）、情景分析、类比分析、系统分析、博弈论

续表

评价环节	可采用的主要方式和方法
环境现状调查与评价	现状调查：资料收集、现场踏勘、环境监测、生态调查、问卷调查、访谈、座谈会。 现状分析与评价：专家咨询、指数法（单指数、综合指数）、类比分析、叠图分析、生态学分析法（生态系统健康评价法、生物多样性评价法、生态机理分析法、生态系统服务功能评价方法、生态环境敏感性评价方法、景观生态学法等）、灰色系统分析法
环境影响识别与评价指标确定	核查表、矩阵分析、网络分析、系统流图、叠图分析、灰色系统分析法、层次分析、情景分析、专家咨询、类比分析、压力—状态—响应分析
规划开发强度估算	专家咨询、情景分析、负荷分析（估算单位国内生产总值物耗、能耗和污染物排放量等）、趋势分析、弹性系数法、类比分析、对比分析、投入产出分析、供需平衡分析
环境要素影响预测与评价	类比分析、对比分析、负荷分析（估算单位国内生产总值物耗、能耗和污染物排放量等）、弹性系数法、趋势分析、系统动力学法、投入产出分析、供需平衡分析、数值模拟、环境经济学分析（影子价格、支付意愿、费用效益分析等）、综合指数法、生态学分析法、灰色系统分析法、叠图分析、情景分析、相关性分析、剂量—反应关系评价
环境风险评价	灰色系统分析法、模糊数学法、数值模拟、风险概率统计、事件树分析、生态学分析法、类比分析
累积影响评价	矩阵分析、网络分析、系统流图、叠图分析、情景分析、数值模拟、生态学分析法、灰色系统分析法、类比分析
资源与环境承载力评估	情景分析、类比分析、供需平衡分析、系统动力学法、生态学分析法

在建设项目环境影响评价的层次上，主要回答项目实施过程中的环境影响防治问题。主要讨论建设项目选址选线、规模、布局、工艺流程的环境合理性；污染物排放的环境可行性与不利环境影响的最小化；减缓措施的技术、经济可行性及不利环境影响的公众接受程度。

第二节　规划环境影响评价的工作内容

规划环境影响评价主要包括以下 7 个部分的内容：规划分析，现状调查与评价，环境影响识别与评价指标体系构建，环境影响预测与评价，规划方案综合论证和优化调整建议，环境影响减缓对策和措施，公众参与。

一、规划分析

1. 基本要求

规划分析应包括规划概述、规划的协调性分析和不确定性分析等。通过对多个规划方案具体内容的解析和初步评估，从规划与资源节约、环境保护等各项要求相协调的角度，筛选出备选的规划方案，并对其进行不确定性分析，给出可能导致环境影响预测结果和评价结论发生变化的不同情景，为后续的环境影响分析、预测与评价提供基础。

2. 规划概述

（1）简要介绍规划编制的背景和定位，梳理并详细说明规划的空间范围和空间布局，规划的近期和中、远期目标，发展规模，结构（如产业结构、能源结构、资源利用结构等），建设时序，配套设施安排等可能对环境造成影响的规划内容，介绍规划的环保设施建设及生态保护等内容。例如，规划包含具体建设项目时，应明确其建设性质、内容、规模、地点等。其中，规划的范围、布局等应给出相应的图、表。

（2）分析给出规划实施所依托的资源与环境条件。

3. 规划协调性分析

（1）分析规划在所属规划体系（如土地利用规划体系、流域规划体系、城乡规划体系等）中的位置，给出规划的层级（如国家级、省级、市级或县级），规划的功能属性（如综合性规划、专项规划、专项规划中的指导性规划）、规划的时间属性（如首轮规划、调整规划；短期规划、中期规划、长期规划）。

（2）筛选出与本规划相关的主要环境保护法律法规、环境经济与技术政策、资源利用和产业政策，并分析本规划与其相关要求的符合性。筛选时应充分考虑相关政策、法规的效力和时效性。

（3）分析规划目标、规模、布局等各规划要素与上层位规划的符合性，重点分析规划之间在资源保护与利用、环境保护、生态保护要求等方面的冲突和矛盾。

（4）分析规划与国家级、省级主体功能区规划在功能定位、开发原则和环境政策要求等方面的符合性。通过叠图等方法详细对比规划布局与区域主体功能区规划、生态功能区划、环境功能区划和环境敏感区之间的关系，分析规划在空间准入方面的符合性。

（5）筛选出在评价范围内与本规划所依托的资源和环境条件相同的同层位规划，并在考虑累积环境影响的基础上，逐项分析规划要素与同层位规划在环境目标、资源利用、环境容量与承载力等方面的一致性和协调性，重点分析规划与同层位的环境保护、生态建设、资源保护与利用等规划之间的冲突和矛盾。

（6）分析规划方案的规模、布局、结构、建设时序等与规划发展目标、定位的协调性。

通过上述协调性分析，从多个规划方案中筛选出与各项要求较为协调的规划方案作为备选方案，或综合规划协调性分析结果，提出与环保法规、各项要求相符合的规划调整方案作为备选方案。

4. 规划的不确定性分析

规划的不确定性分析主要包括规划基础条件的不确定性分析、规划具体方案的不确定性分析及规划不确定性的应对分析三个方面。

（1）规划基础条件的不确定性分析：重点分析规划实施所依托的资源、环境条件可能发生的变化，如水资源分配方案、土地资源使用方案、污染物排放总量分配方案等，论证规划各项内容顺利实施的可能性与必要条件，分析规划方案可能发生的变化或调整情况。

（2）规划具体方案的不确定性分析：从准确有效预测、评价规划实施的环境影响的角度，分析规划方案中需要具备但没有具备、应该明确但没有明确的内容，分析规划在产业结构、规模、布局及建设时序等方面可能存在的变化情况。

（3）规划不确定性的应对分析：针对规划基础条件、具体方案两方面不确定性的分析结果，筛选可能出现的各种情况，设置针对规划环境影响预测的多个情景，分析和预测不同情景下的环境影响程度和环境目标的可达性，为推荐环境可行的规划方案提供依据。

二、现状调查与评价

1. 基本要求

（1）通过调查与评价，掌握评价范围内主要资源的赋存和利用状况，评价生态状况、环境质量的总体水平和变化趋势，辨析制约规划实施的主要资源和环境要素。

（2）现状调查与评价一般包括自然环境状况、社会经济概况、资源赋存与利用状况、环境质量和生态状况等内容。实际工作中应遵循以点带面、点面结合、突出重点的原则，选择可以反映规划环境影响特点和区域环境目标要求的具体内容。

（3）现状调查可充分收集和利用已有的历史（一般为一个规划周期，或更长时间段）和现状资料。资料应能够反映整个评价区域的社会、经济和生态环境的特征，能够说明各项调查内容的现状和发展趋势，并注明资料的来源及其有效性；对于收集采用的环境监测数据，应给出监测点位分布图、监测时段及监测频次等，说明采用数据的代表性。当评价范围内有需要特别保护的环境敏感区时，需有专项调查资料。当已有资料不能满足评价要求，特别是需要评价规划方案中包含的具体建设项目的环境影响时，应进行补充调查和现状监测。

（4）对于尚未进行环境功能区或生态功能区划分的区域，可按照《声环境功能区划分技术规范》（GB/T 15190—2014）、《环境空气质量功能区划分原则与技术方法》（HJ/T 2014）、《近岸海域环境功能区划技术规范》（HJ/T 82—2001）或《生态功能区划暂行规程》中规定的原则与方法，先划定功能区，再进行现状评价。

2. 现状调查内容

（1）自然地理状况调查内容主要包括地形地貌，河流、湖泊（水库）、海湾的水文状况，环境水文地质状况，气候与气象特征等。

（2）社会经济概况调查内容一般包括评价范围内的人口规模、分布、结构（包括性别、年龄等）和增长状况，人群健康（包括地方病等）状况，农业与耕地（含人均），经济规模与增长率、人均收入水平，交通运输结构、空间布局及运量情况等。重点关注评价区域的产业结构、主导产业及其布局、重大基础设施布局及建设情况等，并附相应图件。

（3）环保基础设施建设及运行情况调查内容一般包括评价范围内的污水处理设施规模、分布、处理能力和处理工艺，以及服务范围和服务年限；清洁能源利用及大气污染综合治理情况；区域噪声污染控制情况；固体废物处理与处置方式及危险废物安全处置情况（包括规模、分布、处理能力、处理工艺、服务范围和服务年限等）；现有生态保护工程建设及实施效果；已发生的环境风险事故情况等。

（4）资源赋存与利用状况调查一般包括评价范围内的以下内容。

1）主要用地类型、面积及其分布、利用状况，区域水土流失现状，并附土地利用现状图。

2）水资源总量、时空分布及开发利用强度（包括地表水和地下水），饮用水水源保护区分布、保护范围，其他水资源利用状况（如海水、雨水、污水及中水）等，并附有关的水系图及水文地质相关图件或说明。

3）能源生产和消费总量、结构及弹性系数，能源利用效率等情况。

4）矿产资源类型与储量、生产和消费总量、资源利用效率等，并附矿产资源分布图。

5）旅游资源和景观资源的地理位置、范围和主要保护对象、保护要求，开发利用状况等，并附相关图件。

6）海域面积及其利用状况，岸线资源及其利用状况，并附相关图件。

7）重要生物资源（如林地资源、草地资源、渔业资源）和其他对区域经济社会有重要意义的资源的地理位置、范围及其开发利用状况，并附相关图件。

（5）环境质量与生态状况调查一般包括评价范围内的以下内容。

1）水（包括地表水和地下水）功能区划、海洋功能区划、近岸海域环境功能区划、保护目标及各功能区水质达标情况，主要水污染因子和特征污染因子、主要水污染物排放总量及其控制目标、地表水控制断面位置及达标情况、主要水污染源分布和污染贡献率（包括工业、农业和生活污染源）、单位国内生产总值废水及主要水污染物排放量，并附水功能区划图、控制断面位置图、海洋功能区划图、近岸海域环境功能区划图、主要水污染源排放口分布图和现状监测点位图。

2）大气环境功能区划、保护目标及各功能区环境空气质量达标情况、主要大气污染因子和特征污染因子、主要大气污染物排放总量及其控制目标、主要大气污染源分布和污染贡献率（包括工业、农业和生活污染源）、单位国内生产总值主要大气污染物排放量，并附大气环境功能区划图、重点污染源分布图和现状监测点位图。

3）声环境功能区划、保护目标及各功能区声环境质量达标情况，并附声环境功能区划图和现状监测点位图。

4）主要土壤类型及其分布，土壤肥力与使用情况，土壤污染的主要来源，土壤环境质量现状，并附土壤类型分布图。

5）生态系统的类型（森林、草原、荒漠、冻原、湿地、水域、海洋、农田、城镇等）及其结构、功能和过程。植物区系与主要植被类型，特有、狭域、珍稀、濒危野生动植物的种类、分布和生境状况，生态功能区划与保护目标要求，生态管控红线等；主要生态问题的类型、成因、空间分布、发生特点等。附生态功能区划图、重点生态功能区划图及野生动植物分布图等。

6）固体废物（一般工业固体废物、一般农业固体废物、危险废物、生活垃圾）产生量及单位国内生产总值固体废物产生量，危险废物的产生量、产生源分布等。

7）调查环境敏感区的类型、分布、范围、敏感性（或保护级别）、主要保护对象及相关环境保护要求等，并附相关图件。

3. 现状分析与评价

（1）资源利用现状评价。根据评价范围内各类资源的供需状况和利用效率等，分析区域资源利用和保护中存在的问题。

（2）环境与生态现状评价。

1）按照环境功能区划的要求，评价区域水环境质量、大气环境质量、土壤环境质量、声环境质量现状和变化趋势，分析影响其质量的主要污染因子和特征污染因子及其来源；评价区域环保设施的建设与运营情况，分析区域水环境（包括地表水、地下水、海水）保护、主要环境敏感区保护、固体废物处置等方面存在的问题及原因，以及目前需解决的主要环境问题。

2）根据生态功能区划的要求，评价区域生态系统的组成、结构与功能状况，分析生态系统面临的压力和存在的问题，生态系统的变化趋势和变化的主要原因。评价生态系统的完整性和敏感性。当评价区面积较大且生态系统状况差异也较大时，应进行生态环境敏感性分级、分区，并附相应的图表。当评价区域涉及受保护的敏感物种时，应分析该敏感物种的生态学特征；当评价区域涉及生态敏感区时，应分析其生态现状、保护现状和存在的问题等。明确目前区域生态保护和建设方面存在的主要问题。

3）分析评价区域已发生的环境风险事故的类型、原因及造成的环境危害和损失，分析区域环境风险防范方面存在的问题。

4）分性别、年龄段分析评价区域的人群健康状况和存在的问题。

(3) 主要行业经济和污染贡献率分析。分析评价区域主要行业的经济贡献率、资源消耗率（该行业的资源消耗量占资源消耗总量的比例）和污染贡献率（该行业的污染物排放量占污染物排放总量的比例），并与国内先进水平、国际先进水平进行对比分析，评价区域主要行业的资源、环境效益水平。

(4) 环境影响回顾性评价。结合区域发展的历史或上一轮规划的实施情况，对区域生态系统的变化趋势和环境质量的变化情况进行分析与评价，重点分析评价区域存在的主要生态、环境问题和人群健康状况与现有的开发模式、规划布局、产业结构、产业规模和资源利用效率等方面的关系。提出本次规划应关注的资源、环境、生态问题，以及解决问题的途径，并为本次规划的环境影响预测提供类比资料。

4. 制约因素分析

基于上述现状评价和规划分析结果，结合环境影响回顾与环境变化趋势分析结论，重点分析评价区域的环境现状与环境质量、生态功能与环境保护目标间的差距，明确提出规划实施的资源与环境制约因素。

三、环境影响识别与评价指标体系构建

1. 基本要求

按照一致性、整体性和层次性原则，识别规划实施可能影响的资源与环境要素，建立规划要素与资源、环境要素之间的关系，初步判断影响的性质、范围和程度，确定评价重点。并根据环境目标，结合现状调查与评价的结果，以及确定的评价重点，建立评价的指标体系。

2. 环境影响识别

(1) 重点从规划的目标、规模、布局、结构、建设时序及规划包含的具体建设项目等方面，全面识别规划要素对资源和环境造成影响的途径与方式，以及影响的性质、范围和程度。如果规划分为近期、中期、远期或其他时段，那么还应识别不同时段的影响。

(2) 识别规划实施的有利影响或不良影响，重点识别可能造成的重大不良环境影响，包括直接影响、间接影响，短期影响、长期影响，各种可能发生的区域性、综合性、累积性的环境影响或环境风险。

(3) 对于某些可能产生难降解、易生物蓄积、长期接触对人体和生物产生危害作用的重金属污染物、无机和有机污染物、放射性污染物、微生物等的规划，还应识别规划实施产生的污染物与人体接触的途径、方式（如经皮肤、口或鼻腔等），以及可能造成的人群健康影响。

(4) 对资源、环境要素的重大不良影响，可从规划实施是否导致区域环境功能变化、资源与环境利用严重冲突、人群健康状况发生显著变化三个方面进行分析与判断。

1）导致区域环境功能变化的重大不良环境影响，主要包括规划实施使环境敏感区、重

点生态功能区等重要区域的组成、结构、功能发生显著不良变化或导致其功能丧失，或使评价范围内的环境质量显著下降（环境质量降级）或导致功能区主要功能丧失。

2）导致资源、环境利用严重冲突的重大不良环境影响，主要包括规划实施与规划范围内或相邻区域内的其他资源开发利用规划和环境保护规划等产生的显著冲突，规划实施导致的环境变化对规划范围内或相关区域内的特殊宗教、民族或传统生产、生活方式产生的显著不良影响，规划实施可能导致的跨行政区、跨流域及跨国界的显著不良影响。

3）导致人群健康状况发生显著变化的重大不良环境影响，主要包括规划实施导致具有难降解、易生物蓄积、长期接触对人体和生物产生危害作用的重金属污染物、无机和有机污染物、放射性污染物、微生物等在水、大气和土壤环境介质中显著增加，对农、牧、渔产品的污染风险显著增加，以及导致人居生态环境发生显著不良变化。

（5）通过环境影响识别，以图、表等形式，建立规划要素与资源、环境要素之间的动态响应关系，给出各规划要素对资源、环境要素的影响途径，从中筛选出受规划影响大、范围广的资源、环境要素，作为分析、预测与评价的重点内容。

3. 环境目标与评价指标确定

（1）环境目标是开展规划环境影响评价的依据。规划在不同规划时段应满足的环境目标可根据以下三方面确定。

1）国家和区域确定的可持续发展战略、环境保护的政策与法规、资源利用的政策与法规、产业政策、上层位规划。

2）规划区域、规划实施直接影响的周边地域的生态功能区划和环境保护规划、生态建设规划确定的目标。

3）环境保护行政主管部门及区域、行业的其他环境保护管理要求。

（2）评价指标是量化了的环境目标，一般首先将环境目标分解成环境质量、生态保护、资源利用、社会与经济环境等评价主题，再筛选确定表征评价主题的具体评价指标，并将现状调查与评价中确定的规划实施的资源与环境制约因素作为评价指标筛选的重点。

（3）评价指标的选取应能体现国家发展战略和环境保护战略、政策、法规的要求，体现规划的行业特点及其主要环境影响特征，符合评价区域生态、环境特征，体现社会发展对环境质量和生态功能要求的不断提高，并易于统计、比较和量化。

（4）评价指标值的确定应符合相关产业政策、环境保护政策、法规和标准中规定的限值要求，国内政策、法规和标准中没有的指标值也可参考国际标准确定；对于不易量化的指标可经过专家论证，给出半定量的指标值或定性说明。

四、环境影响预测与评价

1. 基本要求

（1）系统分析规划实施全过程对可能受影响的所有资源、环境要素产生影响的类型和途径，针对环境影响识别确定的评价重点内容和各项具体评价指标，按照规划不确定性分析给出的不同发展情景，进行同等深度的影响预测与评价，明确给出规划实施对评价区域资源、环境要素产生影响的性质、程度和范围，为提出评价推荐的环境可行的规划方案和优化调整建议提供支持。

（2）环境影响预测与评价一般包括对规划开发强度的分析，对水环境（包括地表水、地下水、海水）、大气环境、土壤环境、声环境的影响，对生态系统完整性及景观生态格局的影响，对环境敏感区和重点生态功能区的影响，对资源与环境承载能力的评估等内容。

(3) 环境影响预测应充分考虑规划的层级和属性，依据不同层级和属性规划的决策需求，采用定性、半定量、定量相结合的方式进行。对环境质量影响较大、与节能减排关系密切的工业、能源、城市建设、区域建设与开发利用、自然资源开发等专项规划，应进行定量或半定量环境影响预测与评价。对于资源和水环境、大气环境、土壤环境、海洋环境、声环境指标的预测与评价，一般应采用定量的方式进行。

2. 环境影响预测与评价的内容

(1) 规划开发强度分析。

1) 通过规划要素的深入分析，选择与规划方案性质、发展目标等相近的国内、外同类型已实施规划进行类比分析（如果区域已开发，则可采用环境影响回顾性分析的资料），依据现状调查与评价的结果，同时考虑科技进步和能源替代等因素，结合不确定性分析设置的不同发展情景，采用负荷分析、投入产出分析等方法，估算关键性资源的需求量和污染物（包括影响人群健康的特定污染物）的排放量。

2) 选择与规划方案和规划所在区域生态系统（组成、结构、功能等）相近的已实施规划进行类比分析，依据生态现状调查与评价的结果，同时考虑生态系统的自我调节和生态修复等因素，结合不确定性分析设置的不同发展情景，采用专家咨询、趋势分析等方法，估算规划实施的生态影响范围和持续时间，以及主要生态因子的变化量（例如，生物量、植被覆盖率、珍稀濒危和特有物种生境损失量、水土流失量、斑块优势度等）。

(2) 影响预测与评价。

1) 预测不同发展情景下规划实施产生的水污染物对受纳水体稀释扩散能力、水质、水体富营养化和河口咸水入侵等的影响；对地下水水质、流场和水位的影响；对海域水动力条件、水环境质量的影响。明确影响的范围与程度或变化趋势，评价规划实施后受纳水体的环境质量能否满足相应功能区的要求，并绘制相应的预测与评价图件。

2) 预测不同发展情景规划实施产生的大气污染物对环境敏感区和评价范围内大气环境的影响范围与程度或变化趋势，在叠加环境现状本底值的基础上，分析规划实施后区域环境空气质量能否满足相应功能区的要求，并绘制相应的预测与评价图件。

3) 声环境影响预测与评价按照《环境影响评价技术导则　声环境》(HJ 2.4—2009) 中关于规划环境影响评价声环境影响评价的要求执行。

4) 预测不同发展情景下，规划实施产生的污染物对区域土壤环境影响的范围与程度或变化趋势，评价规划实施后土壤环境质量能否满足相应标准的要求，进而分析其对区域农作物、动植物等造成的潜在影响，并绘制相应的预测与评价图件。

5) 预测不同发展情景对区域生物多样性（主要是物种多样性和生境多样性）、生态系统连通性、破碎度及功能等的影响性质与程度，评价规划实施对生态系统完整性及景观生态格局的影响，明确评价区域主要生态问题（如生态功能退化、生物多样性丧失等）的变化趋势，分析规划是否符合有关生态红线的管控要求。对规划区域进行了生态敏感性分区的，还应评价规划实施对不同区域的影响后果，以及规划布局的生态适宜性。

6) 预测不同发展情景对自然保护区、饮用水水源保护区、风景名胜区、基本农田保护区、居住区、文化教育区域等环境敏感区、重点生态功能区和重点环境保护目标的影响，评价其是否符合相应的保护要求。

7）对于某些可能产生难降解、易生物蓄积、长期接触对人体和生物产生危害作用的重金属污染物、无机和有机污染物、放射性污染物、微生物等的规划，根据这些特定污染物的环境影响预测结果及其可能与人体接触的途径与方式，分析可能受影响的人群范围、数量和敏感人群所占的比例，开展人群健康影响状况分析。鼓励通过剂量—反应关系模型和暴露评价模型，定量预测规划实施对区域人群健康的影响。

8）对于规划实施可能产生重大环境风险源的，应进行危险源、事故概率、规划区域与环境敏感区及环境保护目标相对位置关系等方面的分析，开展环境风险评价；对于规划范围涉及生态脆弱区域或重点生态功能区的，应开展生态风险评价。

9）对于工业、能源、自然资源开发等专项规划和开发区、工业园区等区域开发类规划，应进行清洁生产分析，重点评价产业发展的单位国内生产总值或单位产品的能源、资源利用效率和污染物排放强度、固体废物综合利用率等的清洁生产水平；对于区域建设和开发利用规划，以及工业、农业、畜牧业、林业、能源、自然资源开发的专项规划，需要进行循环经济分析，重点评价污染物综合利用途径与方式的有效性和合理性。

（3）累积环境影响预测与分析。识别和判定规划实施可能发生累积环境影响的条件、方式和途径，预测和分析规划实施与其他相关规划在时间和空间上累积的资源、环境、生态影响。

（4）资源与环境承载力评估。评估资源（水资源、土地资源、能源、矿产等）与环境承载能力的现状及利用水平，在充分考虑累积环境影响的情况下，动态分析不同规划时段可供规划实施利用的资源量、环境容量及总量控制指标，重点判定区域资源与环境对规划实施的支撑能力，以及规划实施是否会导致生态系统主导功能发生显著不良变化或丧失。

五、规划方案的综合论证和优化调整建议

1. 基本要求

（1）依据环境影响识别后建立的规划要素与资源、环境要素之间的动态响应关系，综合各种资源与环境要素的影响预测和分析、评价结果，论证规划的目标、规模、布局、结构等规划要素的合理性及环境目标的可达性，动态判定不同规划时段、不同发展情景下规划实施有无重大资源、生态、环境制约因素，详细说明制约的程度、范围、方式等，进而提出规划方案的优化调整建议和评价推荐的规划方案。

（2）规划方案的综合论证包括环境合理性论证和可持续发展论证两部分内容。其中，前者侧重于从规划实施对资源、环境整体影响的角度，论证各规划要素的合理性；后者则侧重于从规划实施对区域经济、社会与环境效益贡献，以及协调当前利益与长远利益之间关系的角度，论证规划方案的合理性。

2. 规划方案的综合论证

（1）规划方案的环境合理性论证。

1）基于区域发展与环境保护的综合要求，结合规划协调性分析结论，论证规划目标与发展定位的合理性。

2）基于资源与环境承载力评估结论，结合区域节能减排和总量控制等要求，论证规划规模的环境合理性。

3）基于规划与重点生态功能区、环境功能区划、环境敏感区的空间位置关系，以及对环境保护目标和环境敏感区的影响程度，结合环境风险评价的结论，论证规划布局的环境合理性。

4）基于区域环境管理和循环经济发展要求，以及清洁生产水平的评价结果，重点结合规划重点产业的环境准入条件，论证规划的能源结构、产业结构的环境合理性。

5）基于规划实施环境影响评价结果，重点结合环境保护措施的经济技术可行性，论证环境保护目标与评价指标的可达性。

(2) 规划方案的可持续发展论证。

1）从保障区域、流域可持续发展的角度，论证规划实施能否使其消耗（或占用）资源的市场供求状况有所改善，能否解决区域、流域经济发展的资源瓶颈；论证规划实施能否使其所依赖的生态系统保持稳定，能否使生态服务功能逐步提高；论证规划实施能否使其所依赖的环境状况整体改善。

2）综合分析规划方案的先进性和科学性，论证规划方案与国家全面协调可持续发展战略的符合性，可能带来的直接和间接的社会、经济、生态环境效益，对区域经济结构的调整与优化的贡献程度，以及对区域社会发展和社会公平的促进性等。

(3) 不同类型规划方案的综合论证重点。

1）进行综合论证时，可针对不同类型和不同层级规划的环境影响特点，突出论证重点。

2）对于资源、能源消耗量大，污染物排放量高的行业规划，应重点从区域资源、环境对规划的支撑能力，规划实施对敏感环境保护目标与节能减排目标的影响程度，清洁生产水平，人群健康影响状况等方面，论述规划确定的发展规模、布局（及选址）和产业结构的合理性。

3）对于土地利用的有关规划和区域、流域、海域的建设、开发利用规划，以及农业、畜牧业、林业、能源、水利、旅游、自然资源开发专项规划，应重点从规划实施对生态系统及环境敏感区的组成、结构、功能所造成的影响，以及潜在的生态风险，论述规划方案的合理性。

4）对于公路、铁路、航运等交通类规划，应重点从规划实施对生态系统组成、结构、功能所造成的影响，规划布局与评价区域生态功能区划，景观生态格局之间的协调性，以及规划的能源利用和资源占用效率等方面，论述交通设施结构、布局等的合理性。

5）对于开发区及产业园区等规划，应重点从区域资源、环境对规划实施的支撑能力，规划的清洁生产与循环经济水平，规划实施可能造成的事故性环境风险与人群健康影响状况等方面，综合论述规划选址及各规划要素的合理性。

6）城市规划、国民经济与社会发展规划等综合类规划，应重点从区域资源、环境及城市基础设施对规划实施的支撑能力能否满足可持续发展要求、改善人居环境质量、优化城市景观生态格局、促进两型社会建设和生态文明建设等方面，综合论述规划方案的合理性。

3. 规划方案的优化调整建议

(1) 根据规划方案的环境合理性和可持续发展论证结果，对规划要素提出明确的优化调整建议，特别是出现以下情形时。

1）规划的目标、发展定位与国家级、省级主体功能区规划要求不符。

2）规划的布局和规划包含的具体建设项目选址、选线与主体功能区规划、生态功能区划、环境敏感区的保护要求发生严重冲突。

3）规划本身或规划包含的具体建设项目属于国家明令禁止的产业类型或不符合国家产

业政策、环境保护政策（包括环境保护相关规划、节能减排和总量控制要求等）。

4）规划方案中配套建设的生态保护和污染防治措施实施后，区域的资源、环境承载力仍无法支撑规划的实施，或仍可能造成重大的生态破坏和环境污染。

5）规划方案中存在依据现有知识水平和技术条件，无法或难以对其产生的不良环境影响的程度或者范围做出科学、准确判断的内容。

（2）规划的优化调整建议应全面、具体、可操作。如果对规划规模（或布局、结构、建设时序等）提出了调整建议，则应明确给出调整后的规划规模（或布局、结构、建设时序等），并保证调整后的规划方案实施后资源与环境承载力可以支撑。

（3）将优化调整后的规划方案，作为评价推荐的规划方案。

六、环境影响减缓对策和措施

规划的环境影响减缓对策和措施是对规划方案中配套建设的环境污染防治、生态保护和提高资源能源利用效率措施进行评估后，针对环境影响评价推荐的规划方案实施后所产生的不良环境影响，提出的政策、管理或者技术等方面的建议。

环境影响减缓对策和措施应具有可操作性，能够解决或缓解规划所在区域已存在的主要环境问题，并使环境目标在相应的规划期限内可以实现。

环境影响减缓对策和措施包括影响预防、影响最小化及对造成的影响进行全面修复补救等三方面的内容。

（1）预防对策和措施可从建立健全环境管理体系、建议发布的管理规章和制度、划定禁止和限制开发区域、设定环境准入条件、建立环境风险防范与应急预案等方面提出。

（2）影响最小化对策和措施可从环境保护基础设施和污染控制设施建设方案、清洁生产和循环经济实施方案等方面提出。

（3）修复补救措施主要包括生态修复与建设、生态补偿、环境治理、清洁能源与资源替代等措施。

如果规划方案中包含具体的建设项目，则还应针对建设项目所属行业特点及其环境影响特征，提出建设项目环境影响评价的重点内容和基本要求，并依据本规划环境影响评价的主要评价结论提出相应的环境准入（包括选址或选线、规模、清洁生产水平、节能减排、总量控制和生态保护要求等）、污染防治措施建设和环境管理等要求。同时，在充分考虑规划编制时设定的某些资源、环境基础条件随区域发展发生变化的情况下，提出建设项目环境影响评价内容的具体简化建议。

七、环境影响跟踪评价

对于可能产生重大环境影响的规划，在编制规划环境影响评价文件时，应拟定跟踪评价方案，对规划的不确定性提出管理要求，对规划实施全过程产生的实际资源、环境、生态影响进行跟踪监测。

跟踪评价取得的数据、资料和评价结果应能够为规划的调整及下一轮规划的编制提供参考，同时为规划实施区域的建设项目管理提供依据。

跟踪评价方案一般包括评价的时段、主要评价内容、资金来源、管理机构设置及其职责定位等。其中，主要包括以下评价内容。

（1）对规划实施全过程中已经或正在造成的影响提出监控要求，明确需要进行监控的资源、环境要素及其具体的评价指标，提出实际产生的环境影响与环境影响评价文件预测结果之间的比较分析和评估的主要内容。

(2) 对规划实施中所采取的预防或者减轻不良环境影响的对策和措施提出分析和评价的具体要求，明确评价对策和措施有效性的方式、方法和技术路线。

(3) 明确公众对规划实施区域环境与生态影响的意见和对策建议的调查方案。

(4) 提出跟踪评价结论的内容要求（环境目标的落实情况等）。

八、公众参与

(1) 对可能造成不良环境影响并直接涉及公众环境权益的专项规划，应当公开征求有关单位、专家和公众对规划环境影响报告书的意见。依法需要保密的除外。

(2) 公开的环境影响报告书的主要内容包括：规划概况、规划的主要环境影响、规划的优化调整建议和预防或者减轻不良环境影响的对策与措施、评价结论。

(3) 公众参与可采取调查问卷、座谈会、论证会、听证会等形式进行。对于政策性、宏观性较强的规划，参与的人员可以规划涉及的部门代表和专家为主；对于内容较为具体的开发建设类规划，参与的人员还应包括直接环境利益相关群体的代表。

(4) 处理公众参与的意见和建议时，对于已采纳的，应在环境影响报告书中明确说明修改的具体内容；对于不采纳的，应说明理由。

九、评价结论

(1) 评价结论是对整个评价工作成果的归纳总结，应力求文字简洁、论点明确、结论清晰准确。

(2) 在评价结论中应明确给出以下内容。

1) 评价区域的生态系统完整性和敏感性，环境质量现状和变化趋势，资源利用现状，明确对规划实施具有重大制约的资源、环境要素。

2) 规划实施可能造成的主要生态、环境影响预测结果和风险评价结论；对水、土地、生物资源和能源等的需求情况。

3) 规划方案的综合论证结论，主要包括规划的协调性分析结论，规划方案的环境合理性和可持续发展论证结论，环境保护目标与评价指标的可达性评价结论，规划要素的优化调整建议等。

4) 规划的环境影响减缓对策和措施，主要包括环境管理体系构建方案、环境准入条件、环境风险防范与应急预案的构建方案、生态建设和补偿方案、规划包含的具体建设项目环境影响评价的重点内容和要求等。

5) 跟踪评价方案，跟踪评价的主要内容和要求。

6) 公众参与意见和建议处理情况，不采纳意见的理由说明。

第三节　规划环境影响评价技术文件的编制内容

规划环境影响评价文件应图文并茂、数据翔实、论据充分、结构完整、重点突出、结论和建议明确。

一、规划环境影响报告书的编制内容

(1) 总则。概述任务由来，说明与规划编制全程互动的有关情况及其所起的作用。明确评价依据，评价目的与原则，评价范围（附图），评价重点；附图、列表说明主体功能区规划、生态功能区划、环境功能区划及其执行的环境标准对评价区域的具体要求，说明评价区域内的主要环境保护目标和环境敏感区的分布情况及其保护要求等。

（2）规划分析。概述规划编制的背景，明确规划的层级和属性，解析并说明规划的发展目标、定位、规模、布局、结构、时序，以及规划所包含的具体建设项目的建设计划等规划内容；进行规划与政策法规、上层位规划在资源保护与利用、环境保护、生态建设要求等方面的符合性分析，与同层位规划在环境目标、资源利用、环境容量与承载力等方面的协调性分析，给出分析结论，重点明确规划之间的冲突与矛盾；进行规划的不确定性分析，给出规划环境影响预测的不同情景。

（3）环境现状调查与评价。概述环境现状调查情况。阐明评价区的自然地理状况、社会经济概况、资源赋存与利用状况、环境质量和生态状况等，评价区域资源利用和保护中存在的问题，分析规划布局与主体功能区规划、生态功能区划、环境功能区划和环境敏感区、重点生态功能区之间的关系，评价区域环境质量状况，分析区域生态系统的组成、结构与功能状况、变化趋势和存在的主要问题，评价区域环境风险防范和人群健康状况，分析评价区主要行业经济和污染贡献率。对已开发区域进行环境影响回顾性评价，明确现有开发状况与区域主要环境问题间的关系。明确提出规划实施的资源与环境制约因素。

（4）环境影响识别与评价指标体系构建。识别规划实施可能影响的资源与环境要素及其范围和程度，建立规划要素与资源、环境要素之间的动态响应关系。论述评价区域的环境质量、生态保护和其他与环境保护相关的目标和要求，确定不同规划时段的环境目标，建立评价指标体系，给出具体的评价指标值。

（5）环境影响预测与评价。说明资源、环境影响预测的方法，包括预测模式和参数选取等。估算不同发展情景对关键性资源的需求量和污染物的排放量，给出生态影响范围和持续时间，主要生态因子的变化量。预测与评价不同发展情景下区域环境质量能否满足相应功能区的要求，对区域生态系统完整性所造成的影响，对主要环境敏感区和重点生态功能区等环境保护目标的影响性质与程度。

根据不同类型规划及其环境影响特点，开展人群健康影响状况评价、事故性环境风险和生态风险分析、清洁生产水平和循环经济分析。预测和分析规划实施与其他相关规划在时间和空间上的累积环境影响。评价区域资源与环境承载能力对规划实施的支撑状况。

（6）规划方案综合论证和优化调整建议。综合各种资源与环境要素的影响预测和分析、评价结果，分别论述规划的目标、规模、布局、结构等规划要素的环境合理性，以及环境目标的可达性和规划对区域可持续发展的影响。明确规划方案的优化调整建议，并给出评价推荐的规划方案。

（7）环境影响减缓措施。详细给出针对不良环境影响的预防、最小化及对造成的影响进行全面修复补救的对策和措施，并论述对策和措施的实施效果。如果规划方案中包含具体的建设项目，那么还应给出重大建设项目环境影响评价的重点内容和基本要求（包括简化建议）、环境准入条件和管理要求等。

（8）环境影响跟踪评价。详细说明拟定的跟踪评价方案，论述跟踪评价的具体内容和要求。

（9）公众参与。说明公众参与的方式、内容及公众参与意见和建议的处理情况，重点说明不采纳的理由。

(10) 评价结论。归纳总结评价工作成果，明确规划方案的合理性和可行性。

(11) 附必要的表征规划发展目标、规模、布局、结构、建设时序，以及表征规划涉及的资源与环境的图、表和文件，给出环境现状调查范围、监测点位分布等图件。

二、规划环境影响篇章（或说明）的编制内容

(1) 环境影响分析依据。重点明确与规划相关的法律法规、环境经济与技术政策、产业政策和环境标准。

(2) 环境现状评价。明确主体功能区规划、生态功能区划、环境功能区划对评价区域的要求，说明环境敏感区和重点生态功能区等环境保护目标的分布情况及其保护要求；评述资源利用和保护中存在的问题，区域环境质量状况，以及生态系统的组成、结构与功能状况、变化趋势和存在的主要问题，评价区域环境风险防范和人群健康状况，明确提出规划实施的资源与环境制约因素。

(3) 环境影响分析、预测与评价。根据规划的层级和属性，分析规划与相关政策、法规、上层位规划在资源利用、环境保护要求等方面的符合性。评价不同发展情景下区域环境质量能否满足相应功能区的要求，对区域生态系统完整性所造成的影响，以及对主要环境敏感区和重点生态功能区等环境保护目标的影响性质与程度。根据不同类型规划及其环境影响特点，开展人群健康影响状况分析、事故性环境风险和生态风险分析、清洁生产水平和循环经济分析。评价区域资源与环境承载能力对规划实施的支撑状况，以及环境目标的可达性。给出规划方案的环境合理性和可持续发展综合论证结果。

(4) 环境影响减缓措施。详细说明针对不良环境影响的预防、减缓（最小化）及对造成的影响进行全面修复补救的对策和措施。如果规划方案中包含具体的建设项目，那么还应给出重大建设项目环境影响评价要求、环境准入条件和管理要求等。给出跟踪评价方案，明确跟踪评价的具体内容和要求。

(5) 根据评价需要，在篇章（或说明）中附必要的图、表。

1. 规划环境影响评价的目的与原则是什么？
2. 简述规划环境影响评价与区域环境影响评价的区别。
3. 简述规划环境影响评价的工作程序。
4. 简述规划环境影响评价的基本内容。

第十四章　建设项目环境影响评价文件的编制和报批

根据《建设项目环境影响评价分类管理名录》(2015 年 3 月 19 日颁布)，国家根据建设项目对环境的影响程度，按照下列规定对建设项目的环境保护实行分类管理。

(1) 建设项目对环境可能造成重大影响的，应当编制环境影响报告书，对建设项目产生的污染和对环境的影响进行全面、详细的评价。

(2) 建设项目对环境可能造成轻度影响的，应当编制环境影响报告表，对建设项目产生的污染和对环境的影响进行分析或者专项评价。

(3) 建设项目对环境影响很小，不需要进行环境影响评价的，应当填报环境影响登记表。

第一节　建设项目环境影响评价文件的编制

一、建设项目环境影响报告书的编制

(一) 环境影响报告书的编写原则

环境影响报告书是环境影响评价程序和内容的书面表现形式之一，是环境影响评价项目的重要技术文件。在编写时应遵循以下原则。

(1) 环境影响报告书应该全面、客观、公正，概括地反映环境影响评价的全部工作，评价内容较多的报告书，其重点评价项目另编分项报告书，主要的技术问题另编专题报告书。

(2) 文字应简洁、准确，图表要清楚，论点要明确。大（复杂）项目应有总报告和分报告（或附件），总报告应简明扼要，分报告要把专题报告、计算依据列入。环境影响报告书应根据环境和工程特点及评价工作等级进行编制。详细编制要求和内容请参见后续章节。

(二) 环境影响报告书编制的基本要求

环境影响报告书的编写应满足以下基本要求。

(1) 环境影响报告书总体编排结构应符合《建设项目环境保护管理条例》(1998 年 11 月 29 日颁布）的要求，内容全面，重点突出，实用性强。

(2) 基础数据可靠。基础数据是评价的基础，如果基础数据有错误，特别是污染源排放量有错误，那么不管选用的计算模式多正确，计算得多么精确，其计算结果都是错误的。因此，基础数据必须可靠，对不同来源的同一参数数据出现不一致时应进行核实。

(3) 预测模式及参数选择合理。环境影响评价预测模式都有一定的适用条件，参数也因污染物和环境条件的不同而不同。因此，预测模式和参数选择应“因地制宜”，选择模式的推导（总结）条件和评价环境条件相近（相同）的模式。选择总结参数时的环境条件和评价环境条件相近（相同）的参数。

(4) 结论观点明确、客观可信。结论中必须对建设项目的可行性、选址的合理性做出明

确回答，不能模棱两可。结论必须以报告书中客观的论证为依据，不能带感情色彩。

（5）语句通顺、条理清楚、文字简练、篇幅不宜过长。凡带有综合性、结论性的图表应放到报告书的正文中，对于有参考价值的图表应放到报告书的附件中，以减少篇幅。

（6）环境影响报告书中应有评价资格证书。资格证书应有报告书的署名，报告书编制人员按行政总负责人、技术总负责人、技术审核人、项目总负责人，依次署名盖章，报告编写人署名。

（三）现状调查及影响评价分章编排的环境影响报告书的编制要点

建设项目的类型不同，对环境的影响差别很大，环境影响报告书的编制内容也就不同。虽然如此，但其基本格式、基本内容相差不大。环境影响报告书的编写格式分为以环境现状调查及影响预测评价分章编排和按环境要素分章编排两种。此处以前种编排方式为例。

1. 总论

（1）项目的由来。

（2）编制目的。

（3）编制依据。评价委托合同或委托书；建设项目建议书的批准文件或可行性研究报告的批准文件；《建设项目环境保护管理条例》及地方环境保护部门为贯彻此条例而颁布的实施细则或规定；建设项目的可行性研究报告或设计文件；国家或地方的相关法律、法规；环境影响评价大纲及审批文件。

（4）评价标准。包括大气环境、水环境、土壤、环境噪声等环境质量标准，以及污染物排放标准，并指出执行标准的哪一类或哪一级。

（5）评价级别。分别给出大气、水、生态、声等环境影响评价级别。

（6）评价范围。可按大气环境、地表水环境、地下水环境、环境噪声、土壤及生态环境分别列出，并给出评价范围的图。

（7）控制及环境保护目标。指出建设项目中有无需要特别加以控制的污染源，主要是指排放量特别大或排放污染物毒性很大的污染源，在评价区内有无需要重点保护的目标。

2. 建设项目概况及工程分析

（1）建设规模。如果是改、扩建项目，那么还应说明原有规模。

（2）生产工艺简介。介绍每一种产品生产方案的投入、产出全过程。凡有重要的化学反应方程式，均应列出。给出生产工艺流程和产污环节图。对于改、扩建项目，还应对原有的生产工艺、设备及污染防治措施进行分析。

（3）原料、燃料及用水量。给出物料平衡图和水量平衡图。

（4）污染物的排放量清单。对于扩建、技改项目，应列出技改前后或扩建前后的污染物排放量清单。

（5）建设项目拟采取的环境保护措施。

（6）工程影响环境因素分析。根据污染源、污染物的排放情况及环境背景状况，分析污染可能影响环境的各个方面，并将其主要影响作为环境影响预测的重要内容。

3. 环境现状调查与评价

（1）自然环境调查。评价区的地形、地貌、地质概况；水文及水文地质情况；气象与气候；土壤及农作物；森林、草原、水产；野生动物、野生植物、矿藏资源等情况。

（2）社会环境调查。评价区内的行政区划、人口分布、人口密度、人口职业构成与文化构成；现有工矿企业的分布概况（产品、产量、产值、利税、职工人数）及评价区内的交通运输情况；文化教育概况；人群健康及地方病情况；自然保护区、风景游览区、名胜古迹、温泉、疗养区及重要政治文化设施。

（3）评价区大气环境质量现状（背景）调查及评价。以列表方式给出大气监测结果，在表中列出各监测点大气污染物的一次浓度值和日平均浓度值的范围、超标率、最大超标倍数。计算评价区内大气污染物背景值，并尽可能分析造成大气污染的原因。

（4）地表水环境质量现状调查评价。将水质监测结果以列表形式给出，将监测值与评价标准对比，以超标率和超标倍数来表示水体质量的状况，分析造成水体污染的原因。

（5）地下水质现状（背景）调查评价。列表给出地下水监测结果，将监测值与评价标准进行对比，给出超标率和超标倍数，评价地下水质量，并分析地下水受到污染的原因。

（6）土壤现状调查评价。列表给出土壤监测结果，把监测值与评价标准进行对比，评价土壤环境质量。

（7）环境噪声现状（背景）调查评价。根据噪声监测数据，计算出各监测点的昼、夜等效声级及标准差，将等效声级与评价标准值对比，评价环境噪声状况。如果评价区内交通运输繁忙，那么还应进行交通噪声监测及评价。

（8）评价区内的人体健康及地方病调查。

（9）其他社会、经济活动污染、破坏环境现状调查。

4. 污染源调查与评价

说明污染源调查方法、数据来源、评价方法。列表分别给出评价区内大气污染源、水污染源、固体废物污染源的污染物排放量、排放浓度、排放方式、排放途径和去向，以及评价结果，从而找出评价区内的主要污染源和主要污染物。绘制评价区内污染源分布图。

5. 环境影响预测与评价

（1）大气环境影响预测与评价。

1）污染气象资料的收集及观测。

2）预测模式及参数的选用。

3）污染源参数。

4）预测结果分析及评价。根据各评价工作等级的要求进行预测，将预测结果与评价标准进行对比，评价对大气环境的影响，给出最大超标倍数和超标面积。

（2）地表水环境影响预测与评价。

1）选定水环境影响预测因子。

2）给出水环境影响预测的水体参数。

3）给出各污染源的污染物排放量及浓度。

4）预测模式及主要参数的选用。

5）列表给出水质预测结果，将预测值与评价标准进行比较，得出水环境影响评价结论。

（3）地下水环境影响预测与评价。地下水环境影响预测与评价是一个非常复杂的问题，只有拥有多年的地下污染监测资料和水文地质资料，才能运用数学解析的方法预测地下水水质。在一般的评价项目中，往往不具备上述条件，只能做定性或半定量的分析。

（4）噪声环境影响预测及评价。

1）噪声源声功率级的确定及噪声传播的空间环境特征。

2）根据噪声源类型及空间环境特征选择噪声预测模式。

3）选择空间环境的特征参数，进行模式预测。

4）列表给出预测结果，将预测值结果和评价标准值直接对比，评价对声学环境的影响。也可给出噪声等值线图。环境噪声影响预测包括建设项目环境噪声影响预测、交通噪声影响预测、飞机噪声影响预测等。

（5）生态环境影响评价。对于土壤环境影响预测多以类比定量调查为主，对于农作物的影响评价多以类比调查定性说明。

（6）对人群健康影响的分析。根据污染物在环境中浓度的预测结果，利用污染物剂量与人群健康之间的效应关系，分析其对人群健康的影响。

（7）振动及电磁波的环境影响分析。确定振动及电磁波的发生源的源强，选择预测模式进行预测，列表给出计算结果，分析其对环境的影响，也可用类比分析其影响。

（8）对周围地区的地质、水文、气象可能产生的影响。对于大型水库建设项目、农田水利工程、大型水电站等均应考虑这方面的影响。

6. 环境保护措施的可行性分析及建议

分别给出大气污染物、水污染物、固体废物、噪声等的处理净化系统的工艺原理、流程、处理效率、能耗、排放指标等，分析处理工艺及设备的可行性，论述排放指标是否达到排放标准，并提出合理化建议。

对监测项目，环境监测布点，监测机构的设置、人员和仪器设备的配备等提出环境监测制度建议。

7. 环境影响经济损益和社会效益的简要分析

（1）建设项目的经济效益包括建设项目的直接经济效益、建设项目的间接经济效益、环境保护投资及运转费。

（2）建设项目的环境效益。建设项目建成后使环境恶化，对农、林、牧、渔业造成的经济损失及污染治理费用。环境保护副产品收益，环境改善效益。

（3）建设项目的社会效益。促进当地经济、文化的进步，增加就业机会等。

最后，综合分析社会效益、经济效益、环境效益，权衡利弊，提出建设项目是否可行。

8. 结论及建议

（1）概括地描述环境质量现状，同时说明环境中现已存在的主要环境问题。

（2）简要说明建设项目的主要影响源及污染状况。

（3）概括总结环境影响的预测和评价结果。

（4）环境保护措施可行性分析的主要结论及建议。

（5）建设项目环境可行性的结论。

9. 其他

附件、附图及参考文献。

（四）按环境要素分章编写要点

（1）总论。内容同前。

（2）建设项目概况。内容同前。

（3）污染源调查与评价。内容同前。

（4）大气环境现状及影响评价。大气环境现状（背景）调查及大气环境影响预测与评价。

（5）地表水环境现状及影响评价。地表水环境现状（背景）调查及地表水环境影响预测与评价。

（6）地下水环境现状及影响评价。地下水环境现状（背景）调查及地下水环境影响预测与评价。

（7）环境噪声现状及影响评价。环境噪声调查及环境噪声影响预测与评价。

（8）土壤及农作物现状与影响预测分析。土壤及农作物现状调查和土壤及农作物环境影响分析。

（9）人群健康现状及对人群健康影响分析。评价区内人体健康及地方病调查和人群健康影响分析。

（10）生态环境现状及影响预测和评价。森林、草原、水产、野生动物、野生植物等的现状及建设项目对生物环境的影响预测和评价。

（11）特殊地区的环境现状及影响预测和评价。自然保护区、风景游览区、名胜古迹、温泉、疗养区及重要政治文化设施等地区的环境现状建设项目对这些地区的影响预测及评价。

（12）建设项目对其他环境的影响预测和评价。振动、电磁波、放射性的环境现状，建设项目对其他环境的影响预测及评价。

（13）环境保护措施的可行性分析及建议。内容同前。

（14）环境影响经济损益简要分析。

（15）结论和建议。

（16）其他。附件、附图及参考文献。

二、环境影响报告表的编写

1. 建设项目的基本情况

建设项目的基本情况包括项目名称、建设单位、建设地点、建设性质、行业类别、占地面积、总投资、环境保护投资、评价经费、预期投产日期、工程内容及规模、与本项目有关的原有污染情况及主要环境问题等。

2. 建设项目所在地的自然环境、社会环境简况

（1）自然环境简况：地形、地貌、地质、气候、气象、水文、植被、生物多样性等。

（2）社会环境简况：社会经济结构、教育、文化、文物保护等。

3. 环境质量状况

（1）建设项目所在地区域的环境质量现状及主要环境问题（环境空气、地表水、地下水、声环境、生态环境等）。

（2）主要环境保护目标是指项目所在区周围一定范围内的集中居民住宅区、学校、医院、保护文物、风景名胜区、水源地和生态敏感点等，应列出名单及保护级别。

4. 评价适用标准

评价适用标准包括环境质量标准、污染物排放标准和总量控制指标。

5. 建设项目工程分析

建设项目工程分析包括工艺流程简述、主要污染工序等。

6. 项目主要污染物的产生及预计排放情况

项目主要污染物产生及预计排放情况主要包括大气、水、固体废物、噪声等的污染源、污染物名称、处理前产生浓度及产生量、排放浓度及排放量，以及主要生态影响。

7. 环境影响分析

环境影响分析包括施工期和营运期的环境影响简要分析。

8. 建设项目拟采取的防治措施及预期治理效果

建设项目拟采取的防治措施主要包括大气、水、固体废物、噪声等的排放源、污染物名称、防治措施、预期处理效果，以及生态保护措施及预期效果。

9. 结论与建议

给出本项目清洁生产、达标排放和总量控制的分析结论，确定污染防治措施的有效性，说明本项目对环境造成的影响，给出建设项目环境可行性的明确结论，同时提出减少环境影响的其他建议。

第二节 建设项目环境影响评价文件的报批

一、建设项目环境影响评价文件的编制时段

建设单位应当在建设项目可行性研究阶段报批建设项目环境影响报告书、环境影响报告表或者环境影响登记表；但是，铁路、交通等建设项目，经有审批权的环境保护行政主管部门同意，可以在初步设计完成前报批环境影响报告书或者环境影响报告表。

按照国家有关规定，不需要进行可行性研究的建设项目，建设单位应当在建设项目开工前报批建设项目环境影响报告书、环境影响报告表或者环境影响登记表；其中，需要办理营业执照的，建设单位应当在办理营业执照前报批建设项目环境影响报告书、环境影响报告表或者环境影响登记表

二、建设项目环境影响评价文件的报送与审查

建设项目环境影响报告书、环境影响报告表或者环境影响登记表，由建设单位报有审批权的环境保护行政主管部门审批；建设项目有行业主管部门的，其环境影响报告书或者环境影响报告表应当经行业主管部门预审后，报有审批权的环境保护行政主管部门审批。

海岸工程建设项目环境影响报告书或者环境影响报告表，经海洋行政主管部门审核并签署意见后，报环境保护行政主管部门审批。

环境保护行政主管部门应当自收到建设项目环境影响报告书之日起 60 日内、收到环境影响报告表之日起 30 日内、收到环境影响登记表之日起 15 日内，分别做出审批决定并书面通知建设单位。

国务院环境保护行政主管部门负责审批下列建设项目环境影响报告书、环境影响报告表或者环境影响登记表。

(1) 核设施、绝密工程等特殊性质的建设项目。

(2) 跨省、自治区、直辖市行政区域的建设项目。

(3) 国务院审批的或者国务院授权有关部门审批的建设项目。

建设项目造成跨行政区域环境影响，有关环境保护行政主管部门对环境影响评价结论有争议的，其环境影响报告书或者环境影响报告表由共同上一级环境保护行政主管部门审批。建设项目环境影响报告书、环境影响报告表或者环境影响登记表经批准后，建设项目的性质、规模、地点或者采用的生产工艺发生重大变化的，建设单位应当重新报批建设项目环境影响报告书、环境影响报告表或者环境影响登记表。

建设项目环境影响报告书、环境影响报告表或者环境影响登记表自批准之日起满 5 年，建设项目方开工建设的，其环境影响报告书、环境影响报告表或者环境影响登记表应当报原审批机关重新审核。原审批机关应当自收到建设项目环境影响报告书、环境影响报告表或者环境影响登记表之日起 10 日内，将审核意见书面通知建设单位；逾期未通知的，视为审核同意。

第三节　建设项目环境影响报告书的编制规范

一、总论（第一章）

（一）评价目的与指导思想

（二）编制依据

（1）任务依据：委托书等。

（2）法律依据：国家、省颁发的环境保护法律、法规。

（3）技术依据：环境影响评价技术导则、规范、规程及本项目评价的大纲评估意见（需编制大纲的）、标准及污染物总量控制指标确认函等。

（4）技术资料：建设项目的相关可研、设计、地质等相关资料。

（5）相关规划：当地的环境保护规划或计划、城市总体规划、环境功能区划及其他有关规划。

上述列出的编制依据应与建设项目密切相关。书写方式为：颁发（编制）机构 · 文件 · 编号 · 文件名称 · 颁发时间；国家法律只需列出法规名称和时间。

（三）评价等级与评价范围

按照环境影响评价导则的规定确定评价等级和评价范围。应注意选取建设项目的特征污染因子确定各环境要素的评价等级。

（四）评价标准

根据项目所在地的环境功能区划，说明评价区域环境空气、地表水、声环境功能类别划分，按环境功能分别列出相应环境质量标准和排放标准。若当地暂未进行环境功能区划，或有的污染物国内暂无标准，则参照国外标准执行，并且均应取得相应的环境保护主管部门的书面确认。

（五）评价重点

依据建设项目的特点和周围环境状况确定评价重点。

（六）评价时段

一般可分为建设期和运行期。退役及退役后对环境有影响的项目，应考虑停止运行后的环境影响和环境管理问题（例如，垃圾处理场的封场至终场阶段的环境影响，矿山闭矿的环境影响等）。

（七）环境保护目标

描述评价范围内的居民点、学校、医院、自然保护区、风景名胜区、文物古迹、饮用水源保护区、水厂取水口等。环境保护目标可按表14-1填写。

表14-1 主要环境保护目标

环境要素	环境保护目标名称	方位	距离（m）	规模	环境功能及保护级别
环境空气					
水					
声					
其他要素					

注 1. 水厂取水口，t/d；居民点，户数/人数；医院，床位数；学校，人数/班级数，并注明是否有住校。
2. 若具有多个污染主体，那么其方位、距离等应以主要污染源描述，也可分表列出。

二、项目概况与工程分析（第二章）

本章应清晰描述建设项目的工程组成，对主要污染源，污染物排放数量、种类、方式和途径等阐述清楚，给出必要的物料平衡、水平衡数据或图表，对拟采用的环境工程对策、生态恢复措施和改扩建工程原有设施的环境影响进行客观分析。工程分析应分施工期、生产运行期两个阶段，必要时还应分析服务期满后环境影响，生产运行期应包括正常状态、非正常工况和事故排放状态等。

（一）建设项目概况

1. 项目名称、建设性质（新建、技改、扩建）、建设规模、建设地点、投资总额、环保投资额

附地理位置图。在图中标示评价区范围、厂址、交通干线、主要河流、湖泊、水库、湿地、城镇、主要的厂矿企业、自然人文景观，以及空气环境质量监测点位等主要环境敏感目标。附风向玫瑰图、图例（比例尺宜采用1∶50000）。

2. 项目建设内容

根据项目特点，将主体工程、辅助工程、公用工程、储运工程和环保工程分别按表14-2填写。技改工程应说明技改前后产品方案的变化情况。大型水利水电工程、交通工程应交代大的临时工程（如施工便道等）的有关情况。

表14-2 建设项目组成一览表

工程类别	单项工程名称	工程内容	工程规模
主体工程			
辅助工程			
储运工程			
公用工程			

注 工程内容中应注明主要设备。

3. 总平面布置

简述建设项目总平面布置及厂区总平面布置情况，并附总平面布置图（线性工程需附重要节点图，车站、码头、服务区及主要立交点位图）。总平面布置图中需标明主要生产装

置、公用工程、化学品库、主要污染源（主要排气筒、总排口、主要噪声源），标明固体废物储存场和取弃土（石料）场位置。技改项目应标清已建、在建和拟建项目区。附图例、指N向、风玫瑰图及比例尺。

图件要求：图示厂（场）界外，公路、铁路、管线、河道等线性工程中心线以外一定范围内（具体范围可根据项目及其周围环境特点确定）的主要环境敏感保护目标。

可采用建设项目可行性研究报告或者设计文件的图纸进行制图。

4. 技改、扩建项目依托单位概况

简述依托单位已建、在建项目概况（含公用工程），主要污染源及污染物排放状况，现有环境保护设施的运行状况，分析存在的主要环境问题，以及拟在本次建设中采取的“以新带老”措施。

5. 产品方案

6. 地面运输

7. 劳动定员、年运行时间及工作制度

8. 主要技术经济指标

列表说明建设项目的主要技术经济指标，重点明确与环境保护有关的经济指标。

9. 施工进度安排

（二）工程分析

1. 生产工艺流程

绘制生产工艺污染流程框图，图示主要原辅材料投加点，主要中间产物、副产品及产品产生点、污染物产生环节（按废水、废气、固废、噪声分别编号，与图表一致）、物料回收或循环环节。结合工艺流程框图做简要说明。化工项目需列出产品及主要副产物的化学反应式。

2. 物料能源消耗

主要原辅料及能源消耗按表14-3填写。

表14-3　主要原辅料及能源消耗

类别	名称	重要组分、规格、指标	单耗量（t/t产品）	年耗量（t/a）	来源及运输方式
原料					
辅料					
燃料					
新鲜水					
电					
汽					
气					

生态建设项目需给出土方平衡表，并列出主要取、弃土场的具体位置及周边环境概况。

3. 主要原辅材料、中间产品、产品的理化性质、毒性毒理（此项内容主要针对化工项目）

按表14-4填写主要原辅材料、中间产品、产品的理化性质、毒性毒理。

表 14-4 主要原辅料、中间产品、产品的理化性质、毒性毒理

名称、分子式	理化特性	燃烧爆炸性	毒性毒理

4. 主要生产设备、公用及储运设备

按表 14-5 填写主要设备清单。技改扩项目应说明设备变化（淘汰、新增、扩容）情况。

表 14-5 主要设备清单

类型	名称	规模型号	数量（含套）	备注
生产				
公用				
储运				

5. 污染源分析

（1）物料平衡。根据项目特点和生产工艺流程图按表 14-6 填写物料平衡表，并绘制物料平衡图（以工艺流程走向表现的物料平衡图）。对有毒有害化学品、重金属等特征物质需单独做元素平衡。

表 14-6 ××装置物料平衡表［单位：kg（$t/10^4t$）/a］

序号	投入		产品				
1	物料名称	数量	产品	副产品	废气	废水	固废（液）
2							
…							
n							
合计							

（2）水量平衡。绘制建设项目总体水量平衡图，图示各生产工段给排水、公用工程给排水和生活给排水、绿化用水、循环水量、套用回用水量、损耗水量、初期雨水（化工等项目）等。

改（扩）建项目应分别绘制改（扩）建前后全厂的总体水量平衡图（需图示水回用路线）。叙述节水的具体措施并给出量化指标。

（3）污染源强。结合生产工艺流程图、物料平衡和水量平衡，污染物源强及排放情况建议分别按表 14-7~表 14-11 填写。根据污染物产生量及治理措施，并汇总污染物产生量、削减量和排放量三本账。对于技扩改项目应给出现有污染源、新增污染源，以及“以新带老”削减量，按表 14-12 填写。非正常和事故排放源强参照填写。

表 14-7 ××装置（生产线）有组织排放废气源强及排放情况

编号	污染源名称	排气量（m^3/h）	污染物名称	产生情况			排放情况			排放源参数			拟采取的处理方式	排放方式	是否达标
				mg/m^3	kg/h	t/a	mg/m^3	kg/h	t/a	高度（m）	直径（m）	温度（℃）			
G_1															
G_2															
…															

表 14-8　无组织排放废气源强

序号	污染物名称	污染物产生单元或装置	污染物产生量（t/a）	面源面积	面源高度
1					
2					
…					
n					

表 14-9　废水源强及排放情况

编号	污染源名称	废水量（m^3/d）	污染物名称	产生情况			拟采取的处理方式	排放情况			排放方式及去向	是否达标
				mg/L	kg/t	t/a		mg/L	kg/t	t/a		
W1												
W2												
…												

表 14-10　设 备 噪 声 源 强

序号	设备名称	所在车间	距各厂界位置（m）	声级值 dB（A）	治理措施	降噪效果
1						
…						

注　距厂界位置应注明方向、距离及高差，必要时应注明噪声的频谱特性。

表 14-11　固体废物源强及排放情况

序号	名称	分类编号	性状	产生量（t/a）	处理或处置方式	排放量（t/a）
1						
…						

表 14-12　污染物排放量总汇表（单位：t/a）

种类	污染物名称	产生量	削减量	排放量	以新带老削减量	技改前后变化量
水						
气						
固废						

6. 项目拟采取的污染防治和生态恢复措施

（1）废气防治措施。分别详述对生产工艺废气、燃料燃烧废气、储运系统废气等采取的治理设施名称、处理规模、处理工艺、污染物去除率等，说明废气收集系统、回收系统等。

（2）废水防治措施。详述厂区的排水体制、排水去向、污水处理能力、处理工艺（附污水处理工艺流程图）、各处理工段的污染物去除率。

（3）噪声治理措施。详述各高噪声设备采取的具体降噪措施和降噪效果，总图设计已考虑的降噪措施及降噪效果，以及绿化降噪效果。

（4）固废（废液）治理措施。识别固体废物性质，详述各固废厂内收集、储存方式、综合利用途径、储存处置方案。

（5）生态恢复和水土保持措施。拟采取的生态恢复措施和水土保持方案及其效果。

（6）电磁辐射、放射性污染防治措施。详述拟采取的辐射防护、放射性污染治理具体措施及其效果。

（7）以新带老防治措施。技改扩建项目应结合目前存在的主要问题，明确“以新带老”的整改方案及其效果。

（8）绿化设计方案。明确绿化指标，化工等项目应细化绿化方案。

三、评价区域环境概况（第三章）

按《环境影响评价技术导则》，对评价区域内的自然环境、社会环境进行述评，对区域内相关的污染源进行调查。调查时应注意着重说明建设项目周边地区的主要居民点、学校、医院、自然生态保护区等敏感目标，以及大气功能区类型。

描述评价区所属水系，说明地表水系的分布、功能、水文特征及水质现状、重要水工设施运行规律、排污及废水受纳水域环境功能划分、饮用水水源保护区、取水口、水产养殖与自然保护区等环境保护敏感目标。对于地下采掘、大型水利工程等对地下水影响显著的项目，应说明地下水的储量、分布、类型、开发利用情况、地下水埋深、补给关系、地下水与地表水的水力联系等。附水系图，标注主要河流、湖泊、水库、流向（主、次）重要水工设施、建设项目位置、污水排口位置（含污水处理厂）、饮用水源保护区范围、取水口、水产养殖区等敏感目标。附比例尺，指N向。

大型矿山工程、线性工程及水利工程，应附建设项目所在区域的土地利用规划图。

城市建设项目应说明集中供热、污水处理厂（含排水体制）、固体废物（含危险废物）处置等环境保护基础设施的建设情况和当地环保要求，并分析与本评价项目有关的规划和现有设施存在的主要问题。附相关规划图件：开发区（工业园区）发展规划图、城镇总体规划图。图示土地利用规划（需要时增加现状图）、项目位置、热电厂、污水处理厂等。

四、环境质量现状评价（第四章）

按照国家标准和规定进行环境质量现状监测与调查是环境影响评价的基础。现状评价选用的评价因子和评价方法应符合实际。

（一）环境质量现状监测

环境现状调查、现状监测、气象和水文观测等采用的方法应符合国家（部门）规范。监测点位数、样品数、监测周期及频次等应符合现行的国家标准和规定；实测数据应完整、有效，具备代表性；引用、类比的资料时限合理，与本项目具有可比性；数据的处理、表述符合标准化、规范化要求。

监测因子应结合项目特点确定，一般情况下，监测主要常规因子和特征因子。

空气环境监测点按表14-13填写，监测结果按表14-14~表14-16填写。水环境监测断面按表14-17填写，监测结果按表14-18填写。噪声监测结果按14-19填写。

表14-13　　空气环境监测点位

监测点编号	名称	方位	距离（m）	检测项目	所在环境功能
G1					
…					

表 14-14　　SO_2（NO_2…）检测结果汇总（单位：mg/m^3）

监测点编号	名称	小时浓度			日均浓度		
G1							
…							

表 14-15　　TSP（PM_{10}）监测结果汇总

监测点编号	名称	日均浓度范围	超标率（%）	最大超标倍数

表 14-16　　无组织排放污染物监测结果汇总（单位：mg/m^3）

监测点编号	名称	浓度范围	超标率（%）	最大超标倍数
1				
…				

表 14-17　　水 质 监 测 断 面

河流名称	监测断面	离排污口的距离（m）	离岸边的距离（m）	监测项目

表 14-18　　水质监测结果汇总（单位：mg/L）（pH 值除外）

监测点编号及断面名称	pH 值	COD	NH_3-N	…	特征因子
W1					
…					

表 14-19　　厂界噪声监测结果汇总

监测点编号	环境功能	昼间 dB（A）	达标情况	夜间 dB（A）	达标情况
N1					
…					

绘制空气环境、水环境、声环境监测布点（断面）图。空气环境监测布点图应图示评价范围、主要空气环境保护目标，附风向玫瑰图和比例尺。水质监测断面应在水系图上标明。图示评价范围、主要环境保护目标，附风向玫瑰图和比例尺。厂界噪声监测布点图上应标明噪声源、声环境保护目标。

水、气、声监测点的编号应图表一致。

环境现状监测需说明监测单位的名称、资质。

（二）环境质量现状评价

根据监测结果，采用单因子指数法评价区域环境质量。对于已经超标或者接近标准限制的环境要素，分析其原因。在报告书的相应章节分析建设项目的环境可行性，提出相应的消减方案，确保环境质量达标。

五、环境影响预测评价（第五章）

本章是报告书的重点内容之一。预测应采用通用、成熟、简便的方法；必要时，预测模式的参数需进行验证和修正。对拟提出的污染治理措施的替代方案进行影响评价比较。

（一）环境影响预测

列出排放源参数。分析气象特征、水文特征，明确本次预测计算所采用的模型参数及具体预测内容（方案），按照各环境要素进行影响预测。预测内容和深度可根据确定的评价等级按《环境影响评价技术导则》中的要求选取。各环境要素预测应注意以下几个方面。

（1）环境空气影响预测。环境空气预测中，应采用典型气象条件，预测对主要环境空气保护目标的日均浓度的影响。典型气象条件需按照有关技术规定获取。特殊建设项目应预测事故和风险状态的污染物浓度分布。

（2）地表水环境影响预测。必要时应按不同水文状态及不同运行工况预测建设项目排水对评价水体的定量影响。预测时，必须考虑水体自身的稀释自净、扩散、转化的能力。预测模式中的参数选取应说明清楚。

（3）地下水环境影响预测。在查清地下水储量与动态、水文地质条件、含水层特征及地下水污染途径的基础上，辅以必要的模式、试验和现场实测，说明污染物对地下水可能的影响，计算其浓度随时间和空间的分布。

（4）生态环境影响预测。坚持将以人为本、区域可持续发展作为指导思想，注重保护土壤、水、生物等自然资源。

（5）声环境影响预测。预测出厂界噪声、关注点噪声的强度。

（二）环境影响评价结果

新建项目的预测结果应叠加本底浓度，并考虑区域内在建、拟建项目同类污染物排放的叠加影响，明确影响范围和程度，尤其是对共同的关注点必须进行污染物叠加。技改扩项目若增产不增污（减污）则环境影响预测可简化，必要时可只预测事故状态对保护目标的影响。每个环境要素均应明确给出预测结果与评价结论。

大气环境影响评价应注意排气筒高度论证与卫生防护距离的确定。国家有卫生防护距离标准的按标准执行；无标准的，应根据《制定地方大气污染物排放标准的技术方法》中的规定计算其卫生防护距离。调查卫生防护距离内敏感点情况，说明污染源、厂界与保护目标的相对位置。明确卫生防护距离内的居民移民安置计划，并附相关函件。

六、环境污染控制对策及生态恢复措施（第六章）

提出防止和减轻环境污染和生态破坏的对策措施，是环境影响评价的一项主要内容。环境工程对策应符合国家有关技术政策，考虑综合防治、总量控制、循环经济，进行多方案优化、比选，做到技术经济可行合理。

评价提出的各种污染控制和生态恢复方案及措施，应能对项目环保工程设计起到指导作用，并对主要环境治理方案进行技术经济论证，做出综合评价。比较、评价的主要内容包括以下两方面。

（1）技术水平对比。分析对比不同环境保护治理方案所采用的技术的先进性、适用性和可靠性。

（2）环境效益对比。将环境治理、保护所需投资和环保设施运行费用与所获得的收益相比较。

对所采取的各种方案和措施，进行技术经济比较后，提出推荐方案，列表环境保护措施明细。

七、环境风险评价（第七章）

本章根据建设项目的特点设置，石化及化工类等涉及危险化学品（废物）生产、使用及储运的建设项目需进行风险专题评价。

除根据《建设项目环境风险评价导则》等的相关要求外，还应包括以下内容。

（1）分析建设项目产品、中间产品和原辅材料的规模及物理化学性质、毒理指标和危险性等。

（2）针对项目运行期间发生事故可能引起的易燃易爆、有毒有害物质的泄漏，或事故产生的新的有毒有害物质，从水、气、环境安全防护等方面考虑并预测环境风险事故影响范围，评估事故对人身安全及环境的影响和损害，提出环境风险应急预案和事故防范、减缓措施，特别要针对特征污染物提出有效地防止二次污染的应急措施。

对扩建及技改项目，应补充对原有工程的环境风险评价，针对存在的环境风险，提出“以新带老”、整改、搬迁及关闭等改进完善措施。

八、水土保持（第八章）

按照《建设项目环境保护管理条例》中的规定，涉及水土保持的建设项目，还必须有经水行政主管部门审查同意的水土保持方案。

九、循环经济（第九章）

开发区、工业园区及大型综合企业评价应编制本章。以建设资源节约型、环境友好型企业（园区）为目的，提出相应的具体措施。

识别区域内各企业主要的副产品与废弃物，筛选共生企业，分析各类企业之间共享资源、梯级利用能源、互换副产品、废弃物综合利用的途径，构建生态产业链；建立与生态示范园区相适应的资源管理与服务的理念与模式，提出区内产业结构优化调整及生态化布局建议。

对于扩（改）建项目，则需分析回收再利用企业内部（或其他企业）产生的废弃物的可行性，提出废弃物具体利用的措施，使污染物的处理处置量降到最小；分析可再生能源及劣质能源综合利用的可行性，提出推进能量的梯级利用及低能耗技术使用的措施；提出控制过分包装与使用后产品的回收措施；优化项目选址，有利于缩小与其他形成产业链企业之间的距离。

十、清洁生产分析（第十章）

本章要求依据国家产业政策、环保政策规定，结合拟建项目的生产工艺、工艺参数及环保设施，从清洁生产的角度评估工程的工艺先进性和合理性；从能耗、物耗、水耗、单位产品的污染物产生量及排放量、资源的再循环等方面与国内外同类型先进生产工艺或行业要求相比较，分析评价项目的清洁生产水平；针对设计中与生产中可能出现的问题，提出实现清洁生产的途径和保障措施。

（一）产业政策相符性

简述国家相关产业政策，明确建设项目属于鼓励、限制或禁止的类别。

（二）清洁生产全过程的污染控制分析

从原辅材料和燃料的清洁性、产品质量、工艺技术路线和设备的先进性、控制污染水平、节能降耗、节水等方面进行分析。

（三）清洁生产指标分析

采用国家颁发的清洁生产标准进行比较。对于尚未制定统一的清洁生产评价指标体系的行业，可参照相似行业清洁生产评价标准中的有关指标选取。从生产工艺与装备水平、资源能源利用、产品、污染物的产生与处理、废物的回收利用与环境管理等方面，根据建设项目的生产特点，本着相关指标可比性强、能反映生产全过程与行业环境管理要求、突出污染预防、指标容易量化的原则，选取指标进行定量的清洁生产分析。

（四）清洁生产措施建议

必要时应提出进一步实施清洁生产的具体途径和改进措施。例如，进一步明确水重复利用率指标，提出具体节水、降耗措施等。

十一、总量控制分析（第十一章）

本部分内容在工程分析、环境影响预测、污染防治及生态恢复对策分析的基础上，本着达标排放、技术可行、经济合理的原则，计算项目生产运营期污染物的排放总量，并将其作为实施污染物排放总量控制的依据。

建设单位已突破污染物总量控制指标或区域污染物超标的，必须明确新建项目污染物排放总量指标来源，说明由当地环保部门认可的污染物总量指标调拨单位的名称、污染物原排放指标量、区域削减方案（关、停、污染治理措施）、实施后可让出的指标量和调拨计划。

对于技扩改项目，原则上应做到增产不增污或减污，如不能实现，则要结合当地污染控制要求（说明所在区域是否属于“两控区”）和环境质量，实施新增的污染物排放总量平衡方案，必须保证当地环境功能不降低，区域削减量必须大于项目新增污染物量。平衡方案必须明确、具体、可行。

十二、选址论证（第十二章）

认真做好建设项目选址（线）的环境可行性论证，促使建设项目合理布局，避免因选址不当而造成对环境的污染和破坏，是编制本章的目的。

明确项目选址所处位置，说明其周围自然社会环境及其与环境敏感点的区位关系，应特别说明其与饮用水源区、城市居民区、自然保护区或环境特殊敏感区的相互关系，分析项目选址的环境可行性。

根据城市总体规划和详细建设规划，阐明项目选址是否符合城市及其社会经济发展规划，是否符合区域环境功能区划，分析项目选址的规划可行性。

从资源、交通、供电、供水、燃料、排污途径等方面进行分析，论证建设项目的外部建设条件可行性。

根据环境质量现状评价和影响预测评价结果，从区域环境功能、环境容量等方面进行环境承载能力分析，论证环境能否承受项目建设。评价还应针对项目的不同选址方案分别进行环境影响分析，提出选址意见。

在进行项目选址论证时，应认真开展公众参与工作，征询周围受影响的单位和居民对项目选址的意见。

排放有毒有害气体污染物的项目，应计算卫生防护距离，明确说明卫生防护距离内环境敏感点的情况，并调查统计需拆迁安置的居民数量，从而进一步论证项目选址的可行性。

需要厂址比选论证的，可参照表 14-20 填写，给出对比和综合分析论证结果。

表 14-20　厂址方案论证分析汇总表

序号	分析项目	厂址方案Ⅰ	厂址方案Ⅱ
1	城市总体规划		
2	环境功能区划		
3	环境敏感区		
4	资源条件		
5	卫生防护距离		
6	环境承载能力		
7	供电、水、汽条件		
8	排污条件		
9	公众意见		
…			
结论			

十三、环境经济损益分析（第十三章）

环境效益分析应力求全面，资料参数选用需可信、可行，结论要明确，投资估算、投资重点和投资时段应明确、合理。

十四、移民安置（第十四章）

涉及移民安置不足 15 户或者 50 人的建设项目可不设此专章。

移民安置评价应着重注意：明确移民安置方案：需移民安置的户数及人口数量，拟采取的补偿方式、补偿费用、安置地点、搬迁期限、搬迁安置的责任主体。

根据环境保护要求，对移民安置方案进行环境可行性分析，提出相应的环境保护措施，做到不降低搬迁居民或移民的生活质量和当地的环境质量。

十五、公众参与（第十五章）

按照国家环保总局制定的《环境影响评价公众参与暂行办法》中的要求开展公众参与工作。

十六、环境管理和环境监测计划（第十六章）

本章应提出具体可行的环境管理和环境监测计划。

本章主要内容包括：环境管理机构设置；环境管理工作计划和方案；配备的必要环境监测设备和仪器；提出施工期和生产期的环境监测计划，明确监测项目、监测布点、监测频率；排污口规范化管理、监测技术要求及档案管理等。

十七、结论（第十七章）

应集中、准确地概括报告书的主要论点和论据，做到科学、客观、公正。

本章主要内容为：明确建设项目与国家产业政策、法规是否相符；选址或选线与区域总体规划、城市规划、环境功能区划和环境保护规划是否相符；污染物排放达标可行性；是否符合区域污染物总量控制要求；项目实施后是否满足区域环境质量与环境功能的要求；项目清洁生产水平；公众参与的形式与结果。从环境保护的角度，明确项目建设是否可行。

十八、附件

原则上，报告书需附以下附件。

(1) 环境影响评价工作委托书。

(2) 环境影响评价大纲评估意见（需编制环境影响评价大纲的项目）。

(3) 审批制的建设项目立项文件（备案制建设项目的备案文件）。

(4) 建设项目选址初步意见。

(5) 水的行政管理部门关于水土保持方案的意见。

(6) 需移民安置的，需附当地政府关于移民安置方案（包括搬迁的人口数、安置地点、补偿措施、实施计划、责任主体等）的批准文件。

思考题

1. 简述环境影响评价文件的类型。
2. 简述建设项目环境影响报告书的编写原则。
3. 简述建设项目环境影响报告书编制的基本要求。
4. 简述建设项目环境影响评价报告表和环境影响评价登记表的基本内容。

参 考 文 献

[1] 路书玉．环境影响评价［M］．北京：高等教育出版社，2012.
[2] 陆雍森．环境评价［M］．2版．上海：同济大学出版社，1999.
[3] 郦桂芬．环境质量评价［M］．北京：中国环境科学出版社，1989.
[4] 国家环境保护总局监督管理司．中国环境影响评价培训教材［M］．北京：化学工业出版社，2000.
[5] 赵毅．环境质量评价［M］．北京：中国电力出版社，1997.
[6] 丁桑岚．环境评价概论［M］．北京：化学工业出版社，2001.
[7] 刘常海，张明顺，等．环境管理［M］．北京：中国环境科学出版社，1994.
[8] 刘天齐，黄小林，宫学栋，等．区域环境规划方法指南［M］．北京：化学工业出版社，2001.
[9] 陈玉成，吕宗清，李章平，等．环境数学分析［M］．重庆：西南师范大学出版社，1998.
[10] 史宝忠．建设项目环境影响评价［M］．修订版．北京：中国环境科学出版社，1999.
[11] 李天杰．土壤环境学：土壤环境污染防治与土壤生态保护［M］．北京：高等教育出版社，1996.
[12] 洪坚平．土壤污染与防治［M］．3版．北京：中国农业出版社，2015.
[13] 李玉文．环境分析与评价［M］．东北林业大学出版社，1999.
[14] 赵振纪，杨仁斌．农业环境质量评价［M］．北京：中国农业科技出版社，1993.
[15] 胡二邦．环境风险评价实用技术和方法［M］．北京：中国环境科学出版社，2000.
[16] 杨贤智，杨海真．环境评价［M］．北京：中国环境科学出版社，1995.
[17] 毛文永．生态环境影响评价概论［M］．北京：中国环境科学出版社，1998.
[18] 国家环保局计划司．环境规划指南［M］．北京：清华大学出版社，1994.
[19] 郜风涛．建设项目环境保护管理条例释义［M］．北京：中国法制出版社，1999.
[20] 彭应登．区域开发环境影响评价［M］．北京：中国环境科学出版社，1999.
[21] 舒军龙，童美萍．论战略环境评价在中国的有效实施［J］．环境科学动态，2001（4）：5-9.
[22] 叶文虎，栾基胜．环境质量评价学［M］．北京：高等教育出版社，1994.
[23] 马太玲，张江山．环境影响评价［M］．武汉：华中科技大学出版社，2009.
[24] 张丛．环境评价教程［M］．北京：中国环境科学出版社，2002.
[25] 环境保护部环境工程评估中心．环境影响评价技术导则与标准［M］．北京：中国环境出版社，2015.
[26] 环境保护部环境工程评估中心．环境影响评价案例分析［M］．北京：中国环境出版社，2015.